Windows Phone Mango 开发实践

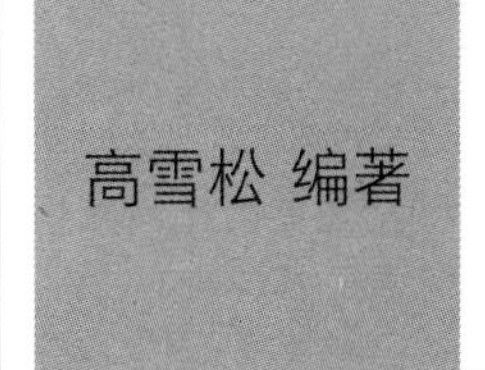

高雪松 编著

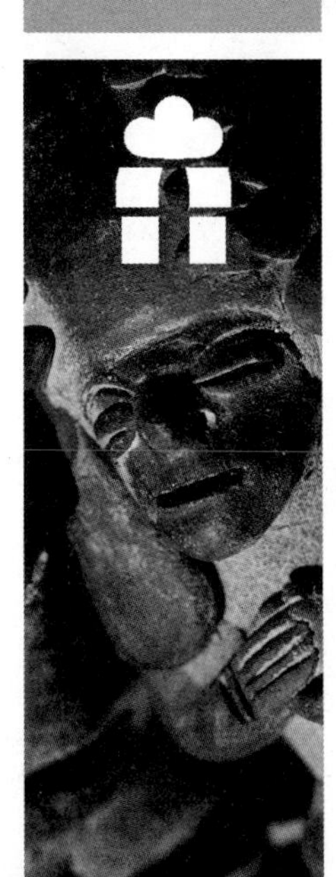

图书在版编目（C I P）数据

Windows Phone Mango开发实践 / 高雪松编著. -- 北京 : 人民邮电出版社, 2011.10
ISBN 978-7-115-26471-8

Ⅰ. ①W… Ⅱ. ①高… Ⅲ. ①移动电话机－应用程序－程序设计 Ⅳ. ①TN929.53

中国版本图书馆CIP数据核字(2011)第195076号

内 容 提 要

本书深入浅出地讲解了微软的Windows Phone Mango开发技术，每章均以实例的形式讲解，注重动手实践能力的培养。

全书共分为3篇：基础篇、Silverlight交互篇和XNA游戏篇。基础篇重点讲解了Silverlight和XNA的基本技术、多点触控、传感器和服务等。Silverlight交互篇包含Windows Phone Mango的新技术、新功能，涵盖Silverlight开发的应用程序栏、数据存储、必应地图、数据绑定、计划操作、全景和枢轴控件、启动器和选择器、应用程序生命周期，以及MVVM模式的应用等开发技术。XNA游戏篇以Mango游戏开发新功能为重点，讲解集成Silverlight和XNA框架的3D应用，介绍了XNA二维游戏开发和3D模型展示的应用，以动手实践为核心贯穿整篇。

本书可供微软移动开发的程序员、爱好者阅读参考，也适合作为相关培训课程的教学用书。

Windows Phone Mango 开发实践

◆ 编　　著　高雪松
　责任编辑　张　涛

◆ 人民邮电出版社出版发行　　北京市崇文区夕照寺街14号
　邮编　100061　　电子邮件　315@ptpress.com.cn
　网址　http://www.ptpress.com.cn
　三河市潮河印业有限公司印刷

◆ 开本：800×1000　1/16
　印张：22.25
　字数：533千字　　　2011年10月第1版
　印数：1－3 500册　　2011年10月河北第1次印刷

ISBN 978-7-115-26471-8

定价：69.00元（附光盘）

读者服务热线：(010)67132692　印装质量热线：(010)67129223

反盗版热线：(010)67171154

广告经营许可证：京崇工商广字第0021号

序

Windows Phone 即将在中国发布推广之际，高雪松的《Windows Phone Mango 开发实践》即将出版。

Windows Phone 是微软最新的智能手机操作系统。其设计以用户为中心，响应了普通消费者对移动互联应用的需求，在易用性、个性化、应用多样性等方面有所创新和突破。

本书是中国移动应用开发者了解并掌握 Windows Phone 的有力工具。本书面向 Windows Phone 应用的设计、开发、测试和管理人员，是国内为数不多讲解 Windows Phone Mango 技术的中文专著。本书涵盖 Windows Phone Mango 开发的相关基础技术，每章以详实案例进行技术讲解。初学者可以由浅入深掌握开发技术，资深人员可以深入领会 Windows Phone 开发的新特点。在阅读本书的同时，结合 MSDN 文档可以更加快速地提高开发技能。

本书写作独具特色，作者尝试将当代软件科学与中国传统文化相融合，体现了中国程序员特有的思考历程和文化传承。

成为一名优秀的 Windows Phone 开发人员、成为 Marketplace 中的盈利明星、用独具创意的应用影响千万人的生活——这些都不再是梦想。愿我们共同抓住 Windows Phone 在中国的发展机遇，开创中国移动互联网的明天！

微软大中华区副总裁　谢恩伟

序

随着 3G 时代的到来，无线带宽越来越高，使得更多内容丰富的应用程序布置在手机上成为潮流，如视频通话、视频点播、移动互联网冲浪、在线看书/听歌、内容分享等。为了承载这些数据应用及快速部署，手机功能也越来越智能，越来越开放。为了实现这些需求，必须有一个好的平台来支持。微软智能手机操作系统 Windows Phone，以其个性化的创新设计，满足了消费者对移动互联网应用的需求。

微软公司移动通信事业部总裁 Andy Lees 表示：“我们最初的使命是创造出更加智能、更加便捷的手机，让人们用更少的步骤完成更多的事情。随着‘Mango’的发布，Windows Phone 迈出了重大一步，重新定义了人们对智能手机的使用范围，即如何通过智能手机进行沟通、使用应用程序和互联网，达到事半功倍的效果”。

随着 Windows Phone 开发平台的进入，越来越多的程序员需要学习 Windows Phone 的开发，但是市场上介绍 Windows Phone 开发技术的中文书籍少之又少，Windows Phone Mango 技术的中文专著更是凤毛麟角。本书以介绍 Windows Phone Mango 的开发技术为核心，以动手实践的实例为线索，深入浅出地讲解了 Windows Phone Mango 的全新开发技术。

更难能可贵的是，作者用中国古典哲学解释软件开发的“Why”和“How”，以便帮助读者理解 Windows Phone 开发技术，把所学知识尽快融入到实战中。

最后，祝广大开发者的技术日益精进，早日开始 Windows Phone 开发之旅，搭上移动互联网的快车，共赢中国 3G 未来！

中国海洋大学　计算机科学与技术系主任　魏志强 教授

前　言

本书以微软的 Windows Phone Mango 的开发技术为主要讲解内容，涵盖 Windows Phone Mango 开发的相关基础技术，每章均以实例的形式讲解技术，注重动手实践。

全书共分为 3 篇：基础篇、Silverlight 交互篇和 XNA 游戏篇。书中以介绍 Windows Phone Mango 的开发技术为核心，以动手实践的代码实例为线索，深入浅出地讲解了 Windows Phone Mango 的开发技能。

基础篇重点讲解 Silverlight 和 XNA 的基本技术、多点触控、传感器和服务等。其中，动手实践——“探索火星”应用程序是作者最喜欢的一个 Windows Phone 应用，这个案例中有美国国家航空航天局（National Aeronautics and Space Administration，NASA）提供的有关火星任务的图像数据，内容非常有趣。

Silverlight 交互篇包含 Windows Phone Mango 的新技术、新功能，涵盖 Silverlight 开发的应用程序栏、数据存储（独立存储空间、本地数据库）、必应地图、数据绑定、计划操作、全景和枢轴控件、启动器和选择器、应用程序生命周期，以及 MVVM 模式的应用等开发技术。

XNA 游戏篇以 Mango 游戏开发新功能为重点，讲解集成 Silverlight 和 XNA 框架的 3D 应用，介绍 Visual Basic 开发 XNA，以及 XNA 二维游戏开发和 3D 模型展示的应用，以动手实践为核心贯穿整篇。

在写作中本着精益求精的精神，力争把实用的知识传授给读者。但由于水平有限，技术不断革新，书中难免有疏漏之处，您可以在博客（http://www.cnblogs.com/xuesong/）中沟通和反馈。也请爱好 Windows Phone 编程的同仁不吝赐教。

此书献给我敬爱的母亲、父亲和妻子，感谢他们在我写作过程中给予的宽容和鼓励，他们对此书的热切期盼使得我的所有努力都是值得的。感谢指导我写作的导师——中国海洋大学计算机科学与技术系主任魏志强教授，还有志同道合的朋友——微软 MVP（Most Valuable Professional）姜泳涛和国内第一本 Windows Phone 7 中文图书的作者李鹏，是你们帮我成就了此书。

编者

目　　录

第一篇　基础篇

第二篇 Silverlight交互篇

第三篇　XNA 游戏篇

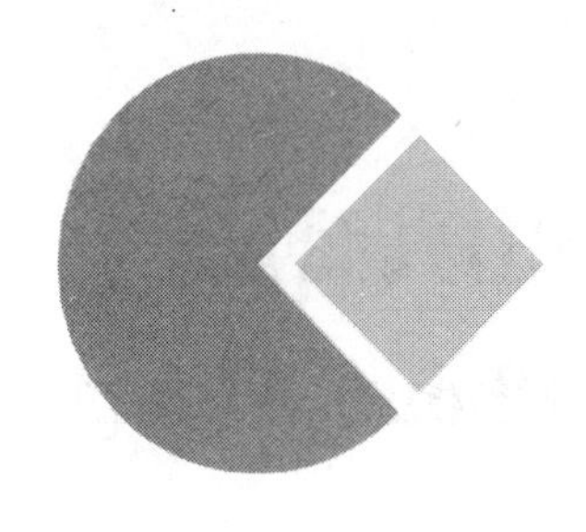

第一篇

基础篇

第1章 初识庐山真面目——Windows Phone Mango

1.1 概述

18世纪德国数理哲学大师莱布尼兹从他的传教士朋友鲍威特寄给他的拉丁文译本《易经》中，读到了八卦的组成结构，惊奇地发现其基本素数（0）（1），即《易经》的阴爻和阳爻，其进位制就是二进制。作为20世纪被称作第三次科技革命的重要标志之一的计算机的发明与应用，其运算模式正是二进制。姑且不论《易经》与计算机的渊源，那是前人的贡献。好大喜功非我辈所求，软件人生更应突破创新，勇于探索。正如我们不论iPhone OS、Android和Windows Phone孰优孰劣，只有在竞争中不断突破自身禁锢，不断创新的软件产品才会在宇宙万物的演变中由小到大、由弱到强。

代号为Mango的Windows Phone OS较之前的Windows Phone OS 7.0有很大的改进。

1.2 Windows Phone Mango的新特性

1.2.1 执行模式和应用程序快速切换

执行模式中增加休眠（dormant）状态，进入逻辑删除状态之前首先进入休眠状态。休眠状态中应用程序并没退出或者逻辑删除，而是该应用程序中所有的线程活动都被挂起且保留在内存中。当应用程序被再次激活时，应用程序可以快速从休眠状态中恢复过来。而在Windows Phone OS 7.0中，应用程序需要从逻辑删除状态下恢复瞬态数据和永久数据，逻辑删除机制导致应用程序切换的效率低下。

1.2.2 后台代理（计划通知和计划任务）

Mango支持安排未来发生的动作，即使应用程序并不处于激活或者运行状态。可以被安排的动作包括通知和任务。

1.2.3 后台音频

音频应用程序现在可以在后台独立运行，也就是说，我们可以一边听歌一边写微博。当用户启动其他应用程序时，用户依然可以控制音量的大小。

1.2.4　后台文件传输

Mango 支持用户在后台传输文件，不必再担心下载的应用程序有没有在前台运行。

1.2.5　传感器

Mango 中增加了指南针传感器的 API、陀螺仪传感器和 API，以及移动（Motion）传感器和 API。移动（Motion）传感器是将加速度传感器、指南针传感器以及陀螺仪的原始数据进行高层次的封装，以便应用程序更方便、有效地利用这些传感器的数据。这组高度封装的 API 称之为移动（Motion）API。

Mango 中运行应用程序直接访问摄像头的原始帧数据。除此之外还包括闪光灯、自动对焦、快门按钮等。这样使得开发出类似于 Camera360 之类的特效拍照软件或者某些实景增强软件成为可能。

1.2.6　Socket 支持

应用程序可以通过套接字（Socket）使用 TCP 和 UDP 协议进行通信。通过云服务的套接字的双向沟通可以实现即时消息和多人游戏等应用。

1.2.7　网络信息

应用程序可以访问有关网络和网络接口的信息，用户可以获取和设置网络连接首选项。

1.2.8　推送通知

推送通知功能较之前更强大，Toast 通知现在可以链接到您的应用程序和传递参数。

1.2.9　Live Tiles

每个程序的 Tile 其实由 Front 和 Back（即前和后）两部分构成，Front 和 Back 可以自动切换实现动画效果。对于 Front 来说，其实就是以前的 Tile，如图 1-1 所示。它具有 BackgroundImage、Title 和 Count 3 个属性；而 Back 则是新加入的一个界面，不同于 Front 的地方，它设置的属性略有不同，即为 BackBackgroundImage、BackTitle 和 BackContent。

▲图 1-1　Live Tiles

1.2.10　整合 Silverlight 和 XNA

之前我们总要在 Silverlight 和 XNA 框架之间做出选择，首先决定是开发应用程序还是游戏，而在 Mango 之后就不同了，Silverlight 和 XNA 的整合实现了既使用 XNA 框架中丰富的图形渲染能力，又保留 Silverlight 应用程序的页导航模型。Silverlight 和 XNA 的配合相得益彰。

1.2.11 应用程序分析

Mango 支持应用程序和游戏的性能分析。开发者可以持续测试 CPU 和内存的系统资源的使用情况，并直接从结果导航到相关的代码。

1.2.12 Windows Phone 模拟器

Windows Phone 模拟器的功能更强，可以模拟传感器数据。开发者可以在仿真程序中使用传感器的模拟数据进行应用程序的测试，要知道之前实现这个功能是需要开发者手工编写代码的。

1.2.13 支持 Visual Basic

Visual Basic 已经集成于 Silverlight 和 XNA 框架的应用程序。

1.2.14 多目标和应用程序的兼容性

多目标指的是创建 Silverlight 和 XNA 应用程序既可以是 Windows Phone 操作系统 Mango 的工程，也可以是 Windows Phone OS 7.0 的工程，当创建新的项目时会提示目标的版本选择，如图 1-2 所示。

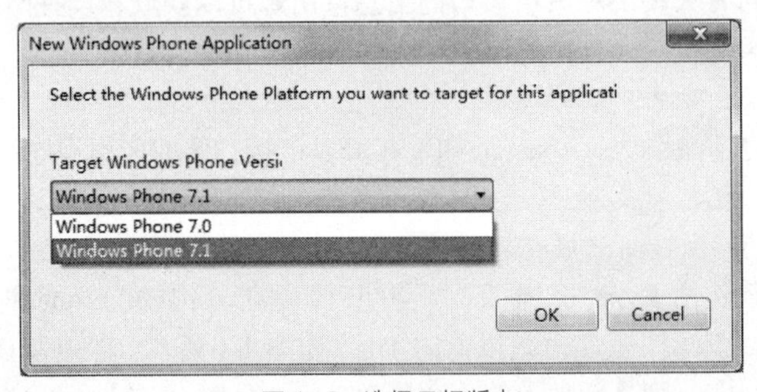

▲图 1-2 选择目标版本

Windows Phon Mango 兼容 Windows Phone OS 7.0 的应用程序和游戏，先前的代码与 Mango 可以无缝对接。

1.2.15 WebBrowser 控件

Mango 使用移动版 IE9，可以支持 HTML5 和后台音乐播放，并且会使用硬件加速来提高浏览器的表现。

1.2.16 设备状态

Windows Phone 开发人员工具提供 DeviceStatus 类扩展访问设备状态，比如确定设备是否使用电池或外接电源，键盘是否可用或部署，设备制造商等。

1.2.17 本地数据库

Mango 提供新的 API 访问和管理本地数据库，可以实现将关系数据存储在应用程序的独立存储空间中的本地数据库，应用程序使用 LINQ to SQL 执行数据库操作。

1.2.18 启动器和选择器

Windows Phone 开发人员工具引入了几个新的启动器和选择器。实现在应用程序中选择地址、邀请玩家到游戏的会话，或保存铃声。此外，可以在必应地图上按照预设的缩放级别显示特定的位置，或者在必应地图上显示导航信息。

新添加的任务如下：

- 地址选择器任务；
- 游戏邀请任务；
- 保存铃声任务；
- 必应地图任务；
- 必应地图导航任务。

1.2.19 联系人和日历

Mango 支持以只读方式访问用户的联系人和日历数据。例如，用户可以从联系人列表中选择 E-mail 地址，搜索联系人的生日等信息。

1.2.20 加密的凭据存储区

Windows Phone 开发人员工具提供了一组用于加密的 API。对于需要登录凭据的应用程序，Mango 能将凭据以加密的方式保存。

1.2.21 搜索可扩展性

搜索扩展是为您的应用程序对 Windows Phone 搜索体验新方法的无缝扩展。微软在 Mango 中对 Bing 添加更多的搜索结果，比如你搜索一个电影的名字，除了电影的相关信息外，还可以快速跳转到手机上的电影软件 IMDB 中。

1.2.22 系统托盘和进度指示器

系统托盘现在支持不透明度和颜色。它还包括一个进度指示器，在应用程序中指示进度。

1.2.23 OData 客户端

Windows Phone 开发人员工具包含 OData 客户端代理服务，验证客户端身份，并使用 LINQ 查询访问 OData 服务。

OData 开放数据协议是微软推出的，旨在推广 Web 程序数据库格式标准化的开放数据协议，微软将 OData 定义为基于 HTTP、AtomPub 和 JSON 的协议，增强各种网页应用程序之间的数据兼容性，以提供多种应用、服务和数据商店的信息访问。

1.2.24 全球化和本地化

Windows Phone Mango 添加 16 个其他区域性的支持，包括多种亚洲语言，包括阅读和用户界面字体。

1.3 构建 Windows Phone Mango 的开发环境

1.3.1 下载 Windows Phone 开发工具

Windows Phone 开发工具可以开发 Windows Phone OS 7.0 和 Mango 的应用程序，目前 Windows Phone 开发工具为英文版，可从 APP HUB（http://create.msdn.com/en-US）下载免费的开发工具 Windows Phone SDK 7.1 RC。

▲图 1-3 开发工具下载

1.3.2 开发工具安装包的内容

- Windows Phone SDK 7.1。
- Windows Phone 模拟器。
- Windows Phone SDK 7.1 程序集。
- Silverlight 4 SDK and DRT。
- Window Phone 的 XNA Game Studio 4.0 扩展。
- Window Phone 的 Expression Blend SDK。
- Window Phone 的 WCF 数据服务客户端。
- Window Phone 的微软广告 SDK。

1.3.3 Windows Phone 的系统

安装 Windows Phone 开发工具的系统要求如图 1-4 所示。

支持的操作系统	Windows Vista x86 or x64, with Service Pack 2（除初学者版的所有版本）
	Windows 7 x86 or x64（除初学者版的所有版本）
硬件	安装需要 4 GB 的系统驱动器上的可用磁盘空间
	3 GB RAM
不支持的平台	不支持 Windows Server
	Windows® XP 不支持
	虚拟机不支持
Windows Phone 模拟器	Windows Phone 模拟器显卡最低要求 DirectX ® 10 或者支持 WDDM 1.1 驱动

▲图 1-4　安装环境要求

1.4 创建 Windows Phone 应用程序

打开 Visual tudio S2010，在新建项目中可以看到 Windows Phone 中多出了几个新模板：3D Graphics Application、Audio Playback Agent、Audio Streaming Agent 和 Task Scheduler Agent。在模板中选择[Windows Phone Application]，如图 1-5 所示为新建项目。

▲图 1-5　新建项目

打开 MainPage.xaml 修改 ContentPanel 的代码如下：

Silverlight Project: PhoneApp1　File: MainPage.xaml

```
<!--ContentPanel - place additional content here-->
```

```
        <Grid x:Name="ContentPanel" Grid.Row="1" Margin="12,0,12,0">
            <TextBlock Text="Hello, Windows Phone Mango!" HorizontalAlignment="Center"
VerticalAlignment="Center" Style="{StaticResource PhoneTextTitle2Style}"/>
        </Grid>
```

按 F5 键运行应用程序，或者点击 Start Debugging 按钮运行，如图 1-6 所示 Start Debugging 和图 1-7 所示。

▲图 1-6　Start Debugging

▲图 1-7　调试运行

按下红色标记的箭头，显示模拟器的扩展工具——加速度模拟和地理位置模拟。加速度模拟的使用很简单，只需要用鼠标光标拖曳手机中间的小红点就可以模拟对手机的不同操作，如图 1-8 所示。同时，也可以通过下方的下拉框来方便地将手机的姿态复原或者按照预先的录制来运动。

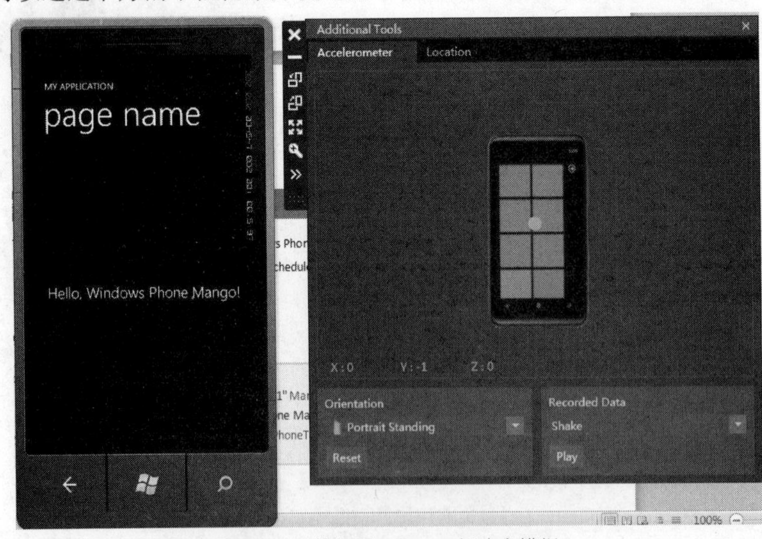

▲图 1-8　模拟器工具——加速度模拟

在 Windows Phone OS 7.0 中，开发地理位置有关的应用程序最麻烦的环节就是调试，至少得要去下载专门的 GPS 模拟器才行。在 Windows Phone 开发工具中就方便许多，在图 1-8 所示的标签页中选择“Location”就可以打开地理位置模拟器，如图 1-9 所示。开发者可以在这个工具中设定好一系列的点，然后让它自动去触发来模拟用户的运动轨迹。

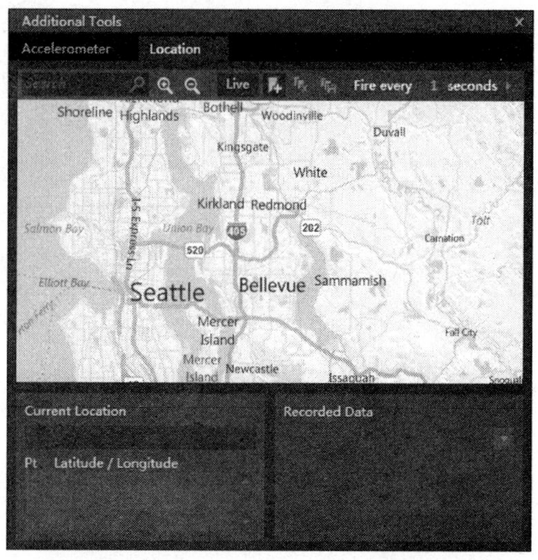

▲图 1-9　模拟器工具——地理位置模拟

1.5 Windows Phone 的分析工具

前面提到 Mango 新增的应用程序分析功能，在 Visual tudio S2010 的菜单中找到[Debug]，然后选择[Start Windows Phone Performance Analysis]就可以打开分析工具对应用程序进行分析，如图 1-10 所示启动分析工具。

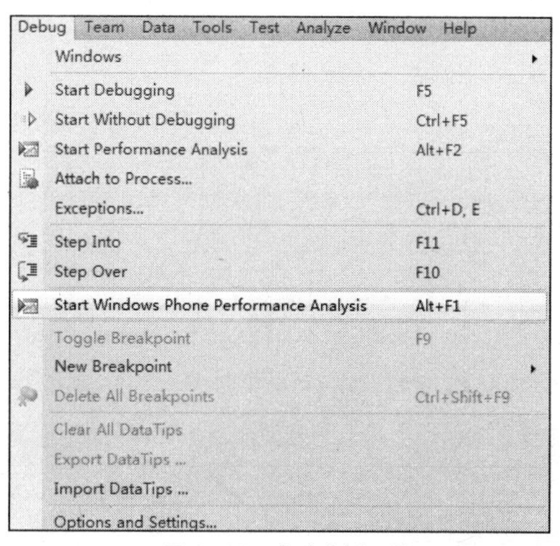

▲图 1-10　启动分析工具

在 Visual Studio 显示的页面中选择[Launch Application]执行当前的应用程序 PhoneApp1 的分析。图 1-11 所示为启动针对应用程序的分析。

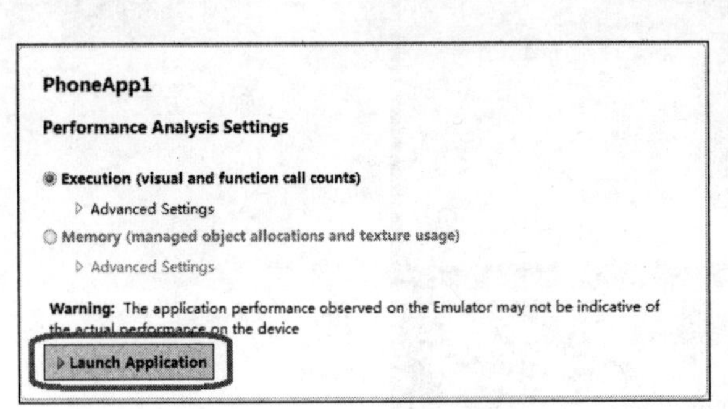

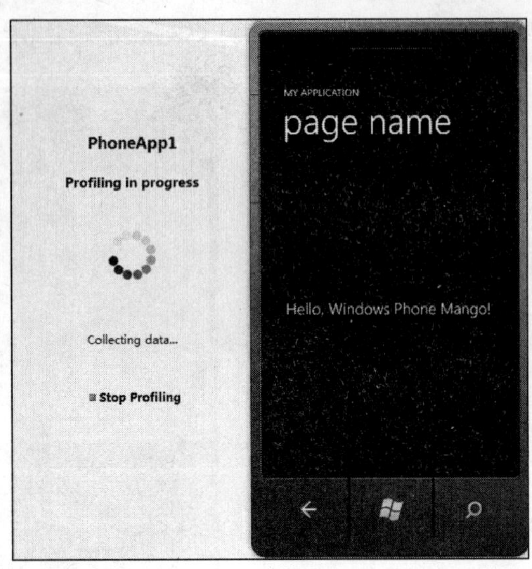

▲图 1-11　启动针对应用程序的分析

点击[Stop Profiling]结束数据收集，进入数据分析阶段，如图 1-12 分析数据。

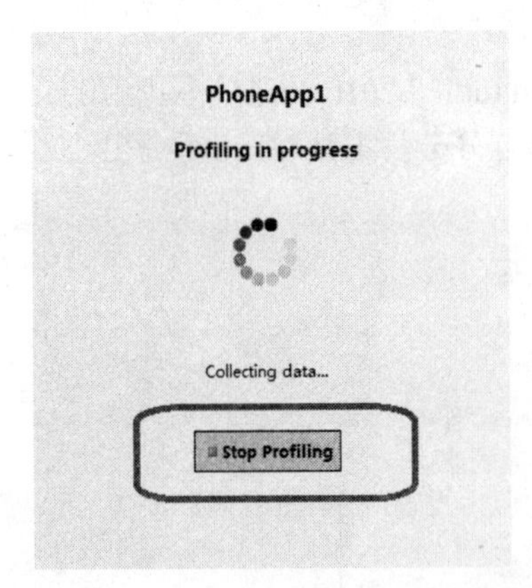

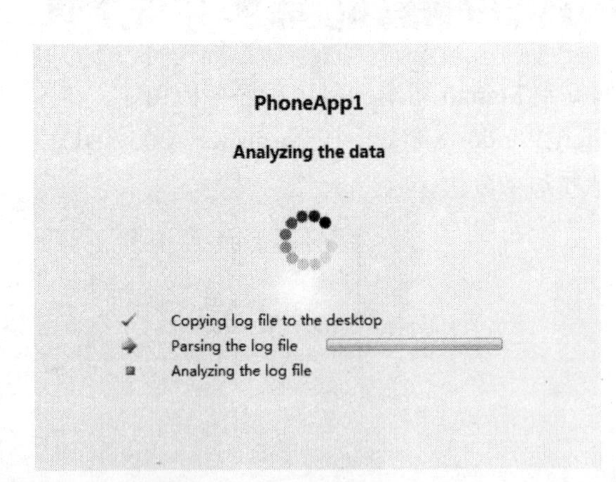

▲图 1-12　分析数据

数据分析结束后生成详细的分析报告，可作为开发者对应用程序进行性能分析和改进的参考。图 1-13 所示为详细的分析报告。

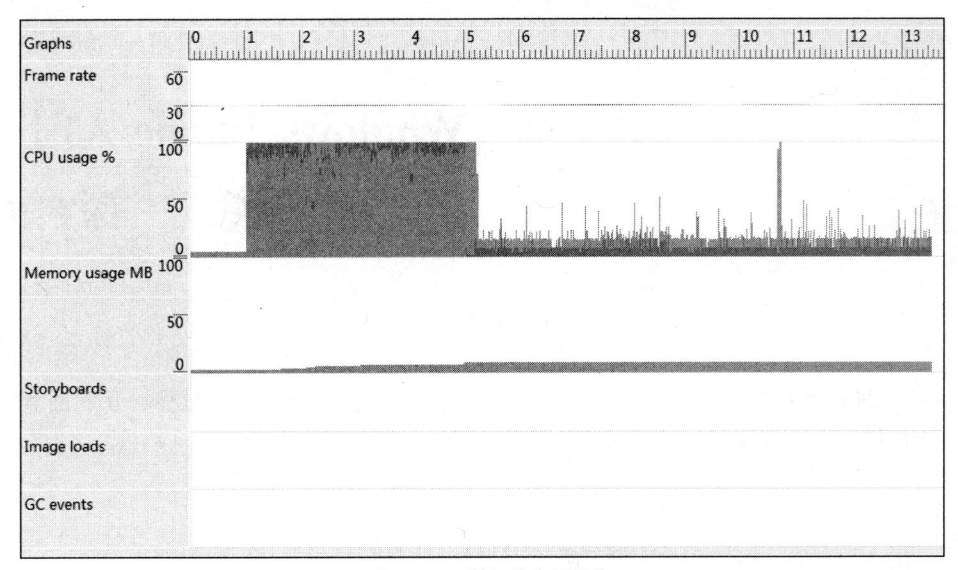

▲图 1-13　详细的分析报告

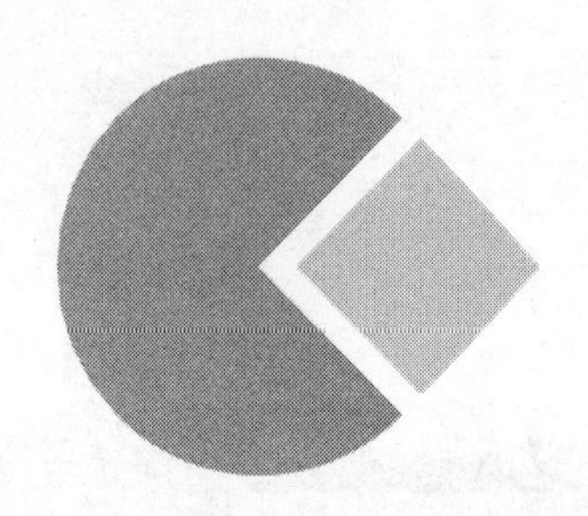

第2章　Windows Phone入门——探索火星

移动互联时代的竞争是生态系统的角斗和资源整合能力的考验，作为移动互联网竞争的制高点——智能终端操作系统三足鼎立的局面已然形成，此时正是山雨欲来、风起云涌之时，正是英雄开创事业之初。

2.1 概述——开创新领域

正如我之前在Windows Phone OS 7.0的开发中使用Silverlight和XNA应用程序时所体验到的那样，很快就认定这是一个很好的发展方向。虽然接触这两个平台以及托管代码的时间并不长，但如此快速地开发出视觉效果如此出色的应用程序使人印象深刻。这一全新应用程序平台的另一个值得关注的特性是，硬件标准化以及以编程方式对其进行访问的标准化。具体而言，Windows Phone将支持开发人员能够以统一和可靠的方式访问一组核心硬件。

Widows Phone的到来乃顺势而为，作为以软件创新改变世界的程序员而言，岂能只作壁上观。智者顺势而谋，抓紧天下光明的时机，明断是非，赶紧做事。

Windows Phone入门的应用程序——“探索火星”是非常有趣的应用程序。Windows Phone是基于云计算的智能终端操作系统，探索火星应用程序正是与Windows Azure平台的Dallas提供的数据服务通信，将美国国家航空航天局（National Aeronautics and Space Administration，NASA）提供的火星探测行动拍摄到的图像呈现给大家。NASA提供的有关火星任务的图像数据非常有趣，开发浏览火星漫游图片的Windows Phone应用程序，感觉很棒！

2.2 什么是微软的“Dallas”

Microsoft Codename "Dallas" 微软的“Dallas”的社区技术预览（CTP3），是由Windows Azure和SQL Azure构建的信息服务，能够让开发者与信息工作者在任何平台上使用优质的第三方数据集和内容。

在Windows Azure平台（Windows Azure，SQL Azure Database）强大功能和规模下，通过结合非云端与云端的无关的私有或共有的数据，“Dallas”赋予开发者通过桌面或移动设备，来构建和管理创新的应用程序的能力。通过单一市场，“Dallas”使得开发者通过访问复杂数据集来构建全新的分析与报表方案。内容提供商也可以在全球水平上，将他们的数据提供给数百万开发者，这将带来新的增长与获利机会。

"Dallas"项目（现为 Windows Azure Marketplace）是微软提供的数据交易和分享平台，能够让数据提供商通过"Dallas"平台公布 API 使数据消费者以 OData 协议共享数据。Dallas CTP 3 的发布带来大量令人兴奋的改进，开发使用从"Dallas"订阅数据的应用程序变得更加容易，并增加大量的新功能。

"Dallas"是如何运作？

"Dallas"在一个统一标准的供给与收费框架下，将来自于领先的商业数据提供商与权威的公共数据源的数据与影像引入至单个位置。另外，"Dallas"API 允许开发者和信息工作者在任何平台、应用程序、业务工作流上使用这些优质信息。此外，"Dallas"允许 Office Excel 和 SQL Server 用户立刻可以将私有数据与"Dallas"数据混合，来创建新的围绕分析与报表的方案。

2.3 动手实践——探索 Dallas

2.3.1 开发时的先决条件

编程开始之前需要注册 Dallas 账户，订阅 Dallas 数据服务。

Dallas 的注册网址：https://www.sqlazureservices.com/，如图 2-1 所示。

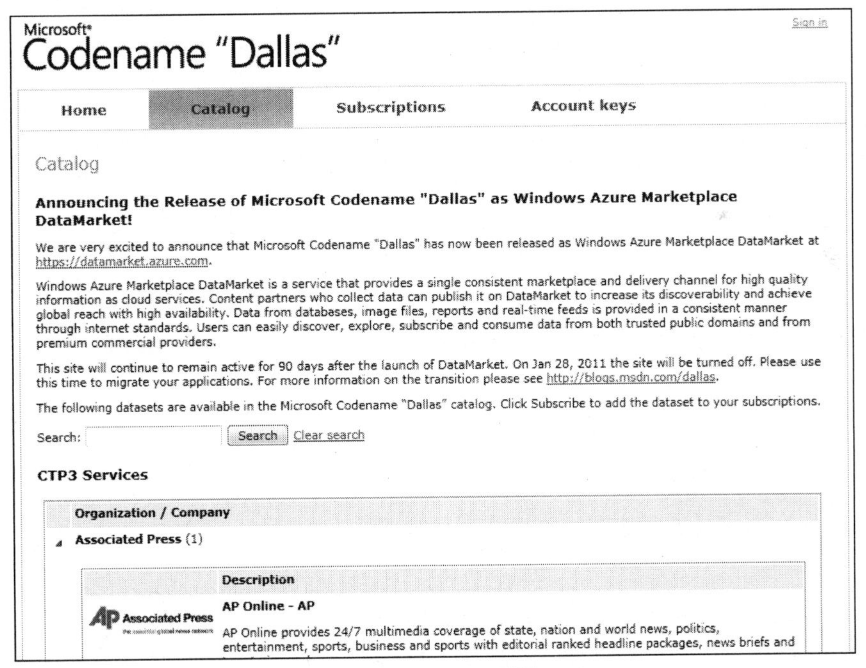

▲图 2-1　Dallas 网页

使用 Windows Live 登录后进入注册页面，填入用户信息，如图 2-2 所示。

Sign-Up

Hello and welcome to Microsoft Codename "Dallas". Enter the following information so that we are able to create an account for you.

First name:

Last name:

Company / Organization:

Email:

Country/region: United States

Terms Of Use

MICROSOFT CODENAME "DALLAS"
COMMUNITY TECHNOLOGY PREVIEW
USER AGREEMENT

DATED: November 9, 2009
THANK YOU FOR CHOOSING THIS ONLINE INFORMATION SERVICE! Please read the following agreement carefully. By checking the box, below, you acknowledge that you have read this agreement and agree to its terms. If you do not accept these terms or do not want to enter into this agreement with Microsoft, please close this web page and exit this site.
This "Microsoft Codename 'Dallas' Community Technology Preview Agreement" or "DSA" is a binding agreement between Microsoft Corporation ("Microsoft," "we," "us" or "our") and you, an individual, corporation or other legal entity (collectively, "you"). The DSA applies to any use of the online data marketplace known as Microsoft Codename Dallas, as such service is offered in pre-commercial release form for technology preview ("Dallas").
Dallas is an online service that enables you to access, search and retrieve certain data, information and other content supplied by third parties (collectively, "Third Party Data") If you comply with the terms and conditions of this DSA, you may use Dallas as described below:
1. PRE-RELEASE SERVICE. ANY COMMERCIAL USE OF DALLAS IS PROHIBITED. You acknowledge and agree that Dallas is a pre-commercial release version of an online data service OFFERED SOLELY FOR YOUR PERSONAL USE. As a preview service, Dallas may be unreliable and unstable. You may experience errors, bugs and unexpected interruptions, delays or periods of inaccessibility. You assume all risks associated with your use of Dallas, including the

I have read and I accept the Terms Of Use.

Sign Up

▲图 2-2 注册页面

注册成功后会自动生成默认的 Account Keys，对于开发者而言，就此拥有了通行另一个奇妙时空的钥匙。在 Account Keys 的页面，有一篇重要的文章指导我们整合应用程序由 CTP2 向 CTP3 升级 *Migrating your application from CTP2 to CTP3*。如果之前做过 Dallas CTP2 的应用程序，那么花时间了解 Dallas 的变化是很有必要的。

点击“Edit”编译账户，如图 2-3 所示。

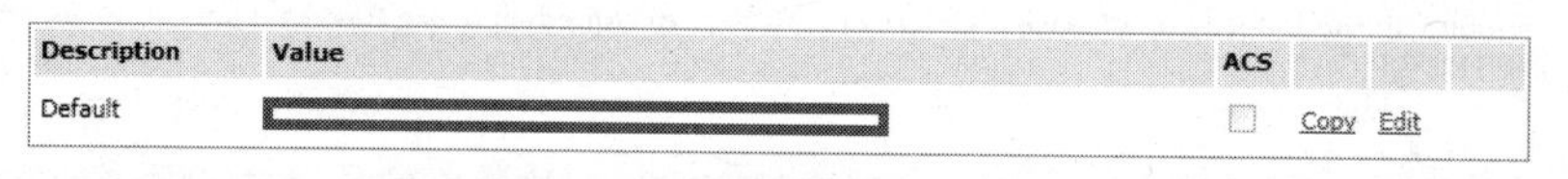

▲图 2-3 编译账户

在账户编辑中修改账户的信息，包括描述和选择“Enable this key for use with the Access Control Service”属性，点击[Save changes]按钮，如图 2-4 所示。

Account key details

Please change the description for the existing account key. 1

Description: Windows Phone Mango

Create new account key value.

Enable this key for use with the Access Control Service 2

When enabling this key for use with the Access Control Service, the key name must be globally unique. This will be fixed in future releases. For more information, see the ACS Walkthrough.

Save changes

▲图 2-4 Account Key

在 Catalog 页面搜索美国宇航局 NASA 提供的数据服务，并订阅该数据服务，点击 Subscribe 订阅，如图 2-5 所示。

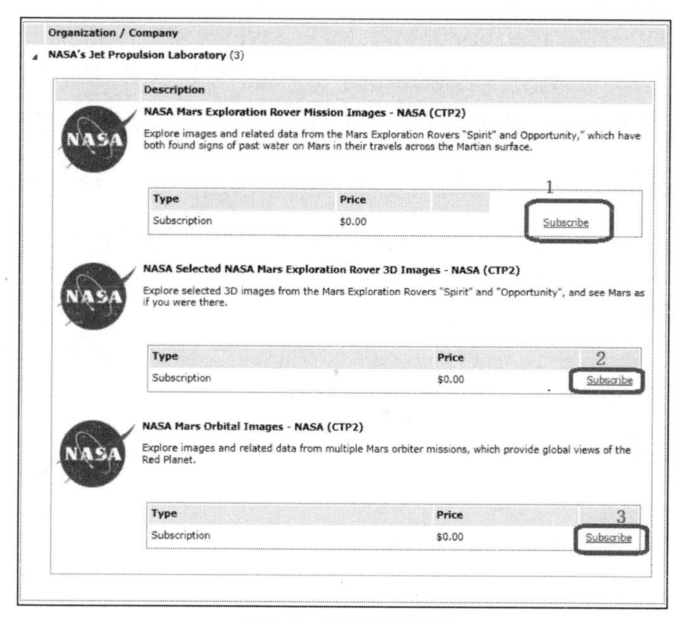

▲图 2-5　订阅 NASA 服务

2.3.2　创建程序

以管理员身份打开 Visual Studio 2010 或者 Visual Studio 2010 Express，新建 Silverlight for Windows Phone 工程，类型为 Windows Phone Application，工程名称为[MarsImageViewer]。图 2-6 所示为新建 Windows Phone 应用程序。

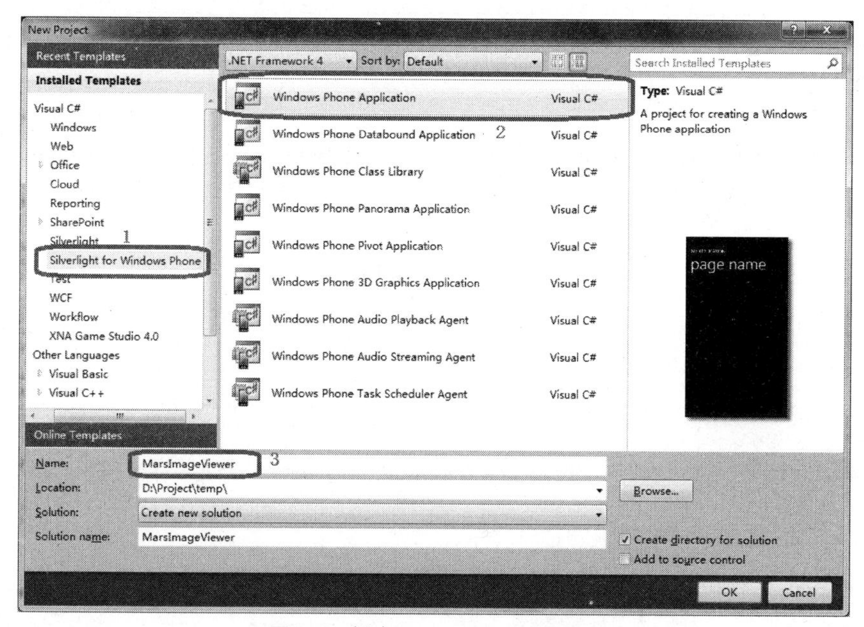

▲图 2-6　新建 Windows Phone 应用程序

如果之前使用过 Windows Presentation Foundation（WPF）或 Silverlight，则应该不会对看到的内容感到陌生。从图 2-6 中会看到一个具有流行手机外观的设计图面、一个具有一些基本控件的工具箱，以及多个具有其相关 C#代码分离文件的 XAML 文件。

2.3.3 在项目中添加资源

在工程中添加 Images 文件夹，存放图片资源。在[MarsImageViewer]上点击右键，依次选择[Add]→[New Folder]项，设定新文件夹的名称为 Images，如图 2-7 所示。

在 Images 文件夹中添加 Assert\Images 文件夹下的所有图片资源，并修改图片的属性[Build Action]为“Content”，[Copy to Output Directory]为“Copy if newer”，如图 2-8 所示为修改图片资源属性。

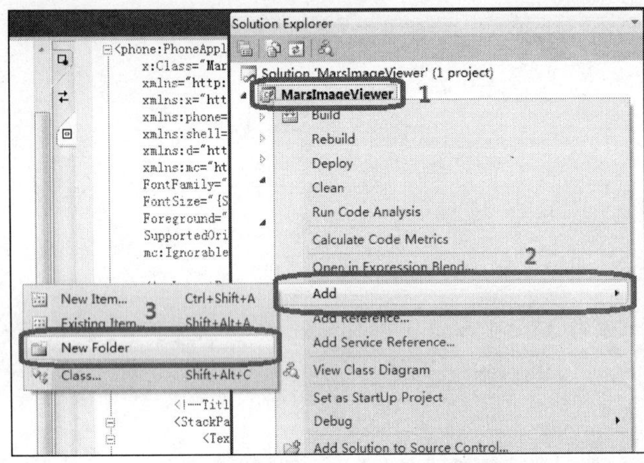

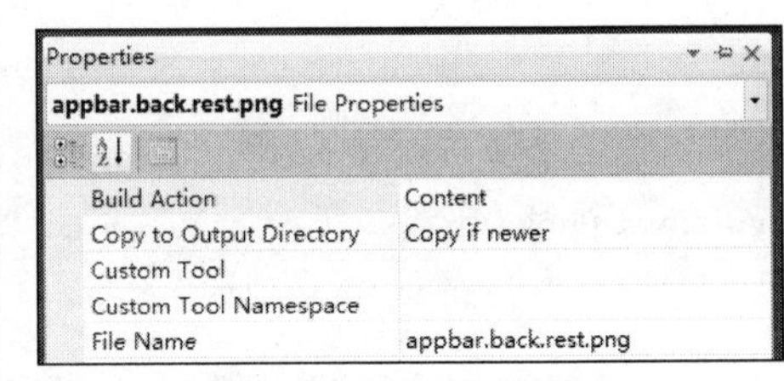

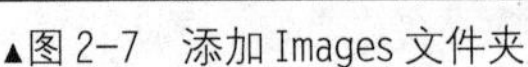
▲图 2-7　添加 Images 文件夹

▲图 2-8　修改图片资源属性

2.3.4 页面布局

与使用 Silverlight 相同，Windows Phone 应用程序模板提供了一个 App.xaml 文件和一个 MainPage.xaml 文件。打开 MainPage.xaml 文件，将首页的布局按照如下的代码修改。

Silverlight Project: MarsImageViewer　File: MainPage.xaml

```
<Grid x:Name="LayoutRoot" Background="Transparent">
    <Grid.RowDefinitions>
        <RowDefinition Height="Auto"/>
        <RowDefinition Height="*"/>
    </Grid.RowDefinitions>

    <!—TitlePanel 包含应用程序的名称和页面的标题-->
    <StackPanel x:Name="TitlePanel" Grid.Row="0" Margin="24,24,0,12">
        <TextBlock x:Name="PageTitle"
                   Text="探索火星"
                   Margin="-3,-8,0,0"
              Style="{StaticResource PhoneTextTitle2Style}"/>
    </StackPanel>
```

```
    <!--ContentPanel -->
    <Grid x:Name="ContentGrid" Grid.Row="1">
        <Image Height="619"
               HorizontalAlignment="Left" Name="MarsImage"
               Stretch="Fill"
               VerticalAlignment="Top"
               Width="480" />
    </Grid>
</Grid>
```

此布局中有一个标题“探索火星”和显示图片的 Image 控件。下面我们添加应用程序栏，关于应用程序栏的更多内容在后续的章节介绍。

Silverlight Project: MarsImageViewer　File: MainPage.xaml

```
<phone:PhoneApplicationPage.ApplicationBar>
    <shell:ApplicationBar IsVisible="True" IsMenuEnabled="False" Opacity="0">
        <shell:ApplicationBarIconButton
            x:Name="appbar_BackButton"
            IconUri="/Images/appbar.back.rest.png"
            Text="Back"
            Click="appbar_BackButton_Click">
        </shell:ApplicationBarIconButton>
        <shell:ApplicationBarIconButton
            x:Name="appbar_ForwardButton"
            IconUri="/Images/appbar.next.rest.png"
            Text="Next"
            Click="appbar_ForwardButton_Click">
        </shell:ApplicationBarIconButton>
        <shell:ApplicationBarIconButton
            x:Name="appbar_AboutButton"
            IconUri="/Images/appbar.feature.settings.rest.png"
            Text="Help"
            Click="appbar_AboutButton_Click">
        </shell:ApplicationBarIconButton>
    </shell:ApplicationBar>
</phone:PhoneApplicationPage.ApplicationBar>
```

在应用程序栏中，设定了 3 个“Back”、“Next”和“Help”按钮，其中 Help 按钮的触发事件中实现页面跳转。

设定页面支持横向视图和纵向视图。在 XAML 中设定 SupportedOrientations 属性为 PortraitOrLandscape，那么应用程序会根据 Windows Phone 手机的重力感应，自动选择页面显示的方式为横行视图还是纵向视图。本例中设定默认的视图方式为纵向视图，同时也支持横向视图。

Silverlight Project: MarsImageViewer　File: MainPage.xaml

```
SupportedOrientations="PortraitOrLandscape" Orientation="Portrait"
```

2.3.5　与 Dallas 通信

在 MainPage.xaml.cs 文件中添加引用。

Silverlight Project: MarsImageViewer　File: MainPage.xaml.cs

```
using System.Xml.Linq;
using System.IO;
using System.Windows.Media.Imaging;
using System.Net.Browser;
using System.Xml;
```

私有变量定义，包括显示图片的列表和索引，以及与 Dallas 通信所用的 Windows Live ID 和 Account Key。

Silverlight Project: MarsImageViewer　File: MainPage.xaml.cs

```
private int index;
private List<string> ImageIdList;
private string MarsCurrentImageId;
private BitmapImage imgsrc;

/* Microsoft Project Codename "Dallas" changes the way information is exchanged by offering
a wide range of content
from authoritative commercial & public sources in a single marketplace, making it easier
to find and purchase the
data that you need to power your applications and analytics. */
private const string WindowsLiveId = "<Your Windows Live ID>";
private const string AccountKey = "<Your account key>";
```

getImageIDs 函数旨在启动 Web 服务检索图像索引信息。在 MainPage 的构造函数中，调用 getImageIDs 方法与 Dallas 通信获取图片 ID 列表，在 HttpWebRequest.BeginGetResponse 方法中异步处理获取图片的方法 getImage。

Silverlight Project: MarsImageViewer　File: MainPage.xaml.cs

```
// Constructor
public MainPage()
{
    InitializeComponent();

    index = 0;
    ImageIdList = new List<string>();
    imgsrc = new BitmapImage();
    //获取图像 ID
    getImageIDs();
}

private void getImageIDs()
{
    Uri serviceUri = new Uri("https://api.sqlazureservices.com/NasaService.svc/MER/Images?
missionId=1&$format=atom10");

    // 创建向 dallas 发送的请求
```

```
WebRequest recDownloader = (HttpWebRequest)WebRequestCreator.ClientHttp.Create(serviceUri);
// 身份验证
recDownloader.Credentials = new NetworkCredential(WindowsLiveId, AccountKey);

// 获取服务器返回的数据
recDownloader.BeginGetResponse(ar =>
{
    // 获取 httpwebrequest
    HttpWebRequest r = (HttpWebRequest)ar.AsyncState;

    // 服务器的应答
    HttpWebResponse response = null;

    try
    {
        response = (HttpWebResponse)r.EndGetResponse(ar);
    }

    catch (Exception ex)
    {
        // returned an error.
        this.Dispatcher.BeginInvoke(delegate() { MessageBox.Show(ex.Message); });
        return;
    }

    // 读取服务器应答数据
    using (StreamReader reader = new StreamReader(response.GetResponseStream(), true))
    {
        // 图像 ID 列表
        XmlReader xmlReader = XmlReader.Create(reader);
        xmlReader.Read();

        while (xmlReader.ReadState != ReadState.EndOfFile)
        {
            xmlReader.ReadToFollowing("entry");
            if (xmlReader.ReadState != ReadState.EndOfFile)
            {
                xmlReader.ReadToFollowing("m:properties");
                xmlReader.ReadToFollowing("d:ImageId");
                ImageIdList.Add(xmlReader.ReadElementContentAsString());
            }
        }

        xmlReader.Close();
        reader.Close();

        foreach (string ImageId in ImageIdList)
        {
            MarsCurrentImageId = ImageId;
            break;
        }

        Deployment.Current.Dispatcher.BeginInvoke(() =>
        {
            // get image by ID
```

```
                if (MarsCurrentImageId != null)
                {
                    getImage(MarsCurrentImageId);
                }
            });
        }
    }, recDownloader);
}
```

getImage 函数类似于 getImageIDs 函数，其区别在于请求 Web 服务的 URL。getImage 函数调用 Web 资源的异步请求，将检索到的 ID 号作为查询条件用以获取图片资源，并调用 ShowImage 函数在 MainPage.xaml 的 Image 控件中显示图片。

Silverlight Project: MarsImageViewer   File: MainPage.xaml.cs

```
private void getImage(string ID)
{
    if (ID == null)
    {
        return;
    }

    Uri serviceUri = new Uri("https://api.sqlazureservices.com/NasaService.svc/MER/
Images/" + ID + "?$format=raw");

    WebRequest imgDownloader = (HttpWebRequest)WebRequestCreator.ClientHttp.Create(serviceUri);
    // 身份验证
    imgDownloader.Credentials = new NetworkCredential(WindowsLiveId, AccountKey);

    // 获取服务器返回的数据
    imgDownloader.BeginGetResponse(br =>
    {
        // 获取请求
        HttpWebRequest r = (HttpWebRequest)br.AsyncState;

        // 服务器应答
        HttpWebResponse response = null;

        try
        {
            response = (HttpWebResponse)r.EndGetResponse(br);
        }
        catch (Exception ex)
        {
            // 异常捕获
            this.Dispatcher.BeginInvoke(delegate() { MessageBox.Show(ex.Message); });
            return;
        }

        Stream ImageStream = response.GetResponseStream();
        ShowImage(ImageStream, response.ContentLength);

    }, imgDownloader);
}
```

Silverlight 只能在 UI Thread 中更新显示控件属性。多线程编码时，需要借助 Dispatcher 实现跨线程访问。

Silverlight Project: MarsImageViewer　File: MainPage.xaml.cs

```
private void ShowImage(Stream imageStream, long imageSize)
{
    BinaryReader br = new BinaryReader(imageStream);
    byte[] ImageBytes = new byte[imageSize];
    br.Read(ImageBytes, 0, ImageBytes.Length);
    MemoryStream msa = new MemoryStream(ImageBytes);

    Deployment.Current.Dispatcher.BeginInvoke(delegate
    {
        imgsrc.SetSource(msa);
        MarsImage.Source = imgsrc;
    });
}
```

2.3.6　触控事件处理

这一小节中增加应用程序栏的触控事件处理。应用程序栏的“Back”和“Next”按钮被点击时，显示图像列表中对应上一张和下一张的探索火星的照片。

Silverlight Project: MarsImageViewer　File: MainPage.xaml.cs

```
private void appbar_BackButton_Click(object sender, EventArgs e)
{
    if (index > 0)
    {
            index--;
            MarsCurrentImageId = ImageIdList[index];
            getImage(MarsCurrentImageId);
    }
}

private void appbar_ForwardButton_Click(object sender, EventArgs e)
{
    if ((index + 1) < ImageIdList.Count)
    {
            index++;
            MarsCurrentImageId = ImageIdList[index];
            getImage(MarsCurrentImageId);
    }
}
```

在 MainPage.xaml 中关联事件处理函数的代码如下。

Silverlight Project: MarsImageViewer　File: MainPage.xaml

```
<phone:PhoneApplicationPage.ApplicationBar>
     <shell:ApplicationBar IsVisible="True" IsMenuEnabled="False" Opacity="0">
         <shell:ApplicationBarIconButton
```

```
            x:Name="appbar_BackButton"
            IconUri="/Images/appbar.back.rest.png"
            Text="Back"
            Click="appbar_BackButton_Click">
        </shell:ApplicationBarIconButton>
        <shell:ApplicationBarIconButton
            x:Name="appbar_ForwardButton"
            IconUri="/Images/appbar.next.rest.png"
            Text="Next"
            Click="appbar_ForwardButton_Click">
        </shell:ApplicationBarIconButton>
        <shell:ApplicationBarIconButton
            x:Name="appbar_AboutButton"
            IconUri="/Images/appbar.feature.settings.rest.png"
            Text="Help"
            Click="appbar_AboutButton_Click">
        </shell:ApplicationBarIconButton>
    </shell:ApplicationBar>
</phone:PhoneApplicationPage.ApplicationBar>
```

2.3.7 实现页面跳转

应用程序栏的“Help”按钮用以实现页面跳转，由 MainPage.xaml 跳转至 About.xaml 页面。About.xaml 显示软件的相关制作信息，同时在 About.xaml 中的应用程序栏添加返回 MainPage.xaml 的事件处理。跳转的方式为，使用导航服务实现页面跳转。

Silverlight Project: MarsImageViewer　File: MainPage.xaml.cs

```
private void appbar_AboutButton_Click(object sender, EventArgs e)
{
    NavigationService.Navigate(new Uri("/About.xaml ", UriKind.Relative));
}
```

在 About.xaml 中的页面跳转中，由导航服务判断页面是否可以后退，如果可以的话执行后退操作。在本例中设置了两个页面，进入 About.xaml 的先前页面肯定是 MainPage.xaml。但是有可能程序发生由休眠状态被重新激活，为避免导航失败，如果应用程序导航无法回退时，指定导航的 URI。

Silverlight Project: MarsImageViewer　File: About.xaml.cs

```
private void appbar_BackButton_Click(object sender, EventArgs e)
{
     if (NavigationService.CanGoBack)
     {
          NavigationService.GoBack();
     }
     else
     {
          NavigationService.Navigate(new Uri("/MainPage.xaml ", UriKind.Relative));
     }
}
```

2.3.8　调试应用程序

按 F5 键运行应用程序，或者点击 Start Debugging 按钮运行，如图 2-9 所示点击 Start Debugging 按钮。图 2-1 和图 2-11 是运行效果。

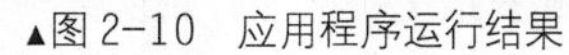

▲图 2-9　Start Debugging

▲图 2-10　应用程序运行结果

▲图 2-11　纵向视图和横向视图

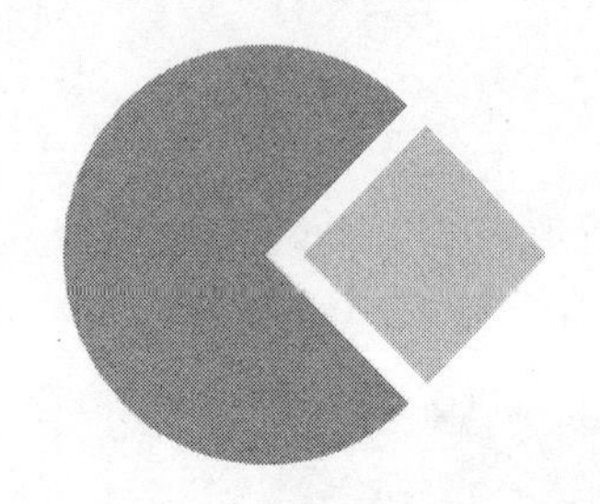

第3章　多点触控

多点触控技术是一场触控技术的革命，对智能手机的应用形态和产品形态产生了重大的影响，作为 Windows Phone 的开发者应在应用程序中最大限度地发挥多点触控的功能。

3.1 多点触控技术概述

多点触控的核心是 FTIR（Frustrated Total Internal Reflection），即受抑内全反射技术。由 LED（发光二极管）发出的光束从触摸屏截面照向屏幕的表面后，将产生反射。如果屏幕表层是空气，当入射光的角度满足一定条件时，光就会在屏幕表面完全反射。但是如果有个折射率比较高的物质（如手指）压住丙烯酸材料面板，屏幕表面全反射的条件就会被打破，部分光束透过表面，投射到手指表面。凹凸不平的手指表面导致光束产生散射（漫反射），散射光透过触摸屏后到达光电传感器，光电传感器将光信号转变为电信号，操作系统由此获得相应的触摸信息，如图 3-1 所示。

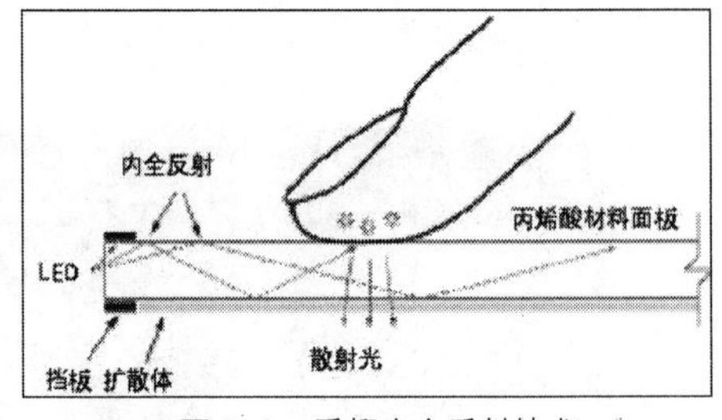

▲图 3-1　受抑内全反射技术

触控的输入方式是 Windows Phone 的核心功能，手指触控的反馈提供智能手机使用者更多难忘的探索期望和乐趣无穷的交互式体验。例如，拖曳照片或者滑动手指轻轻翻页，而多点触控识别和处理则提供更多难以想象的功能。

触控键盘声音：用户在触控 Windows Phone 的虚拟键盘时，会获得不一样的体验。Windows Phone 系统循环发出 8 种不同的声音，就像从远处传来的脚步声，虽然相似却不同，以此自然的效果来减少用户重复按键的“焦虑”。

Silverlight 和 XNA 对于触控的处理却不尽相同，Silverlight 的触控识别通过捕获事件的方式实现。XNA 的触控识别是通过静态类的循环周期的轮询实现。XNA Update 方法的主要目的就是检查触控的状态，并将其响应效果通过 Draw 方法反应在屏幕上。

令人兴奋的是，Windows Phone Mango 支持 Silverlight 和 XNA 的整合，在 Silverlight 中可以使用 XNA 更为强大和复杂的触控识别和处理。

3.2 Windows Phone 支持的触控指令

Windows Phone 支持的触控指令如表 3-1 所示。

表 3-1　　触控指令

手势名称	图　　例	说　　明
Tap	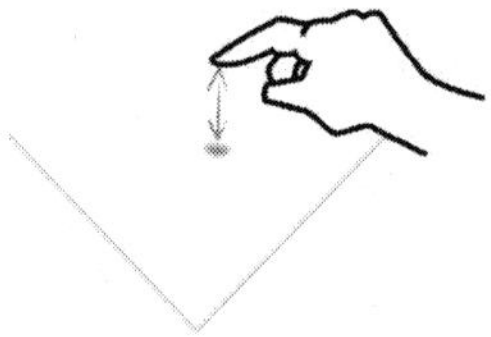	选择对象或停止从屏幕上移动任何内容
Double tap	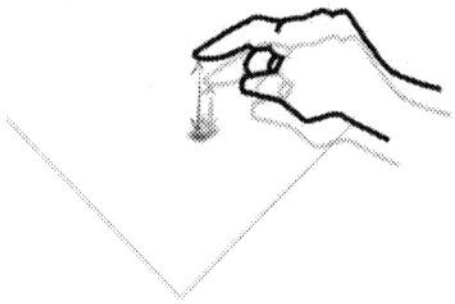	连续触碰。连续触碰同一个位置两次
Pan		拖曳屏幕上的一个对象到一个不同的位置
Flick		向任何方向移动整个画布
Touch and hold	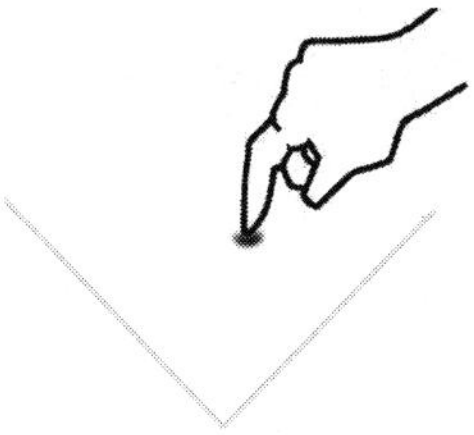	触碰后持续达一段时间，显示上下文菜单或选项页的内容
Pinch	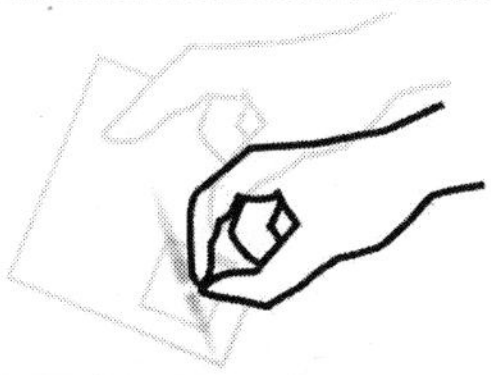	缩小或减少对象（取决于应用）
Stretch	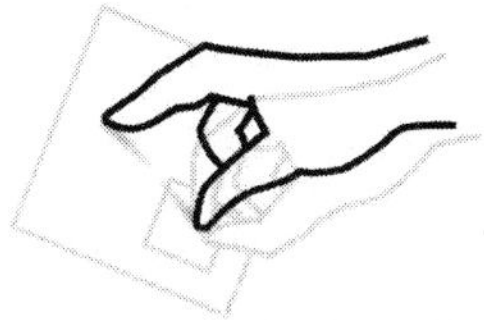	放大或扩大对象（取决于应用）

3.3 动手实践——Silverlight 的多点触控

了解了手势识别知道，通过对复杂手势的反馈带给操作者的感受是很好的。

3.3.1 动手实践实例

实例实现的步骤如下所示。

（1）新建一个 Visual C#的 Windows Phone 工程，工程名称为 ManipulationProject，如图 3-2 所示。

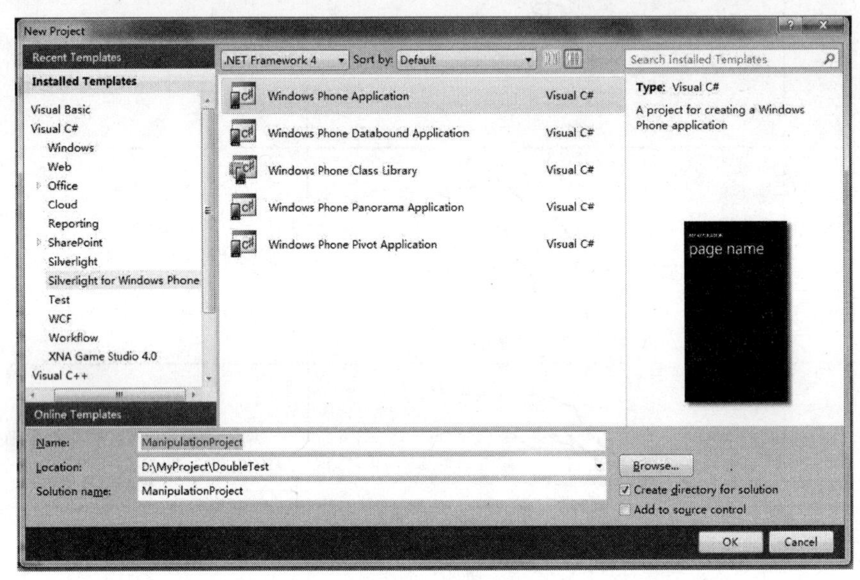

▲图 3-2 新建工程

（2）将下面的 XAML 代码加入到 MainPage.xaml 中。

这段代码的作用是在画布上创建了一个蓝色的的矩形。应用程序订阅了 ManipulationDelta 事件，该事件的响应代码中包含有移动矩形的控制逻辑。

Silverlight Project: ManipulationProject File: MainPage.xaml

```
<Canvas>
   <Rectangle
      Name="rectangle"
      Width="200" Height="200"
      Fill="Blue" Stroke="Blue" StrokeThickness="1" />
</Canvas>
```

（3）在 MainPage 类中添加如下的变量。

Silverlight Project: ManipulationProject File: MainPage.xaml.cs

```
private TransformGroup transformGroup;
```

```
private TranslateTransform translation;
private ScaleTransform scale;
```

（4）在 MainPage.xaml 中添加 ManipulationDelta 事件处理程序 Canvas_ManipulationDelta。

如图 3-3 所示，在 MainPage.xaml 中点击右键，选择“Properties”项。

在“Event”中设置 ManipulationDelta 的响应事件 Canvas_ManipulationDelta，如图 3-4 所示。

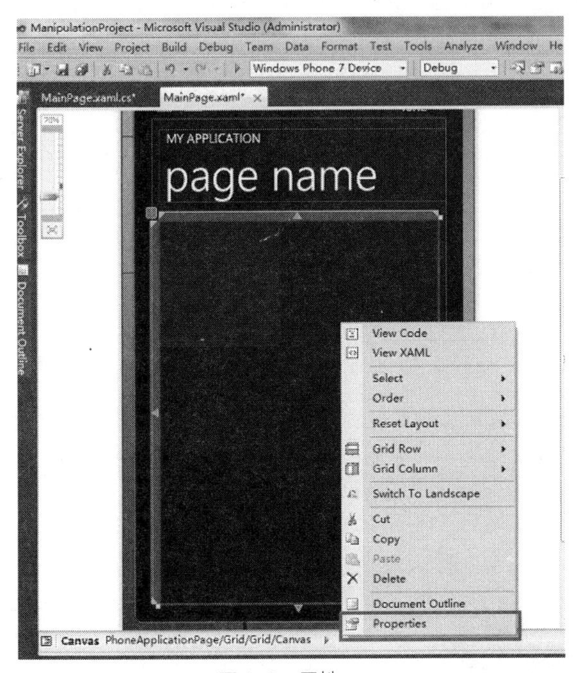

▲图 3-3　属性

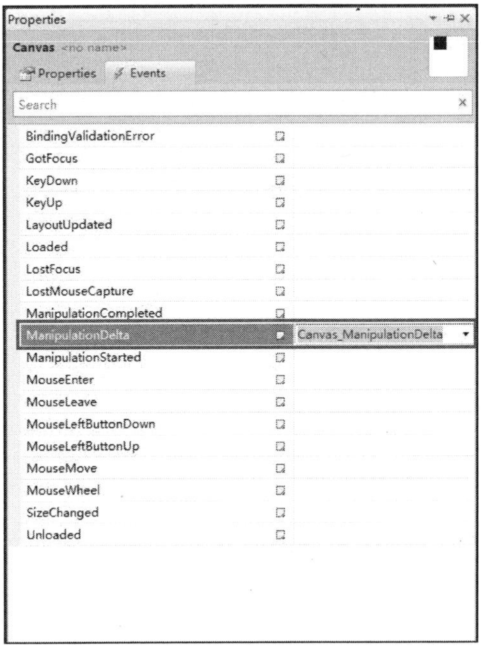

▲图 3-4　修改属性

设置完毕后，我们会在 MainPage 类中看见下面的代码被自动添加：

Silverlight Project: ManipulationProject　File: MainPage.xaml.cs

```
private void Canvas_ManipulationDelta(object sender, ManipulationDeltaEventArgs e)
{

}
```

（5）添加下面的代码到 MainPage 的构造函数中。

```
this.transformGroup = new TransformGroup();
this.translation = new TranslateTransform();
this.scale = new ScaleTransform();

this.transformGroup.Children.Add(this.scale);
this.transformGroup.Children.Add(this.translation);
this.rectangle.RenderTransform = this.transformGroup;
```

在 MainPage 类中，ManipulationDelta 事件处理程序 Canvas_ManipulationDelta 中添加以下代码。

在手指操作期间，ManipulationDelta 事件发生时，触摸输入更改位置可能发生多次。例如，如果用户手指拖动屏幕，ManipulationDelta 事件发生多次作为手指移动。

Silverlight Project: ManipulationProject　File: MainPage.xaml.cs

```
private void Canvas_ManipulationDelta(object sender, ManipulationDeltaEventArgs e)
{
    // Scale the rectangle.
    if ((e.DeltaManipulation.Scale.X == 0) || (e.DeltaManipulation.Scale.Y == 0))
    {
        // Increase ScaleX and ScaleY by 5%.
        this.scale.ScaleX *= 1.05;
        this.scale.ScaleY *= 1.05;
    }
    else
    {
        this.scale.ScaleX *= e.DeltaManipulation.Scale.X;
        this.scale.ScaleY *= e.DeltaManipulation.Scale.Y;
    }

    // Move the rectangle.
    this.translation.X += e.DeltaManipulation.Translation.X;
    this.translation.Y += e.DeltaManipulation.Translation.Y;

}
```

（6）编译并运行程序。

屏幕上蓝色的矩形等着您的触摸，运行效果如图 3-5 所示。

▲图 3-5　运行结果

3.3.2　测试应用程序

试一试复杂的手势变化，尝试 Windows Phone 的互动体验。

- 移动矩形，你的手指按住该矩形，并在屏幕上移动手指。
- 若要调整矩形的形状，把两个手指放在矩形上缩小和延伸（Pinch and Stretch），如图 3-6 所示。

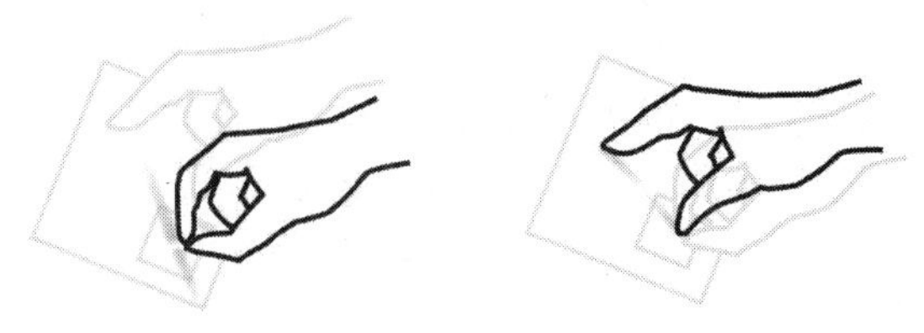

▲图 3-6　手势识别

3.4　耀眼的火花——XNA 多点触控游戏

实例效果为，手指划过屏幕产生火花，就像夜空中燃放的烟火，瞬间产生，留下光芒后渐渐消逝，如图 3-7 所示。

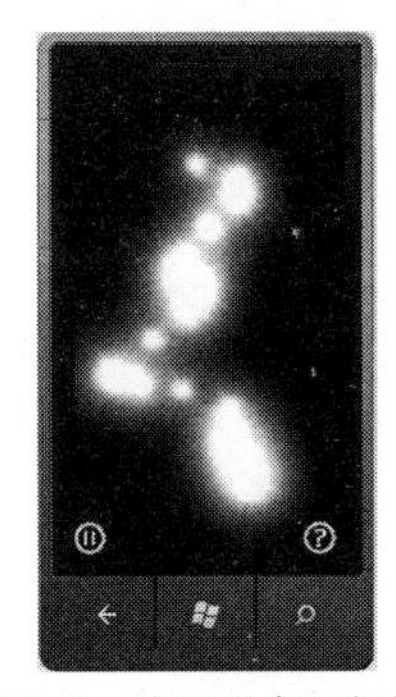

▲图 3-7　应用程序运行效果

3.4.1　创建应用程序

新建一个 XNA Game Studio 4.0 的 Windows Phone Game（4.0）的工程，工程名称为 InputToyWP7，如图 3-8 所示。

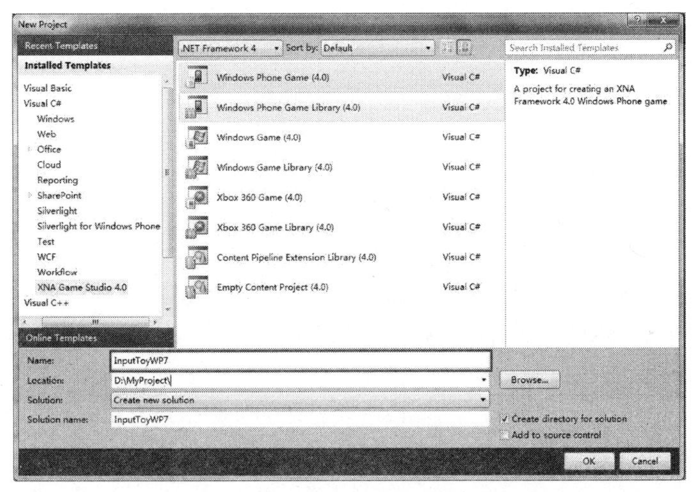

▲图 3-8　新建工程

3.4.2 启用手势操作支持

以 XNA 为基础的游戏程序必须设定 TouchPanel 类别的 EnabledGestures 属性，才能够启用手势操作功能，以支持用户以手势操作游戏程序。

程序设计者可以在 Game1 类别的 Initialize 方法中执行设定 TouchPanel 类别的 EnabledGestures 属性的动作，以启用手势操作支持，做法如下：

XNA Project: ManipulationProject File: Game1.cs

```
// initialization logic
TouchPanel.EnabledGestures =
    GestureType.Hold |
    GestureType.Tap |
    GestureType.DoubleTap |
    GestureType.FreeDrag |
    GestureType.HorizontalDrag |
    GestureType.Flick |
    GestureType.Pinch;
```

注意 以 XNA 为基础的游戏程序必须启用触控功能才能够让游戏的使用者进行触控操作，如果已启用 Pinch 操作功能，则当用户利用两个手指头同时触控屏幕并进行移动时，就会产生 Pinch 操作，而不是两个不同的拖曳操作，如果未启用 Pinch 操作功能，则所产生的就不是 Pinch 操作，而是依据两个触碰位置的平均为准的单一拖曳操作。

下面的代码演示获取手机支持的触控个数。

XNA Project: ManipulationProject File: Game1.cs

```
TouchPanelCapabilities tc = TouchPanel.GetCapabilities();
if (tc.IsConnected)
{
      return tc.MaximumTouchCount;
}
```

注意 Windows Phone 的 XNA Game Studio 4.0 支持的触控数为 4 个。

3.4.3 处理使用者的手势操作

启用了手势操作功能之后，以 XNA 为基础的应用程序可以在 Game1 类别的 Update 方法中呼叫 TouchPanel 类别的 ReadGesture 方法取得用户的手势操作信息。请注意，读取使用者的手势操作的做法和呼叫 TouchPanel 类别的 GetState 方法读取触控面板状态的做法不同，因为用户对游戏程序的触控操作会产生多个手势信息，来不及被游戏处理的手势信息会被存放到队列中等待处理，让游戏程序利用循环取出并加以处理。

以下的 Update 方法便会利用 while 循环，搭配 TouchPanel 类别的 IsGestureAvailable 属性判断

是否还有用户触控操作产生的手势信息尚未被处理，如果尚有使用者触控操作产生的手势信息尚未被处理，则呼叫 TouchPanel 类别的 ReadGesture 方法读取手势信息，并加以处理，修改 Update 方法的代码如下。

XNA Project: ManipulationProject　File: Game1.cs

```
protected override void Update(GameTime gameTime)
{
    // 允许游戏退出
    if (GamePad.GetState(PlayerIndex.One).Buttons.Back == ButtonState.Pressed)
    {
        this.Exit();
    }


    while (TouchPanel.IsGestureAvailable)//判断是否有手势信息未处理
    {
        GestureSample gesture = TouchPanel.ReadGesture();

        switch (gesture.GestureType)
        {
            case GestureType.Tap:
            case GestureType.DoubleTap:
            case GestureType.Hold:
            case GestureType.FreeDrag:
            case GestureType.Flick:
            case GestureType.Pinch:
                // 处理手势信息
                ......
                break;
        }
    }
    base.Update(gameTime);
}
```

因为 GestureType.FreeDrag 自由拖曳操作已经包括 GestureType.VerticalDrag 垂直拖曳操作和 GestureType.HorizontalDrag 水平拖曳操作，所以，游戏程序在判断用户的触控操作的动作时，不需要既判断动作是否为 GestureType.FreeDrag，又判断动作是否为 GestureType.VerticalDrag 或 GestureType.HorizontalDrag，两者选择一个处理即可。

特别注意　使用 TouchPanel 类别进行触控控制的游戏程序可以呼叫 TouchPanel 类别的 GetState 方法取得使用者对触控面板的触控状态，或是呼叫 TouchPanel 类别的 ReadGesture 方法取得使用者的手势操作状态，不要两者混用，否则将会无法得到正确的结果。例如，先利用 TouchPanel 类别的 ReadGesture 方法取得使用者的手势操作状态，再利用 TouchPanel 类别的 GetState 方法取得用户触碰屏幕的位置，当做手势操作触碰屏幕的位置来使用就是错误的做法。

请注意呼叫 TouchPanel 类别的 ReadGesture 方法读取手势信息时，读取到的手势信息会以

GestureSample 结构的形式传回给呼叫者。表 3-2 所示为 GestureSample 结构常用的属性。

表 3-2　　GestureSample 结构常用的属性

属性名称	说　明
Delta	存放与第一个碰触点的偏差量
Delta2	存放与第二个碰触点的偏差量
GestureType	存放触控操作的种类
Position	存放第一个碰触点的位置
Position2	存放第二个碰触点的位置
Timestamp	存放触控操作发生的时间

因为呼叫 TouchPanel 类别的 ReadGesture 方法传回的 GestureSample 结构只能存放第一个和第二触碰点的位置：Position 和 Postition2，以及存放两个触碰点的偏差量，所以，只能支持最多两个手指头的操作。

请注意，GestureSample 结构属性的型态为 TimeSpan 结构而不是 GameTime 类别，用来代表手势操作与手势操作之间的时间间隔。

各种手势操作需要用到的 GestureSample 结构的属性可以参考表 3-3 所示的详细说明。

表 3-3　　各种手势操作需要用到的 GestureSample 结构的属性

触控操作	说　明
Tap	Position 属性
DoubleTap	Position 属性
Hold	Position 属性
VerticalDrag	Position 属性和 Delta 属性
HorizontalDrag	Position 属性和 Delta 属性
FreeDrag	Position 属性和 Delta 属性
DragComplete	无
Flick	Delta 属性
Pinch	Position、Position2、Delta、和 Delta 2 4 个属性
PinchComplete	无

3.4.4　处理手势操作的要诀

在处理使用者的触控操作方面，Flick 触控操作可以利用 GestureSample 结构的 Delta 属性的内容值当作威作福用户轻拂的快慢速度，以控制卷动游戏内容的速度。VerticalDrag 和 HorizontalDrag 触控操作可以利用 GestureSample 结构的 Delta 属性的内容值判断垂直和水平移动的距离，而且 VerticalDrag 触控操作的 Delta 属性的 X 成员的内容值必为 0，而 HorizontalDrag 触控操作的 Delta 属性的 Y 成员的内容值必为 0，不需要另外透过程序代码进行设定。Pinch 触控操作是两个手指头并用的触控操作，常常用来执行旋转对象、放大、缩小对象、或是旋转相机镜头的动作。游戏程序可以利用 GestureSample 结构的 Position 属性和 Delta 属性，取得第一个手指头的触碰点和偏差量，利用 Position2 属性和 Delta2 属性取得第二个手指头的触碰点和偏差量，再据以执行变更游戏程序显示内容的动作。

3.4.5　读取多点触控的数据

如果需要取得用户同时触控的状态，则可以呼叫 TouchPanel 类别的 GetState 方法，取得所有触碰点的集合，再利用循环取出集合中的所有触碰点并加以处理，做法如下：

```
TouchCollection touchCollection = TouchPanel.GetState();//取得触摸屏幕状态
foreach (TouchLocation tl in touchCollection)
{
    //判断状态
    ......
}
```

3.4.6　设计支持手势操作的 XNA 游戏

了解 XNA Framework 支持触控操作的基本功能之后，接下来我们就要设计一个能够允许用户利用触控屏幕操作的简单游戏，实现步骤如下。

（1）将 InputToyWP7 示例的 Menu.cs 和 Instructions.cs 添加到工程中。

（2）将 InputToyWP7 示例的 GameThumbnail.png 图片替换新建程序中的图片。

（3）在 InputToycontet 中添加程序所用图片，在 Solution Explorer 上的 InputToycontet（content）上点击右键，选择 Add...，具体操作如图 3-9 所示。

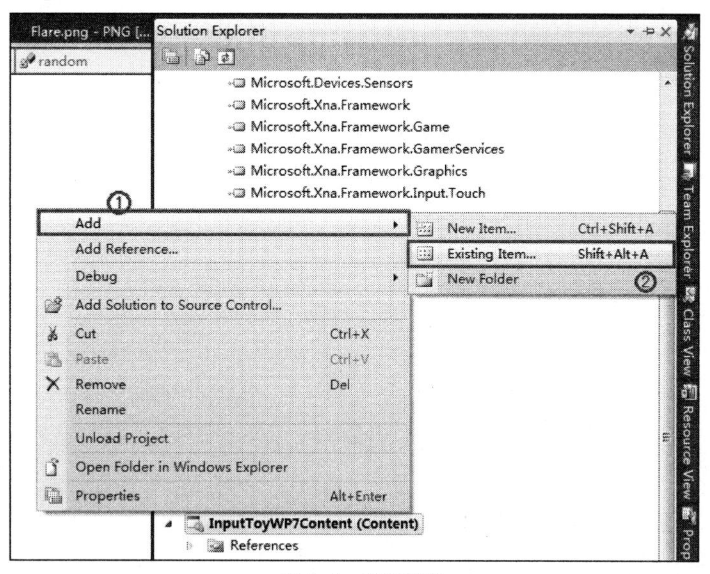

▲图 3-9　添加资源

（4）在 Game1 的类中修改游戏控制逻辑。

XNA Project: ManipulationProject　File: Game1.cs

```
public class Game1 : Microsoft.Xna.Framework.Game
{
    static Random random = new Random();

    class Sparkle
    {
        public Vector2 position;
        public Vector2 speed;
        public float rotation;  // in radians
        public Color color;
        public long birthtime;

        public Sparkle(float x, float y, long time)
        {
            position = new Vector2(x, y);
            rotation = (float)(random.NextDouble() * 2.0 * Math.PI);
            color = Color.White;
            birthtime = time;
        }
    }

    const int SPARKLELIFE = 4000; // ticks
    const int MAXSPARKLES = 100; // maximum number of sparkles, for
                                 // performance tuning.
    const float ACCELFACTOR = 0.01f;
    const float FADEFACTOR = 255.0f / SPARKLELIFE;
    Vector2 screenDimensions = new Vector2(272, 480);

    GraphicsDeviceManager graphics;
    SpriteBatch spriteBatch;
    Texture2D flareImage;
    Vector2 flareOffset;
    List<Sparkle> sparkles;
    Instructions instructions;
    Menu menu;
    bool accelActive = false;
    Accelerometer accelSensor;
    Vector3 accelReading = new Vector3();

    public Game1()
    {
        graphics = new GraphicsDeviceManager(this);
        sparkles = new List<Sparkle>();

        instructions = new Instructions();
        menu = new Menu();

        Content.RootDirectory = "Content";

        // 默认更新频率 30 f/s
        TargetElapsedTime = TimeSpan.FromSeconds(1 / 30.0);
```

```
        // 使硬件内置的分辨率与原始的(Zune HD)一致
        graphics.PreferredBackBufferWidth = (int)screenDimensions.X;
        graphics.PreferredBackBufferHeight = (int)screenDimensions.Y;

        // 全屏
        graphics.IsFullScreen = true;

        accelSensor = new Accelerometer();

        // 为重力加速传感器添加事件处理函数
        accelSensor.ReadingChanged +=
            new
EventHandler<AccelerometerReadingEventArgs>(AccelerometerReadingChanged);

        // 启动重力加速传感器
        try
        {
            accelSensor.Start();
            accelActive = true;
        }
        catch (AccelerometerFailedException e)
        {
            // 重力加速传感器启动失败
            accelActive = false;
        }
        catch (UnauthorizedAccessException e)
        {
            // 抛出模拟器不支持重力加速传感器的异常
            accelActive = false;
        }
    }

    /// <summary>
    /// Allows the game to perform any initialization it needs to before
    /// starting to run.  This is where it can query for any required
    /// services and load any non-graphic related content.  Calling
    /// base.Initialize will enumerate through any components and
    /// initialize them as well.
    /// </summary>
    protected override void Initialize()
    {
        // TODO: Add your initialization logic here
        TouchPanel.EnabledGestures =
            GestureType.Hold |
            GestureType.Tap |
            GestureType.DoubleTap |
            GestureType.FreeDrag |
            GestureType.HorizontalDrag |
            GestureType.Flick |
            GestureType.Pinch;
        base.Initialize();
    }

    /// <summary>
```

```
/// LoadContent will be called once per game and is the place to load
/// all of your content.
/// </summary>
protected override void LoadContent()
{
    // Create a new SpriteBatch, which can be used to draw textures.
    spriteBatch = new SpriteBatch(GraphicsDevice);
    flareImage = this.Content.Load<Texture2D>("Flare");
    flareOffset = new Vector2(
          flareImage.Width * 0.5f, flareImage.Height * 0.5f);
    menu.loadContent(this.Content, this.GraphicsDevice);
    instructions.loadContent(this.Content, this.GraphicsDevice);
    instructions.show();
}

/// <summary>
/// UnloadContent will be called once per game and is the place to
/// unload all content.
/// </summary>
// 卸载全部内容
protected override void UnloadContent()
{
    // Unload any non ContentManager content here
    // 如果传感器启动，则将其停止
    if (accelActive)
    {
        try
        {
            accelSensor.Stop();
        }
        catch (AccelerometerFailedException e)
        {
            // 捕获传感器无法停止的异常
        }
    }
}

/// <summary>
/// Allows the game to run logic such as updating the world,
/// checking for collisions, gathering input, and playing audio.
/// </summary>
/// <param name="gameTime">Provides a snapshot of timing values.</param>
protected override void Update(GameTime gameTime)
{
    // 允许游戏退出
    if (GamePad.GetState(PlayerIndex.One).Buttons.Back == ButtonState.Pressed)
    {
        this.Exit();
    }

    long ttms = (long)gameTime.TotalGameTime.TotalMilliseconds;

    // ElapsedGameTime 过去的时间
    float etms = gameTime.ElapsedGameTime.Milliseconds;
```

```
// 更新 instructions 状态
if (instructions.isVisible())
{
    instructions.update(etms);
}

while (TouchPanel.IsGestureAvailable)
{
    GestureSample gesture = TouchPanel.ReadGesture();

    switch (gesture.GestureType)
    {
        case GestureType.Tap:
        case GestureType.DoubleTap:
        case GestureType.Hold:
        case GestureType.FreeDrag:
        case GestureType.Flick:
        case GestureType.Pinch:
            TouchCollection touchCollection = TouchPanel.GetState();
            foreach (TouchLocation tl in touchCollection)
            {
                if ((tl.State == TouchLocationState.Pressed)
                        || (tl.State == TouchLocationState.Moved))
                {
                    if (menu.handleInput(tl, instructions))
                    {
                        continue;
                    }

                    // 在触控的位置添加火花
                    sparkles.Add(new Sparkle(tl.Position.X,
                            tl.Position.Y, ttms));

                    // 火花数量大于最大值的处理: 删除最早添加的火花
                    if (sparkles.Count > MAXSPARKLES)
                    {
                        sparkles.RemoveAt(0);
                    }
                }
            }
            break;
    }
}

// 更新火花的状态
for (int i = sparkles.Count - 1; i >= 0; i--)
{
    Sparkle s = sparkles[i];

    if (!menu.isPaused() && ((ttms - s.birthtime) > SPARKLELIFE))
    {
        sparkles.RemoveAt(i);
        continue;
    }
    else
```

```
        {
            if (menu.isPaused())
            {
                // 当暂停时，重置发生时间，以便火花不会立即消失。
                s.birthtime = ttms - SPARKLELIFE
                    + (long)(s.color.A / FADEFACTOR);
            }
            else
            {
                // 淡入淡出火花的闪耀效果
                s.color.A = (byte)(255.0f - (ttms - s.birthtime)
                        * FADEFACTOR);
            }

            // 暂停时火花依然可以移动
            if (accelActive)
            {
                // 火花的加速度取决于加速感应动作
                s.speed.X += accelReading.X * ACCELFACTOR;
                s.speed.Y += -accelReading.Y * ACCELFACTOR;

                // 移动火花的位置
                s.position.X += s.speed.X * etms;
                s.position.Y += s.speed.Y * etms;
                s.rotation += s.speed.Length() * ACCELFACTOR * etms;
            }
        }
    }

    base.Update(gameTime);
}

/// <summary>
/// This is called when the game should draw itself.
/// </summary>
/// <param name="gameTime">Provides a snapshot of timing values.</param>
protected override void Draw(GameTime gameTime)
{
    GraphicsDevice.Clear(Color.Black);

    spriteBatch.Begin();
    // 绘制背景
    if (instructions.isVisible())
    {
        instructions.draw(spriteBatch);
    }

    // 绘制火花
    foreach (Sparkle s in sparkles)
    {
        // when drawing with a specified origin, the origin affects
        // both the rotation and position parameters.
        spriteBatch.Draw(
              flareImage, s.position, null, s.color, s.rotation,
              flareOffset, 1.0f, SpriteEffects.None, 0);
```

```
        }

        // 绘制背景
        menu.draw(spriteBatch);

        spriteBatch.End();

        base.Draw(gameTime);
    }

    public void AccelerometerReadingChanged(object sender, AccelerometerReadingEventArgs
e)
    {
        accelReading.X =  (float)e.X;
        accelReading.Y = (float)e.Y;
        accelReading.Z = (float)e.Z;
    }

    public int getTouchPoints()
    {
        TouchPanelCapabilities tc = TouchPanel.GetCapabilities();
        if(tc.IsConnected)
        {
            return tc.MaximumTouchCount;
        }
        else
        {
            return -1;
        }
    }
}
```

3.4.7 游戏程序部署

程序设计者可以利用 Visual Studio 2010 Express for Windows Phone 直接将所开发的程序部署到 Windows Phone 智能手机中，不过程序设计师所使用的计算机仍然必须事先安装好 Zune 软件。程序设计师可以利用 Visual Studio 工具栏提供的下拉选项[Windows Phone Device]选择 Windows Phone Device，再按下 CTRL+ F5 组合键将开发好的程序部署到 Windows Phone 智能手机中。同样地，Windows Phone 智能手机不可以处于屏幕锁定的状态，否则将无法部署成功。

请执行部署到 Windows Phone 智能手机的游戏程序，并利用 XNA Framework 支持的各种手势操作技巧点选、自由移动、轻拂、或放大、缩小游戏程序显示的饼图案，体验利用手势操作程序的方便性。

实例定行效果为，手指划过屏幕产生的火花，就像夜空中燃放的烟火，瞬间产生，留下光芒后渐渐消逝。

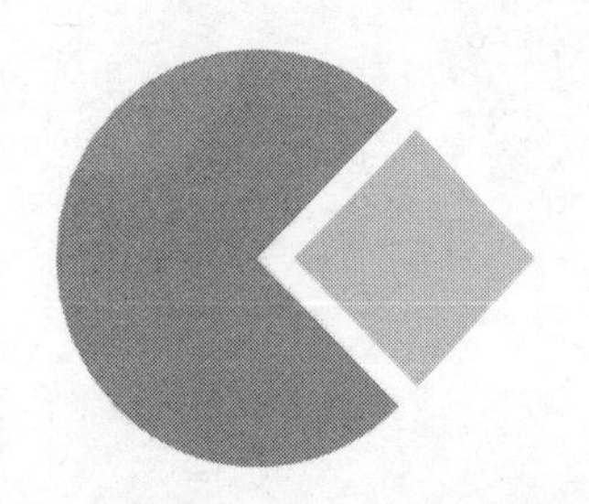

第4章 传感器和服务

4.1 认知传感器

Windows Phone Mango 传感器（Sensor）包括：重力传感器（G-Sensor）、数字罗盘、趋近传感器、指南针传感器、陀螺仪传感器，以及移动（Motion）传感器、环境光线传感器。传感器可以视为一种特殊的输入设备，使用者可以不需要特别执行任何输入的动作，程序就可以依据传感器输入的数据做出反应。

♦ 利用数字电子罗盘获得与方向有关的数据。

♦ 利用光线传感器感应外界光线的强弱，自动调节手机屏幕的亮度。

♦ 利用接近传感器判断是否贴近使用者的脸部，避免误触影响通话而自动锁定屏幕的操作。

♦ 利用重力传感器感应智能手机运动的方向，并作为调整智能手机屏幕显示方向的依据，将重力传感器的数据传送给程序会获得更多的应用。比如极品飞车游戏中控制汽车的转弯方向；在弹珠游戏程序中改变弹珠的滚动方向的动作。此外，重力传感器还能在 GPS（全球定位系统）中发挥作用，当智能手机接收不到卫星信号时，利用智能手机的运动方向推断用户的位置。

传感器在游戏程序的应用很广泛，例如，使用者挥动手臂的动作可以模拟使用球棒挥击棒球的动作，模拟掷出保龄球的动作，拍击网球、羽毛球、乒乓球的动作，模拟丢掷骰子，甚至可以模拟游戏者身体移动的方向，跳跃的高度与距离，让使用者融入游戏的场景，达到与游戏真实互动的感觉，而不是像传统的游戏，游戏的使用者感觉较像局外人。

Windows Phone 智能手机支持完整的传感器功能，例如，利用传感器控制的俄罗斯方块游戏，能够在不靠键盘输入的状况下利用倾斜智能手机的方式控制方块掉落的位置。

传感器给游戏用户哪些震撼的体验，在下面的章节我们细细讲解。

4.2 重力加速传感

4.2.1 应用重力加速传感器的体感游戏设计

Windows Phone 提供的重力传感器利用量测重力的原理判断智能手机移动的方向，允许使用者利用摇摆智能手机的方式控制游戏的执行，其原理和汽车的安全气囊相同，在侦测到汽车快速减速的时候立刻充气以保护驾驶人与乘客不会受伤。

要使用重力传感器当做游戏程序的输入，以 XNA 为基础的游戏程序可以利用 Accelerometer 类别提供的功能启用/停用重力加速器，取得重力加速器的状态，以及处理重力加速器引发的事件。有关 Accelerometer 类别常用的属性如表 4-1 所示。

表 4-1　　Accelerometer 类别常用的属性

属性名称	说　明
State	管理重力加速器状态的属性，其型态为 SensorState 列举型态。有关 SensorState 列举型态合法的内容值可以参考表 4-4 的说明。

Accelerometer 类别常用的方法可以参考表 4-2 所示的 Accelerometer 类别常用方法的说明。

表 4-2　　Accelerometer 类别常用的方法

方法名称	说　明
Start	开始从重力加速器读取数据
Stop	结束从重力加速器读取数据

Accelerometer 类别常用事件可以参考表 4-3 所示的 Accelerometer 类别常用事件的说明。

表 4-3　　Accelerometer 类别常用的事件

事件名称	说　明
ReadingChanged	当重力加速器读取到数据时会引发的事件

处理 ReadingChanged 事件的事件为 AccelerometerReadingEventArgs，其中 X、Y、Z 属性的内容值代表智能手机在 X 轴、Y 轴和 Z 轴的加速方向，而不是三维空间的坐标，其单位为重力单位，即 G（$1G = 9.81\ m/s^2$）。除了 X、Y、与 Z 3 个属性以外，还有一个名为 Timestamp 的属性，负责记录重力加速器读取数据的时间点。

请注意，当智能手机放在平坦的桌面上，而且正面朝上的时候，AccelerometerReadingEventArgs 类别的 Z 字段的内容值会是−1.0，表示 Z 轴承受−1G 的重力，而当智能型手机放在平坦的桌面上，而且正面朝下的时候，AccelerometerReadingEventArgs 类别的 Z 字段的内容值就会是+1.0，表示 Z 轴承受 1G 的重力。

透过 Accelerometer 类别的 State 属性取得的重力加速器状态是 SensorState 列举型态的数据，其合法的内容值请参考表 4-4 所示的 SensorState 列举型态合法的内容值的说明。

表 4-4　　SensorState 列举型态合法的内容值

内容值名称	说　明
NotSupported	未支持重力加速器
Ready	重力加速器处于可以处理数据的状态
Initializing	重力加速器正在初始化
NoData	未支持重力加速器
NoPermissions	呼叫者没有权限取用重力加速器接收到的数据
Disabled	重力加速器处于禁用状态

要使用重力加速器判断智能手机加速的方向，首先必须使用鼠标的右键点中[Solution Explorer]窗口中的项目名称，从出现的菜单中选择**[Add Reference]**功能，然后在出现的窗口中选择名称为Microsoft.Devices.Sensors 的组件，如图 4-1 中参考名称为 Microsoft.Devices.Sensors 组件的界面所示。

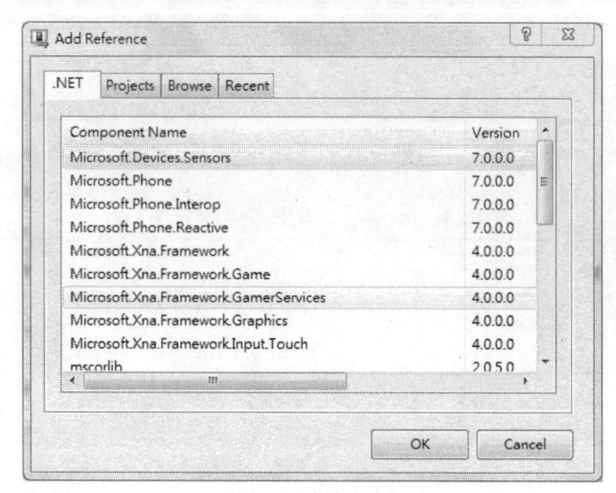

▲图 4-1　参考名称为 Microsoft.Devices.Sensors 的组件的界面

做好之后请按下[OK]键完成参考组件的动作。接下来请在 Game1 类别中加入以下变量的声明，负责管理重力加速器装置：

```
Accelerometer gSensor;                          //管理重力感应的变量
```

然后在 Initialize 方法中执行建立 Accelerometer 类别对象的动作，为 Accelerometer 类别的对象的 ReadingChanged 事件制作事件处理程序，并调用 Accelerometer 类别的 Start 方法，开始接收从重力加速器输入的数据，实现程序如下：

```
protected override void Initialize()
{
    gSensor = new Accelerometer();              //新建 Accelerometer 对象
    gSensor.ReadingChanged += new
        EventHandler<AccelerometerReadingEventArgs>(
   gSensor_ReadingChanged);                     //处理 Accelerometer 对象的 ReadingChanged 事件
    gSensor.Start();                            //启动重力感应
    base.Initialize();
}
```

应用程序只要在 Accelerometer 类别的对象的 ReadingChanged 事件的事件处理程序中利用型态为 AccelerometerReadingEventArgs 类别，名称为 e 的参数，就可以得知 Windows Phone 装置加速的方向，实现程序如下：

```
void gSensor_ReadingChanged(object sender, AccelerometerReadingEventArgs e)
{
    //取用 e.X, e.Y, e.Z
}
```

4.2.2　动手实践——Silverlight 获取重力加速度感应数据

以 AccelerometerSample 实例讲解用 Silvelight 如何获取重力加速度感应数据。

1. 新建工程

打开 Visual Studio，新建 Silverlight for Windows Phone 工程，名称为 AccelerometerSample，如图 4-2 所示。

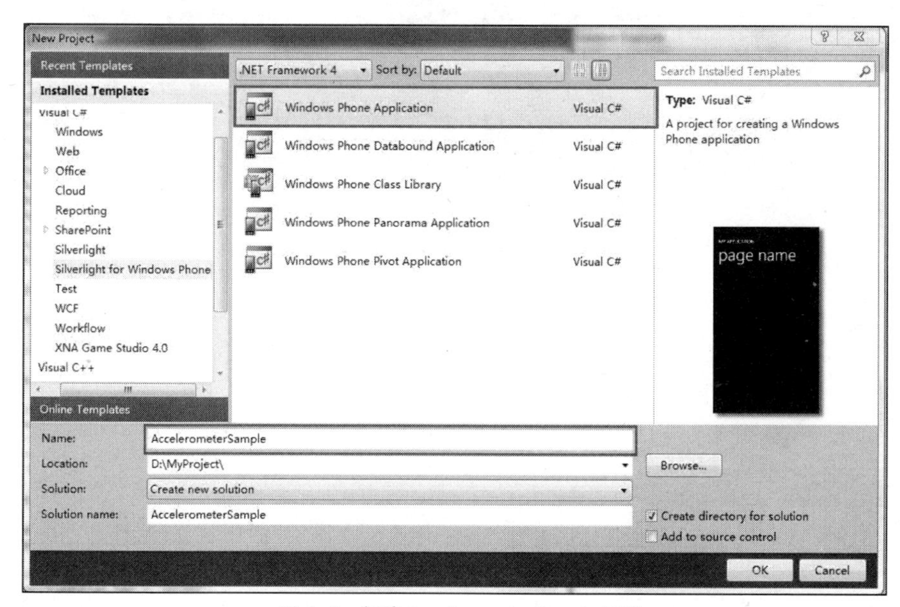

▲图 4-2　新建 AccelerometerSample 工程

2. 添加引用

右键单击[Solution Explorer] 窗口中的项目名称 AccelerometerSample，从出现的菜单中选择 **[Add Reference]** 功能，如图 4-3 所示。

选择名称为 Microsoft.Devices.Sensors 的组件，如图 4-4 所示。

3. 添加 Sensors 命名空间

在 MainPage.xaml.cs 中添加 Sensors 的命名空间。

Silverlight Project: AccelerometerSample　File: MainPage.xaml.cs

```
using Microsoft.Devices.Sensors;
```

4. 声明 Accelerometer 类的变量

在 MainPage 类中添加 Accelerometer 的变量。在 MainPage 类的生命周期内此变量都有效。

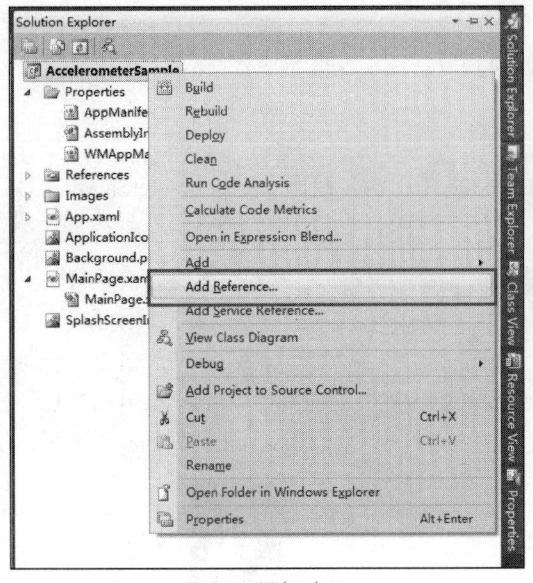

▲图 4-3　添加引用

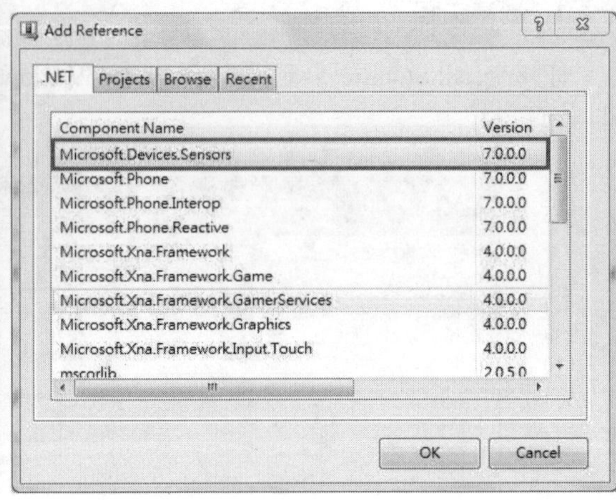

▲图 4-4　Microsoft.Devices.Sensors 的组件

Silverlight Project: AccelerometerSample　File: MainPage.xaml.cs

```
Accelerometer accelerometer;
```

通过使用无参数的构造函数中获得重力加速感应类的新实例。在此示例中，以便用户可以启动和停止重力加速感应，重力加速感应类初始化被放置在按钮的 click 事件处理程序中。

5. 重力加速感应类的实例化

在此实例中，用户通过按钮事件启动和停止重力加速传感功能。

Silverlight Project: AccelerometerSample　File: MainPage.xaml.cs

```
void startStopButton_Click(object sender, EventArgs e)
{
    // If the accelerometer is null, it is initialized and started
    if (accelerometer == null)
    {
        // Instantiate the accelerometer sensor object
        accelerometer = new Accelerometer();
```

增加 ReadingChanged 事件处理程序。

```
        // Add an event handler for the ReadingChanged event.
        accelerometer.ReadingChanged += new EventHandler<AccelerometerReadingEventArgs>
(accelerometer_ReadingChanged);
```

调用 Start 方法启动重力加速传感器。Start 方法启动加速度传感器会引发异常，所以在 try 块中调用它。

```
        // The Start method could throw and exception, so use a try block
        try
        {
            statusTextBlock.Text = "starting accelerometer";
            accelerometer.Start();
        }
        catch (AccelerometerFailedException exception)
        {
            statusTextBlock.Text = "error starting accelerometer";
        }
    }
    else
    {
        // if the accelerometer is not null, call Stop
        try
        {
            accelerometer.Stop();
            accelerometer = null;
            statusTextBlock.Text = "accelerometer stopped";
        }
        catch (AccelerometerFailedException exception)
        {
            statusTextBlock.Text = "error stopping accelerometer";
        }

    }
}
```

6. 实现 ReadingChanged 事件处理程序

每当有新的重力加速传感器数据产生时触发此事件。因为事件处理程序是被另一个线程调用的，需要用到 System.Windows.Deployment 名字空间的 Dispatcher 类的 BeginInvoke 方法调用。事件处理程序 MyReadingChanged 将 AccelerometerReadingEventArgs 对象作为输入参数。

Silverlight Project: AccelerometerSample　File: MainPage.xaml.cs

```
void accelerometer_ReadingChanged(object sender, AccelerometerReadingEventArgs e)
{
    Deployment.Current.Dispatcher.BeginInvoke(() => MyReadingChanged(e));
}

/// <summary>
/// Method for handling the ReadingChanged event on the UI thread.
/// This sample just displays the reading value.
/// </summary>
/// <param name="e"></param>
void MyReadingChanged(AccelerometerReadingEventArgs e)
{
    if (accelerometer != null)
    {
        statusTextBlock.Text = accelerometer.State.ToString();
        XTextBlock.Text = e.X.ToString("0.00");
        YTextBlock.Text = e.Y.ToString("0.00");
```

```
        ZTextBlock.Text = e.Z.ToString("0.00");
    }
}
```

7. 运行与调试

按 F5 键运行应用程序，或者点击 Start Debugging 按钮运行，如图 4-5 所示为点击 Start Debugging 按钮。

Windows Phone Emulator

▲图 4-5 Start Debugging

使用重力加速度的模拟器测试如图 4-6 所示。

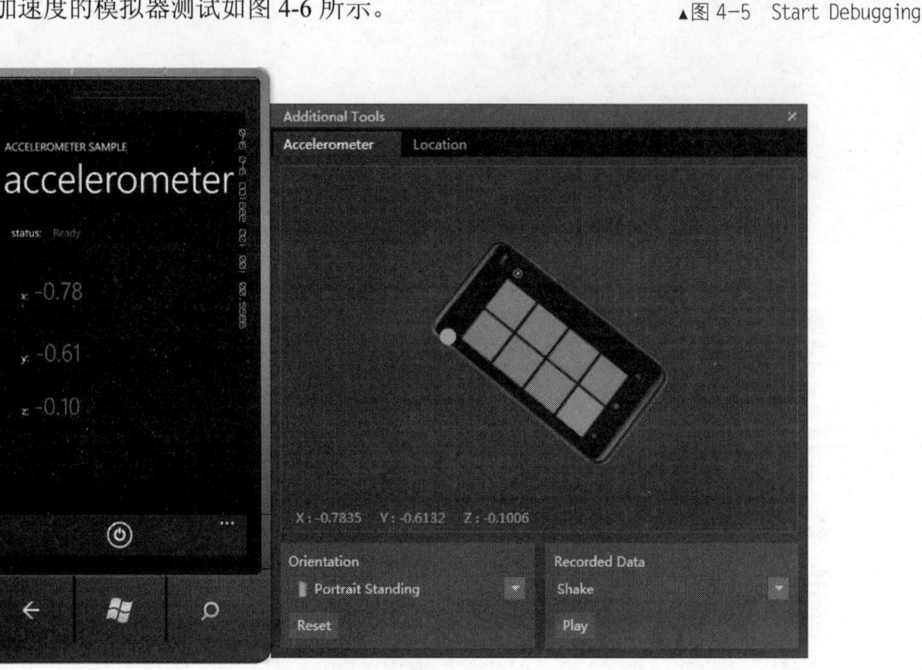

▲图 4-6 运行结果

4.2.3 动手实践——XNA 中使用传感器移动物体

了解了 Silverlight 获取重力加速度感应数据的方法之后，接下来我们就要设计一个能够支持体感控制的 XNA 游戏，让使用者能够以倾斜 Windows Phone 智能手机的方式移动物体。

1. 新建 Windows Phone Game (4.0)工程

首先启动 Visual Studio 2010 Express for Windows Phone，建立一个 [Windows Phone Game (4.0)] 的项目，工程名称为 AccelerometerEnabledGame，然后加入游戏程序显示的图片到 Content Pipeline 项目中，如图 4-7 所示。

2. 声明管理重力加速传感器的变量

在 Game1 类中加入以下的变量声明，管理显示的图片和显示位置，以及管理重力加速器和记载加速度方向的变量：

▲图 4-7　新建

XNA Project: AccelerometerEnabledGame File: Game1.cs

```
Texture2D Logo;               //显示的图片
Vector2 LogoPosition;         //显示图片的位置

Accelerometer gSensor;        //重力加速传感器
Vector2 LogoVelocity;         //重力加速传感器方向
```

3. 设定游戏窗口的属性

在 Game1 类的构造函数中，设定游戏窗口的高度与宽度。Game1 类的构造函数如下：

XNA Project: AccelerometerEnabledGame File: Game1.cs

```
public Game1()
{
    graphics = new GraphicsDeviceManager(this);
    Content.RootDirectory = "Content";

    graphics.SupportedOrientations = DisplayOrientation.Portrait |
                                     DisplayOrientation.LandscapeLeft |
                                     DisplayOrientation.LandscapeRight;

    graphics.PreferredBackBufferWidth = 480;        //游戏视窗的宽度
    graphics.PreferredBackBufferHeight = 800;       //游戏视窗的高度
    // Frame rate is 30 fps by default for Windows Phone.
    TargetElapsedTime = TimeSpan.FromTicks(333333);
}
```

4. 启动重力加速感应器

Game1 类的初始化（Initialize）方法中启用重力加速传感器，程序利用传感器控制游戏显示的对象，初始化（Initializc）的方法如下：

XNA Projeet: AccelerometerEnabledGame File: Game1.cs

```
/// <summary>
/// Allows the game to perform any initialization it needs to before starting to run.
/// This is where it can query for any required services and load any non-graphic
/// related content.  Calling base.Initialize will enumerate through any components
/// and initialize them as well.
/// </summary>
protected override void Initialize()
{
   // TODO: Add your initialization logic here
   gSensor = new Accelerometer();    //建立 Accelerometer 对象

   gSensor.ReadingChanged += new EventHandler<AccelerometerReadingEventArgs>(gSensor_
ReadingChanged);                     // ReadingChanged 事件的处理程序
   gSensor.Start();                  //启动重力加速传感器

   base.Initialize();
}
```

5. 事件处理程序

上述的程序代码中，名称为 gSensor_ReadingChanged 的事件处理程序负责处理 Accelerometer 类的对象 (即重力加速传感器) 引发的 ReadingChanged 事件。在 Game1 类中加入以下的方法：

XNA Project: AccelerometerEnabledGame File: Game1.cs

```
void gSensor_ReadingChanged(object sender, AccelerometerReadingEventArgs e)
{
     LogoVelocity.X += (float)e.X;        //X 轴加速度
     LogoVelocity.Y += -(float)e.Y;       //Y 轴加速度

     LogoPosition += LogoVelocity;        //将加速度的值赋值给图片的位置控制变量
}
```

6. 加载游戏显示的图片

Game1 类别的 LoadContent 方法中加载游戏程序要显示的图片，顺便设定图片默认的显示位置，做好的 LoadContent 方法如下：

XNA Project: AccelerometerEnabledGame File: Game1.cs

```
/// <summary>
/// LoadContent will be called once per game and is the place to load
/// all of your content.
/// </summary>
```

```
protected override void LoadContent()
{
    // Create a new SpriteBatch, which can be used to draw textures.
    spriteBatch = new SpriteBatch(GraphicsDevice);

    // TODO: use this.Content to load your game content here
    Logo = Content.Load<Texture2D>("xna");                    //载入图片
    Viewport viewport = graphics.GraphicsDevice.Viewport;  //取得视区
    LogoPosition = new Vector2(
        (viewport.Width - Logo.Width) / 2,
        (viewport.Height - Logo.Height) / 2);//设定图片显示的位置在游戏视窗的中央位置
}
```

7. 关闭重力加速传感器

在初始化的阶段启用了重力加速器传感器，因此，在游戏程序结束之前关闭重力加速器。在 Game1 类的 UnloadContent 方法中调用 Accelerometer 类别的对象的 Stop 方法，关闭重力加速传感器。

XNA Project: AccelerometerEnabledGame File: Game1.cs

```
/// <summary>
/// UnloadContent will be called once per game and is the place to unload
/// all content.
/// </summary>
protected override void UnloadContent()
{
    // TODO: Unload any non ContentManager content here
    gSensor.Stop();//关闭重力加速传感器
}
```

8. 在 Update 方法中改变物体显示的位置

游戏程序允许用户以倾斜的方式让用户移动游戏程序显示的对象，要实现此功能就需要在 Game1 类的 Update 方法中改变物体显示的位置。当游戏程序显示的物体碰撞到游戏窗口的 4 个边界的时候，停止移动物体的动作。在物体碰撞到游戏窗口的 4 个边界时，设定对象显示的位置，并将重力加速度的内容值设定为 0：

XNA Project: AccelerometerEnabledGame File: Game1.cs

```
/// <summary>
/// Allows the game to run logic such as updating the world,
/// checking for collisions, gathering input, and playing audio.
/// </summary>
/// <param name="gameTime">Provides a snapshot of timing values.</param>
protected override void Update(GameTime gameTime)
{
    // Allows the game to exit
    if (GamePad.GetState(PlayerIndex.One).Buttons.Back == ButtonState.Pressed)
        this.Exit();
```

```
    // TODO: Add your update logic here
    Viewport viewport = graphics.GraphicsDevice.Viewport;//获取游戏窗体的视区

    if (LogoPosition.X < 0)
    {
            LogoPosition.X = 0;
            LogoVelocity.X = 0;
    }
    else if (LogoPosition.X > viewport.Width - Logo.Width)
    {
            LogoPosition.X = viewport.Width - Logo.Width;
            LogoVelocity.X = 0;
    }

    // keep the sprite on the screen - clamp Y
    if (LogoPosition.Y < 0)
    {
           LogoPosition.Y = 0;
           LogoVelocity.Y = 0;
    }
    else if (LogoPosition.Y > viewport.Height - Logo.Height)
    {
           LogoPosition.Y = viewport.Height - Logo.Height;
           LogoVelocity.Y = 0;
    }

    base.Update(gameTime);
}
```

在 Update 方法中，程序代码会在游戏程序显示的物体碰撞到窗口的 4 个边界的时候将物体停放在窗口的边界。如果想让游戏更逼真、更生动，让物体碰撞窗口的边界时产生反弹的效果，可以将加速度的方向设定为负值，再依据模拟的摩擦系数进行递减，让游戏程序显示的物体呈现自然的反弹效果。

9. 重载 Draw 方法绘制游戏画面

重载 Game1 类的 Draw 方法绘制游戏画面。

XNA Project: AccelerometerEnabledGame File: Game1.cs

```
/// <summary>
/// This is called when the game should draw itself.
/// </summary>
/// <param name="gameTime">Provides a snapshot of timing values.</param>
protected override void Draw(GameTime gameTime)
{
    GraphicsDevice.Clear(Color.CornflowerBlue);

    // TODO: Add your drawing code here
    spriteBatch.Begin();//宣告绘制动作开始
    spriteBatch.Draw(Logo, LogoPosition, Color.White);// Adds a sprite to a batch of sprites
for rendering using the specified texture, destination rectangle, and color.
```

```
    spriteBatch.End();//宣告绘制动作结束
    base.Draw(gameTime);
}
```

请将开发好的游戏程序部署到 Windows Phone 智能手机执行，界面如图 4-8 所示的为使用重力加速器功能的游戏程序执行的情形。

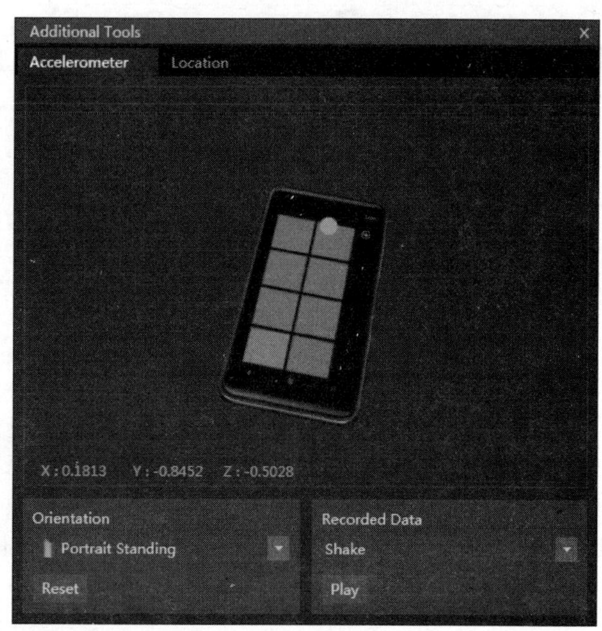

▲图 4-8　使用重力加速器功能的游戏程序执行的效果

4.3 地理位置服务

使用地理位置服务(Location Service)能够开发具备位置感知功能的应用程序。确定位置最准确的方法获取 GPS（信号从卫星全球定位系统）的地理位置信息。但是 GPS 的速度慢且耗电，除此以外还可以从 Wi-Fi 和移动网络基站获得位置信息，虽然耗电减少但准确度也相应降低。

地理位置服务（Location Service）能够从一个或者多个数据源计算出位置信息，通过统一的事件驱动的托管代码的接口提供给应用程序。

有效地平衡电量的消耗与位置信息的准确性是设计人员需要首先考虑的事情。

4.3.1　动手实践——读取地理位置信息

1. 引用位置服务

使用地理位置服务的 API，首先要添加引用 System.Device.dll。

（1）新建[Silverlight for Windows Phone]工程，设定工程名称为“LocationServiceSample”，如图 4-9 所示。

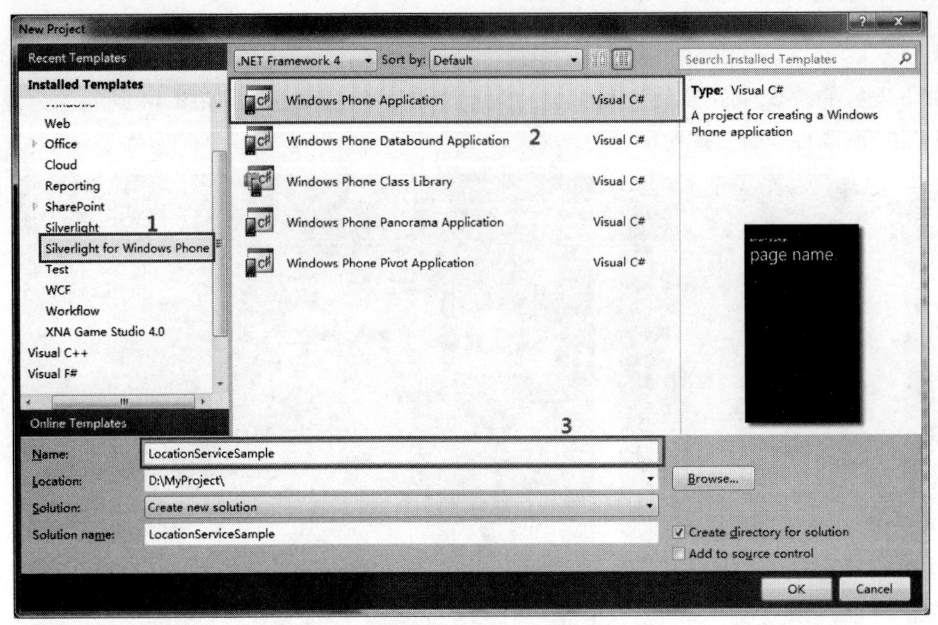

▲图 4-9　新建工程项目

（2）在[Solution Explorer]窗体中选择[LocationServiceSample]工程，然后点击右键，在弹出的窗口中选择[Add Reference….]，如图 4-10 所示。

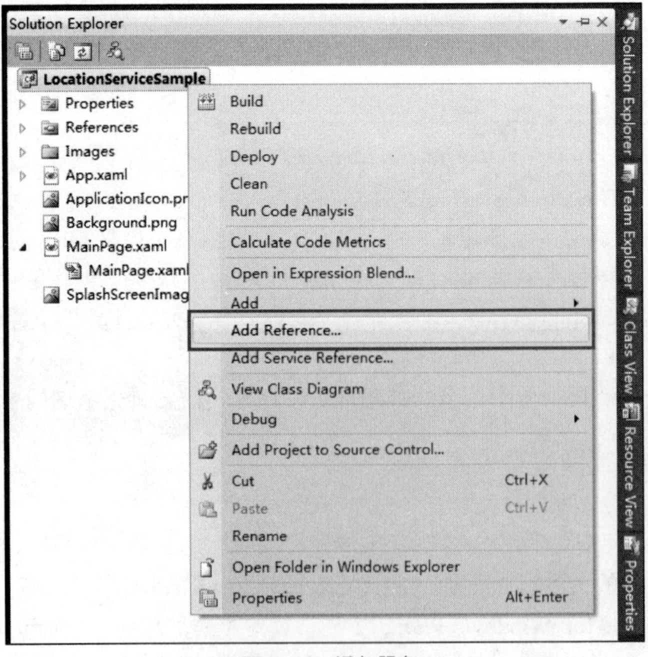

▲图 4-10　添加服务

（3）在[.NET]选项卡中选择[System.Device]，然后点击[OK]按钮，如图 4-11 所示。

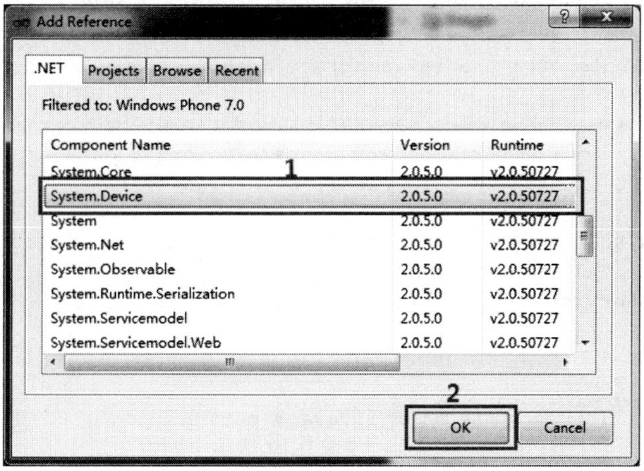

▲图 4-11　选择 System.Device 项

（4）在使用地理位置服务的 MainPage.xaml.cs 文件首部添加 using 指令。

Silverlight Project: LocationServiceSample　File: MainPage.xaml.cs

```
using System.Device.Location;
```

（5）声明 GeoCoordinateWatcher 对象的变量 watcher，通过 watcher 控制地理位置服务。

Silverlight Project: LocationServiceSample　File: MainPage.xaml.cs

```
public partial class MainPage : PhoneApplicationPage
{
    /// <summary>
    /// This sample receives data from the Location Service and displays the geographic
coordinates of the device.
    /// </summary>

    GeoCoordinateWatcher watcher;
```

2. 地理位置服务的使用

最简单的位置的应用程序类型是设定其地理位置服务为可选项。我们要设计一个地理位置服务的精度可选的应用程序，通过选项设置选择高精度或者电力优化的方式来获取地理位置信息。为了提醒您在使用完毕地理位置服务时要将其及时关闭，以达到节省电力的作用。我们专门做了启用和关闭地理位置服务的按钮。

建议在程序中友好地提醒用户，初次启动地理位置服务时需要等待一段时间。

为了更好地控制功耗，建议在使用时启动服务，而不是在应用程序的构造函数中启动服务。在本例中我们通过按钮的 click 事件处理程序中启动该服务。

使用 GeoCoordinateWatcher 对象启动数据采集。

Silverlight Project: LocationServiceSample File: MainPage.xaml.cs

```
/// <summary>
/// Click event handler for the low accuracy button
/// </summary>
/// <param name="sender">The control that raised the event</param>
/// <param name="e">An EventArgs object containing event data.</param>
private void LowButtonClick(object sender, EventArgs e)
{
    // Start data acquisition from the Location Service, low accuracy
    accuracyText = "power optimized";
    StartLocationService(GeoPositionAccuracy.Default);
}

/// <summary>
/// Click event handler for the high accuracy button
/// </summary>
/// <param name="sender"></param>
/// <param name="e"></param>
private void HighButtonClick(object sender, EventArgs e)
{
    // Start data acquisition from the Location Service, high accuracy
    accuracyText = "high accuracy";
    StartLocationService(GeoPositionAccuracy.High);
}

/// <summary>
/// Helper method to start up the location data acquisition
/// </summary>
/// <param name="accuracy">The accuracy level </param>
private void StartLocationService(GeoPositionAccuracy accuracy)
{
    // Reinitialize the GeoCoordinateWatcher
    StatusTextBlock.Text = "starting, " + accuracyText;
    watcher = new GeoCoordinateWatcher(accuracy);
    watcher.MovementThreshold = 20;
```

添加 StatusChanged 和 PositionChanged 的事件的事件处理程序。

```
    // Add event handlers for StatusChanged and PositionChanged events
    watcher.StatusChanged += new EventHandler<GeoPositionStatusChangedEventArgs>(watcher_
StatusChanged);
    watcher.PositionChanged += new EventHandler<GeoPositionChangedEventArgs<GeoCoordinate>>
(watcher_PositionChanged);
```

启动地理位置服务。

```
    // Start data acquisition
    watcher.Start();
}
```

3. 实现 StatusChanged 事件处理程序

当地理位置服务的状态发生变化时，将引发此事件。通过 GeoPositionStatusChangedEventArgs 对象的 Status 获得地理位置服务的当前状态。

Silverlight Project: LocationServiceSample　File: MainPage.xaml.cs

```
/// <summary>
/// Handler for the StatusChanged event. This invokes MyStatusChanged on the UI thread
and
/// passes the GeoPositionStatusChangedEventArgs
/// </summary>
/// <param name="sender"></param>
/// <param name="e"></param>
void watcher_StatusChanged(object sender, GeoPositionStatusChangedEventArgs e)
{
    Deployment.Current.Dispatcher.BeginInvoke(() => MyStatusChanged(e));

}
/// <summary>
/// Custom method called from the StatusChanged event handler
/// </summary>
/// <param name="e"></param>
void MyStatusChanged(GeoPositionStatusChangedEventArgs e)
{
    switch (e.Status)
    {
        case GeoPositionStatus.Disabled:
            // The location service is disabled or unsupported.
            // Alert the user
            StatusTextBlock.Text = "location is unsupported on this device";
            break;
        case GeoPositionStatus.Initializing:
            // The location service is initializing.
            // Disable the Start Location button
            StatusTextBlock.Text = "initializing location service," + accuracyText;
            break;
        case GeoPositionStatus.NoData:
            // The location service is working, but it cannot get location data
            // Alert the user and enable the Stop Location button
            StatusTextBlock.Text = "data unavailable," + accuracyText;
            break;
        case GeoPositionStatus.Ready:
            // The location service is working and is receiving location data
            // Show the current position and enable the Stop Location button
            StatusTextBlock.Text = "receiving data, " + accuracyText;
            break;

    }
}
```

4. 实现 PositionChanged 事件处理程序

地理位置服务一旦准备和接收的数据，它将开始引发 PositionChanged 事件，并调用应用程序的处理程序。在事件处理程序中，获取 GeoPositionChangedEventArg 对象，读取经度和纬度值。

Silverlight Project: LocationServiceSample File: MainPage.xaml.cs

```
/// <summary>
/// Handler for the PositionChanged event. This invokes MyStatusChanged on the UI thread and
/// passes the GeoPositionStatusChangedEventArgs
/// </summary>
/// <param name="sender"></param>
/// <param name="e"></param>
void watcher_PositionChanged(object sender, GeoPositionChangedEventArgs<GeoCoordinate>
e)
{
     Deployment.Current.Dispatcher.BeginInvoke(() => MyPositionChanged(e));
}

/// <summary>
/// Custom method called from the PositionChanged event handler
/// </summary>
/// <param name="e"></param>
void MyPositionChanged(GeoPositionChangedEventArgs<GeoCoordinate> e)
{
     // Update the TextBlocks to show the current location
     LatitudeTextBlock.Text = e.Position.Location.Latitude.ToString("0.000");
     LongitudeTextBlock.Text = e.Position.Location.Longitude.ToString("0.000");
}
```

5. 停止服务

为最大限度地优化程序的功耗，在不使用时请关闭地理位置服务。此示例中，“停止位置”按钮允许用户停止位置服务实现。

Silverlight Project: LocationServiceSample File: MainPage.xaml.cs

```
private void StopButtonClick(object sender, EventArgs e)
{
     if (watcher != null)
     {
          watcher.Stop();
     }
     StatusTextBlock.Text = "location service is off";
     LatitudeTextBlock.Text = " ";
     LongitudeTextBlock.Text = " ";
}
```

6. 检测（Debug）程序

假设我们在编写一套汽车上使用的出行智能导航的程序，项目在测试阶段需要获取地理位置信息的数据支持程序的运行，此时又不具备安装到汽车上行驶测试的条件，该怎么办呢？微软提供 Reactive Extensions 可实现地理位置服务仿真模拟 GPS 数据，为程序的测试提供模拟数据，完成实验室测试的任务。更酷的是在 Windows Phone Mango 提供的位置服务的模拟器，应用程序轻松找到了我所在的位置坐标，运行结果如图 4-12 所示。

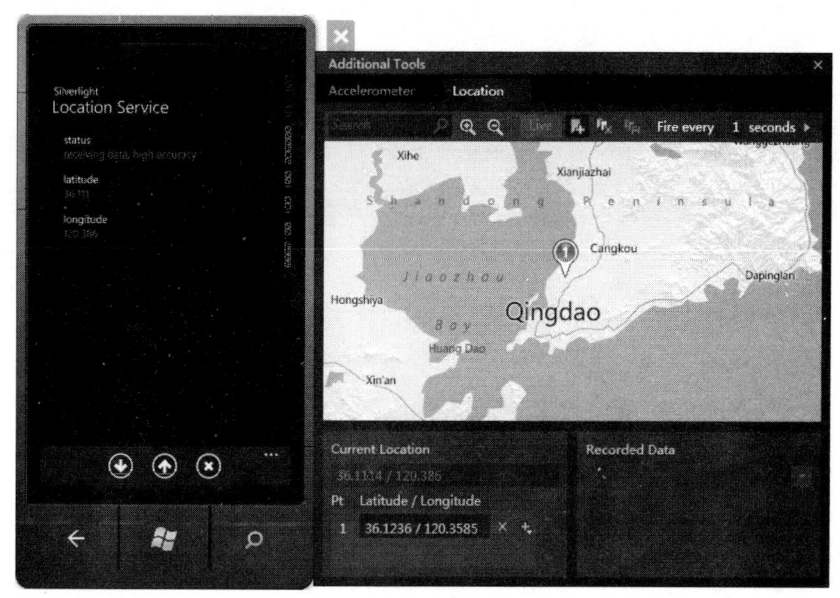

▲图 4-12　运行结果

4.4 云计算服务

对于 Windows phone 来说，微软 CEO 鲍尔默表示："全新的 Windows 手机把网络、个人电脑和手机的优势集于一身，让人们可以随时随地享受到想要的体验。"

微软针对 Windows Phone 的云计算服务包括：信息推送通知服务、地理位置服务、Xbox Live 集成，以及应用程序部署等。Windows Phone 俨然是一部"云计算手机"。

微软技术顾问王立楠先生曾在《让云触手可及——微软云计算实践指南》一书中讲解了在 Windows Phone 上开发云计算的客户端应用。下面我们就站在巨人的肩膀上，在该书中的云计算实例的基础上，发挥创造力，更进一步开发 Windows Phone 的云计算客户端应用程序。

4.4.1　开发云计算客户端的先决条件

动手实践——Windows Phone 的云计算客户端应用程序需要具备的先决条件。

（1）安装云计算开发的工具。

请参考 MSDN 云计算开发（http://msdn.microsoft.com/zh-cn/ff380142）。

（2）在本机模拟云计算服务平台

测试（Debug）运行示例云计算解决方案 HelloCloud，如图 4-11 所示。如果您有 Windows Azure 的账号，那么此步骤可省略。您可以在动手实践——Windows Phone 的云计算客户端应用程序中直接连接云端平台。我们提供解决方案 HelloCloud 的目的就是在没有云端平台支持的情况下，模拟出一个云端平台。

测试（Debug）运行后会出现两个窗体，如图 4-13 所示。

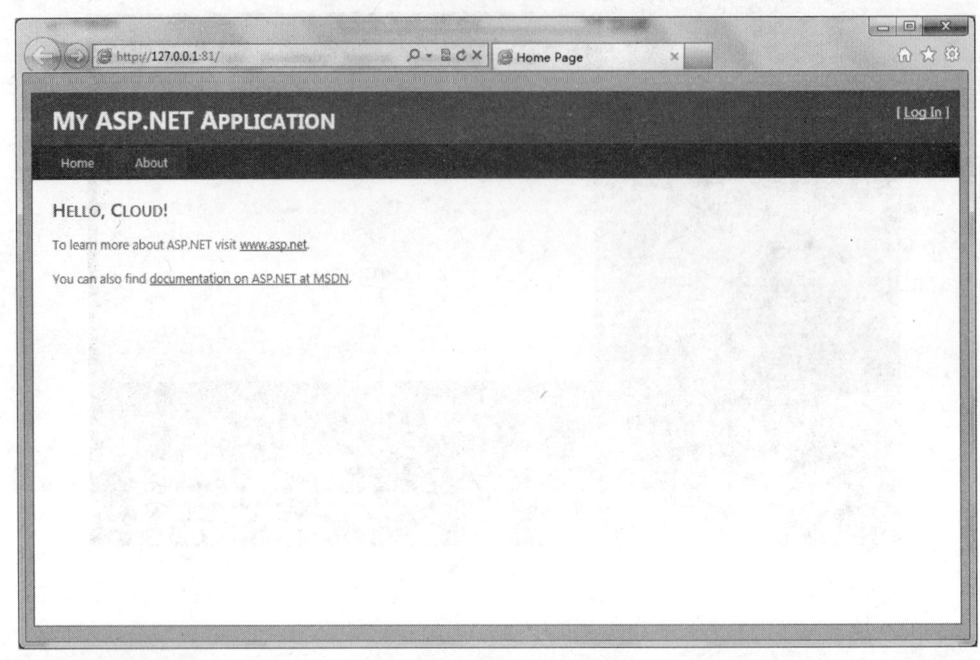

▲图 4-13　HelloCloud 云端平台

HelloCloud 解决方案中创建的可运行于云计算平台的 ASP.NET 应用程序。HelloCloud 为我们创建了一个云计算服务，如图 4-14 所示为云端服务。

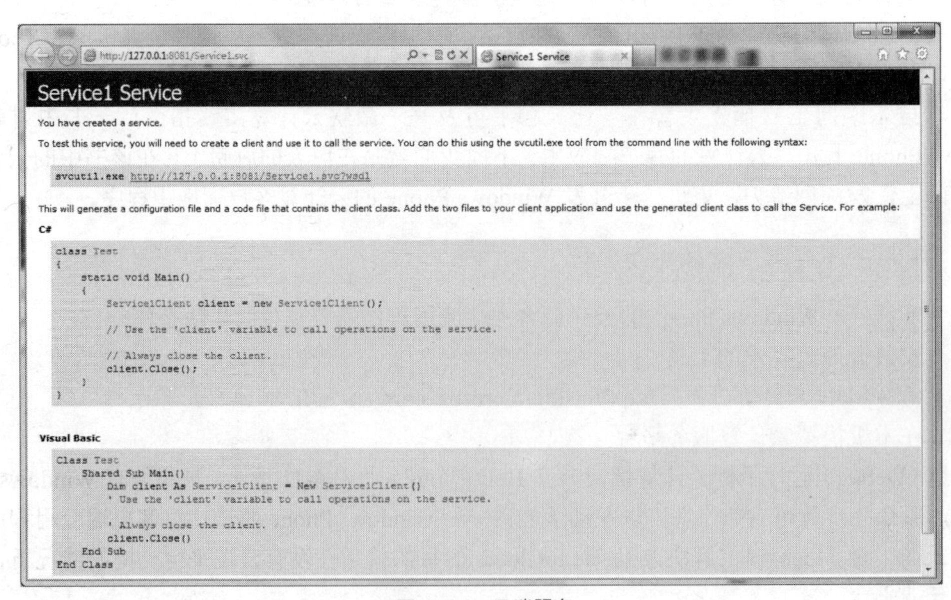

▲图 4-14　云端服务

模拟云计算服务的地址为 http://127.0.0.1:8081/Service1.svc

在动手实践——Windows Phone 的云计算客户端应用程序将会连接此模拟的云计算服务。

4.4.2　动手实践——Windows Phone 的云计算客户端应用程序

在本例中我们调用云计算平台的 Web 服务，获取云计算平台的系统时间。

1. 新建工程

打开 Visual Studio 2010，新建 Silverlight for Windows Phone 工程，名称为 CloudClientOnWindowsPhone，如图 4-15 所示。

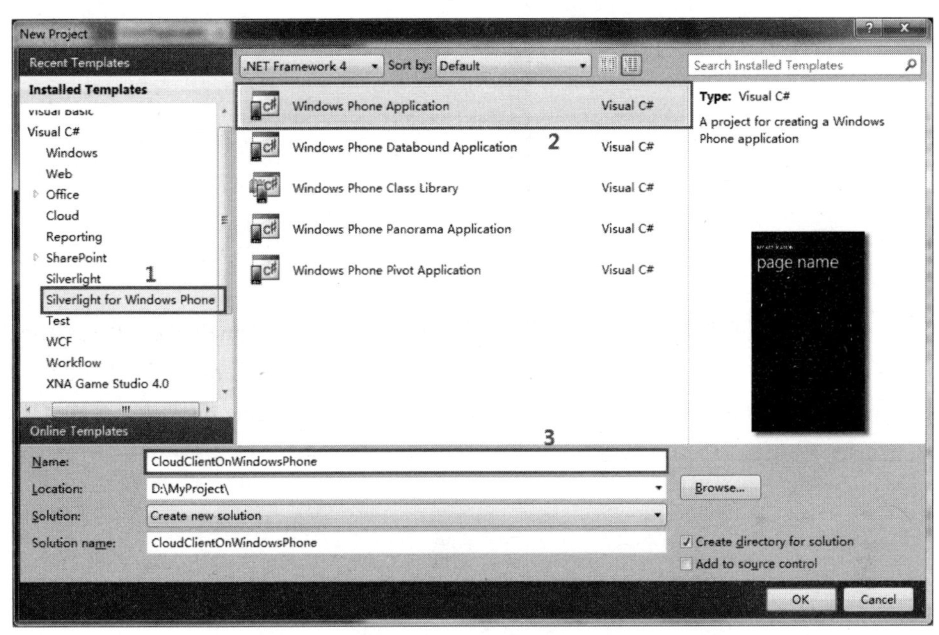

▲图 4-15　新建 CloudClientOnWindowsPhone 工程

2. 添加服务引用

右键点击[Solution Explorer]窗口中的项目 CloudClientOnWindowsPhone，从弹出的菜单中选择[Add Service Reference...]功能，如图 4-16 所示。

（1）在弹出的[Add Service Reference]向导中的[Address]中输入云计算服务的地址为 http://127.0.0.1:8081/Service1.svc，点击[GO]按钮。

（2）在[Services]中会出现 HelloCloud 工程提供的服务 Service1。

（3）在[Namespace]框中输入“CloudService”，单击[OK]按钮。如图 4-17 所示为[Add Service Reference]向导。

服务引用添加完毕后，我们就可以在客户端程序的代码里直接访问云计算平台上的 Web 服务了。

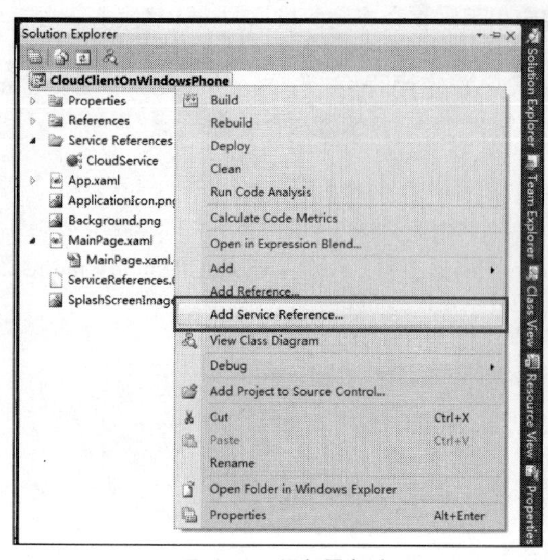

▲图 4-16 添加服务引用

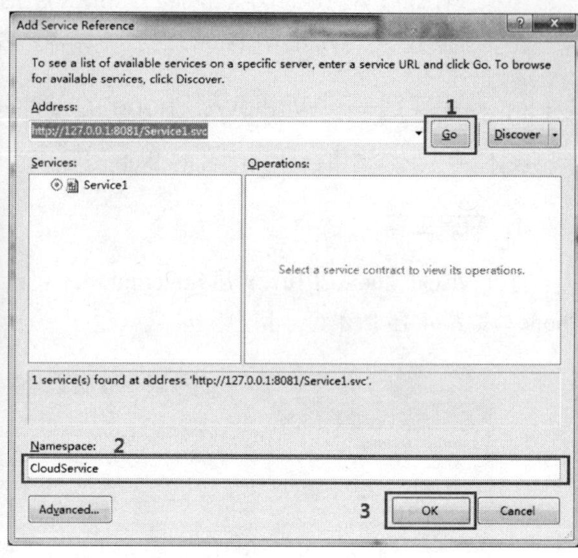

▲图 4-17 [Add Service Reference]向导

3. 添加显示时间的控件

打开 MainPage.xaml 文件，添加显示日期和时间的 DatePicker、TimePicker 和 TextBlock 控件。因为 DatePicker 和 TimePicker 控件默认不在[Toolbox]中显示，所以要手动将其添加入 Toolbox。

在 Toolbox 任意位置右键点击，在弹出的菜单中选择[Choose Items...]选项，如图 4-18 所示的是[Choose Items...]选项。

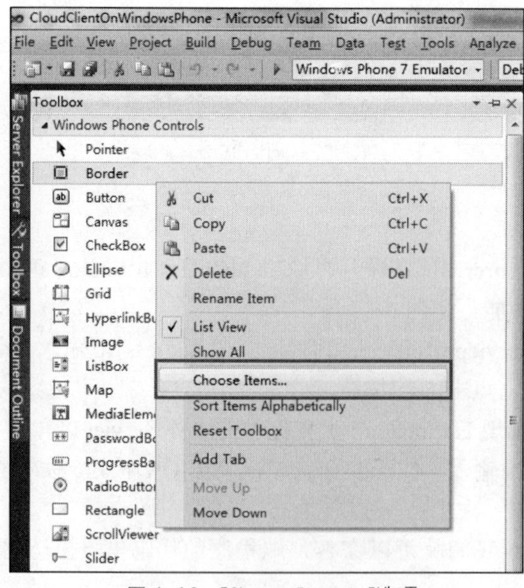

▲图 4-18 [Choose Items...]选项

在[Windows Phone Components]选项卡中选中[DatePicker]和[TimerPicker]，然后点击[OK]按钮。如图 4-19 中[Windows Phone Components]选项卡。这样就在 Toolbox 中可以选择 DatePicker 和 TimePicker，将其加入到程序中。

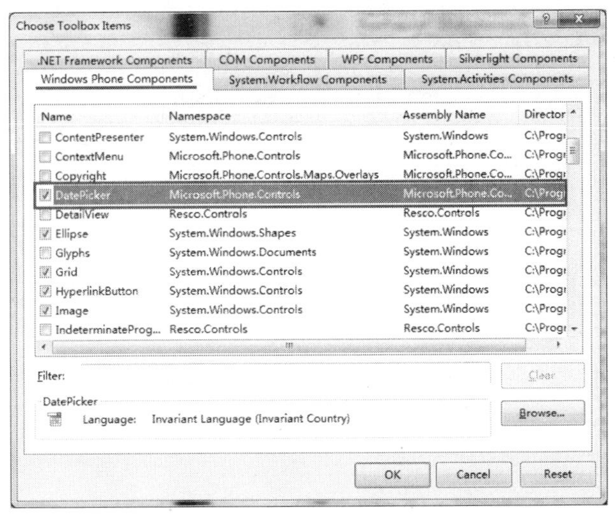

▲图 4-19　[Windows Phone Components]选项卡

修改 MainPage.xaml 中 ContentPanel 的代码如下。

Silverlight Project: CloudClientOnWindowsPhone　File: MainPage.xaml

```
<!--ContentPanel - place additional content here-->
<Grid x:Name="ContentGrid" Grid.Row="1">
<TextBlock Text="Local Time" Style="{StaticResource PhoneTextNormalStyle}" Margin="10,47,
259,532" />
<toolkit:DatePicker Margin="0,91,307,445" />
<toolkit:TimePicker Margin="156,91,207,451" />
<TextBlock Name="textBlock1" Text="** **" FontSize="40" TextAlignment="Center" Height="59"
VerticalAlignment="Bottom" Margin="12,0,335,167" Visibility="Visible" />
<TextBlock Style="{StaticResource PhoneTextNormalStyle}" Text="Cloud Time" Margin="12,
225,347,351" />
<TextBlock Name="textBlock2" Text="** **" FontSize="72" TextAlignment="Center" Height="97"
VerticalAlignment="Top" Margin="10,278,297,0" Visibility="Visible" />
<TextBlock Height="48" Margin="6,499,0,0" Name="textBlock3" Text="Touch To Get Cloud Date and
Time" VerticalAlignment="Top" TextAlignment="Center" Opacity="0.5" Visibility="Visible" />
</Grid>
```

4. 添加鼠标消息响应事件调用云计算服务

在 MainPage.xaml 中选择“PhoneApplicationPage”对象，打开[Properties]浏览器，在[Events]选项卡中找到[MouseLeave]，双击[MouseLeave]事件，Visual Studio 会打开代码编辑界面，并自动添加“MouseLeave”的事件处理函数。如图 4-20 所示的为“PhoneApplicationPage”的**[MouseLeave]**效果。

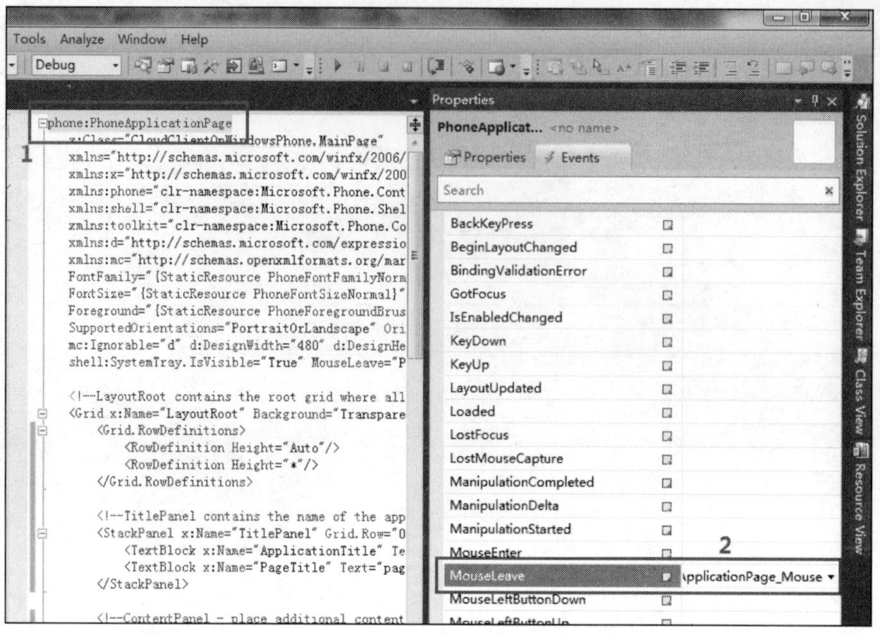

▲图 4-20 "PhoneApplicationPage" 的[MouseLeave]

添加 Windows Azure 平台上 Web 服务的客户端对象 CloudService.Service1Client，修改事件处理函数 PhoneApplicationPage_MouseLeave。

Silverlight Project: CloudClientOnWindowsPhone File: MainPage.xaml.cs

```
public partial class MainPage : PhoneApplicationPage
{
    CloudService.Service1Client sc;//Windows Azure 平台上 Web 服务的客户端对象

    // Constructor
    public MainPage()
    {
        InitializeComponent();
    }

    private void PhoneApplicationPage_MouseLeave(object sender, MouseEventArgs e)
    {
        if (sc == null)
        {
              sc = new CloudService.Service1Client();
              sc.GetServerTimeCompleted +=
                  new EventHandler<CloudService.GetServerTimeCompletedEventArgs>
                      (sc_GetServerTimeCompleted);
         }
         this.textBlock1.Text = "";
         this.textBlock2.Text = "Checking...";
         sc.GetServerTimeAsync();
    }
}
```

事件处理函数 PhoneApplicationPage_MouseLeave 初始化了一个 Windows Azure 平台上 Web 服务的客户端对象实例，并调用了函数 GetServerTimeAsync 获取系统时间。这是一个异步调用的函数，需要一个回调函数来执行 GetServerTimeAsync 调用完成后的操作。

在事件处理函数 PhoneApplicationPage_MouseLeave 之后添加如下代码。

Silverlight Project: CloudClientOnWindowsPhone　File: MainPage.xaml.cs

```
void sc_GetServerTimeCompleted(object sender, CloudService.GetServerTimeCompletedEventArgs e)
{
    this.textBlock1.Text = e.Result.ToLongDateString();
    this.textBlock2.Text = e.Result.ToShortTimeString();
}
```

这个函数会在 Web 服务调用完成之后执行，它会把调用结果写在相应的 TextBlock 控件里。

5. 检测（Debug）程序

从[Debug]菜单中选择[Start Debugging]或者按 F5 键启动应用程序。在模拟器中运行结果如图 4-21 所示。

在代码中设置两个断点，以方便查看程序运行方式。点击模拟器屏幕的任何位置，程序开始响应鼠标事件。Windows Azure 平台上 Web 服务的客户端对象 CloudService.Service1Client 调用函数 GetServerTimeAsync 获取系统时间，如图 4-22 所示为响应鼠标事件。

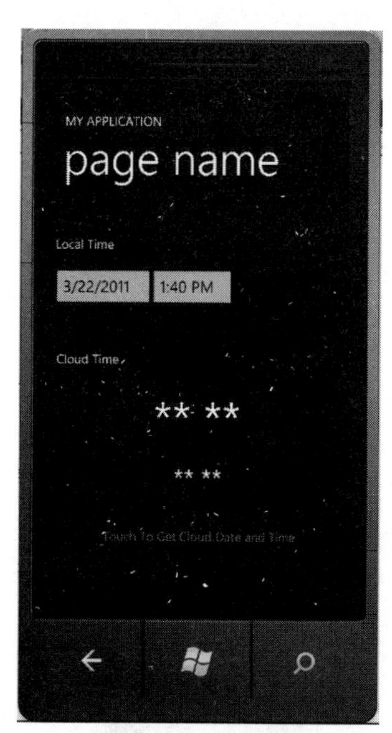

▲图 4-21　程序启动

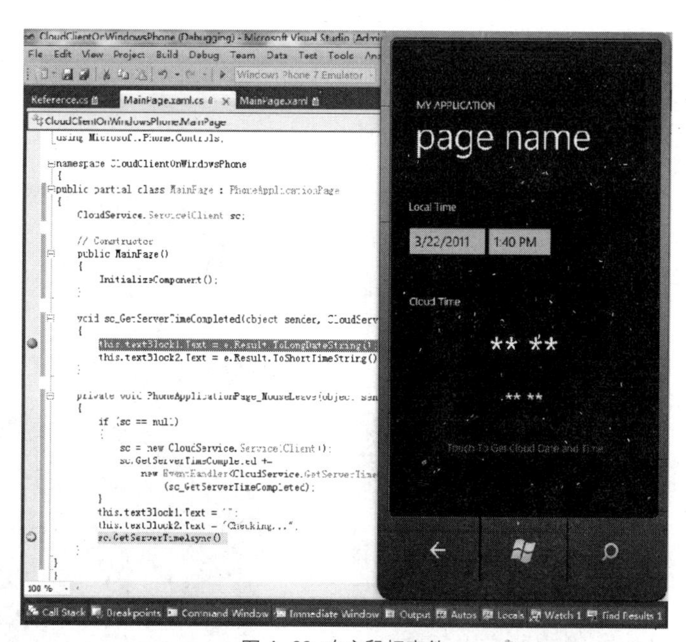

▲图 4-22　响应鼠标事件

按 F5 键继续执行调试，程序进入回调函数 sc_GetServerTimeCompleted 中，如图 4-23 所示为回调函数 sc_GetServerTimeCompleted。

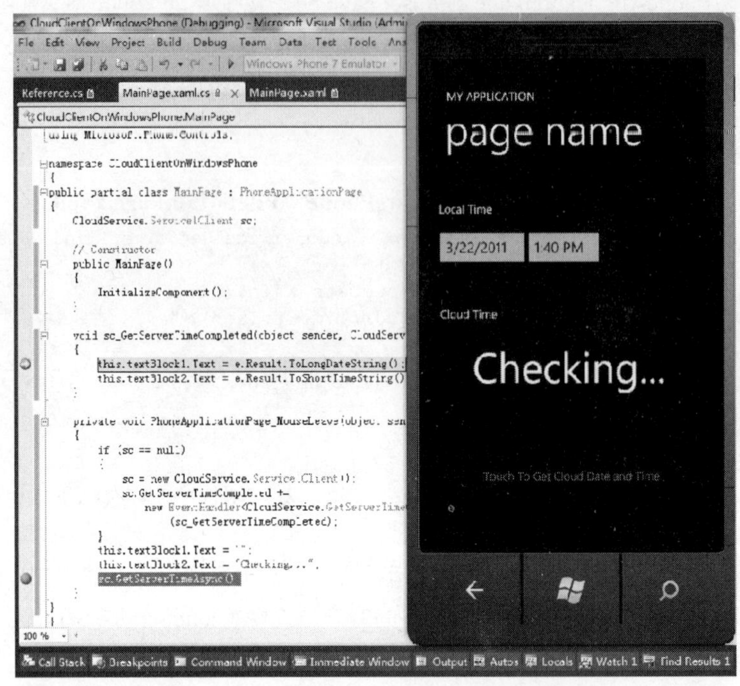

▲图 4-23　回调函数 sc_GetServerTimeCompleted

按 F5 键继续执行调试，程序显示运行结果如图 4-24 所示。

在此例中我们用 DatePicker（日期选择）和 TimePicker（时间选择）控件显示程序启动时刻的日期和时间，这两个是典型 Metro 风格的控件。

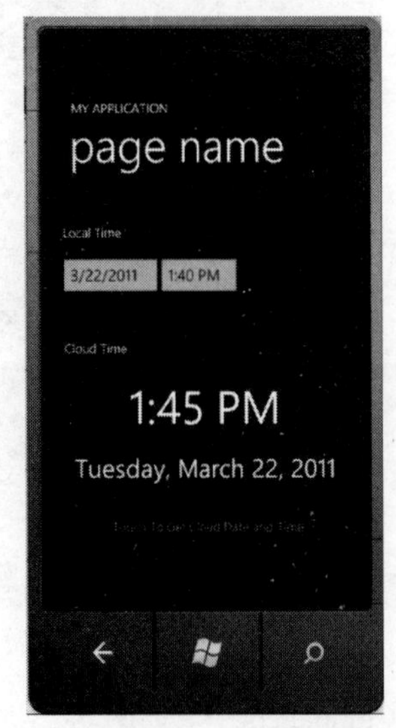

▲图 4-24　运行结果

▲图 4-25　日期和时间选择

4.5 设备状态和网络信息

Windows Phone Mango 中增加了可选的硬件组件——陀螺仪，因为硬件开始出现差异化，所以，也为应用程序提供了检测硬件设备能力和状态的方法。本节将重点介绍设备信息的查询方法，包括设备状态和网络信息。

4.5.1 动手实践——获取和显示设备状态和网络信息

1. 获取和显示设备信息

示例应用程序 DeviceStatus 采用 Model –View–ViewModel 架构，在解决方案中，有 Model、Service 和 ViewModel 文件夹。

- **Model**：不包含设备信息的数据模型。
  - **Information**：设备属性的抽象类。
  - **CapabilityInformation**：继承于 **Information** 的抽象类，增加了设备功能属性。
  - **NetworkInformation**：继承于 **Information** 的抽象类，增加了网络状态和性能的属性。
  - **DeviceInformation**：继承于 **Information** 的抽象类， 增加了设备硬件版本等信息的属性。
- **Service**：包含 ViewModel 所使用的获取设备信息的方法和类。
  - **IinformationProvider**：定义一个实体，可以提供有关设备本身的信息，及功能、它的网络功能和状态。
  - **Fake**：设计阶段使用的虚拟数据。
  - **Real**：真实设备的实际数据。
- **ViewModel**：包含应用程序的 ViewModel 模型，用于连接数据和用户界面。
  - **DeviceInformationViewModel**：以 **IInformationProvider** 类的形式提供设备信息，在设计模式时提供模拟数据，在运行状态下提供真实数据。

在 DeviceStatus\Service\Real\RealDeviceInformation.cs 中提供了获取设备信息的方法，包括电力 PowerSource、系统版本 DeviceFirmwareVersion、硬件版本 DeviceHardwareVersion、制造商 DeviceManufacturer、设备名称 DeviceName、内存 DeviceTotalMemory 和 IsKeyboardPresent。

Silverlight Project: DeviceStatus　File: \Service\Real\RealDeviceInformation.cs

```
using System;
using System.Net;
using System.Windows;
using System.Windows.Controls;
using System.Windows.Documents;
using System.Windows.Ink;
using System.Windows.Input;
using System.Windows.Media;
using System.Windows.Media.Animation;
using System.Windows.Shapes;
```

```
namespace DeviceStatus
{
    /// <summary>
    /// Provides device information for the actual device.
    /// </summary>
    public class RealDeviceInformation : DeviceInformation
    {
        /// <summary>
        /// Gathers information from the device.
        /// </summary>
        public override void RefreshData()
        {
            PowerSource = Microsoft.Phone.Info.DeviceStatus.PowerSource.ToString();
            FirmwareVersion = Microsoft.Phone.Info.DeviceStatus.DeviceFirmwareVersion;
            HardwareVersion = Microsoft.Phone.Info.DeviceStatus.DeviceHardwareVersion;
            Manufacturer = Microsoft.Phone.Info.DeviceStatus.DeviceManufacturer;
            Name = Microsoft.Phone.Info.DeviceStatus.DeviceName;
            TotalMemory = (Microsoft.Phone.Info.DeviceStatus.DeviceTotalMemory / 1048576).
ToString() + "MB";
            HasKeyboard = Microsoft.Phone.Info.DeviceStatus.IsKeyboardPresent;
        }
    }
}
```

2. 获取和显示网络信息

本节中将介绍 Microsoft.Phone.Net.NetworkInformation 命名空间的 DeviceNetworkInformation 和 NetworkInterface 类，介绍判断网络状态和性能的方法，检测网络是否连接以及网络连接的类型。

打开解决方案中的 **Service\Real\ RealNetworkInformation.cs** 文件，引用中包含 Microsoft.Phone.Net.NetworkInformation。

Silverlight Project: DeviceStatus   File: \Service\Real\ RealNetworkInformation.cs

using Microsoft.Phone.Net.NetworkInformation;

RefreshData 方法获取设备的连接状态，GetInterfaceTypeString 方法获取可用的连接类型。

Silverlight Project: DeviceStatus   File: \Service\Real\ RealNetworkInformation.cs

```
public class RealNetworkInformation : NetworkInformation
{
    public override void RefreshData()
    {
        IsConnected = Microsoft.Phone.Net.NetworkInformation.
            DeviceNetworkInformation.IsNetworkAvailable;
        ConnectionType =
            GetInterfaceTypeString(Microsoft.Phone.Net.NetworkInformation.
                NetworkInterface.NetworkInterfaceType);
        MobileOperator = Microsoft.Phone.Net.NetworkInformation.
            DeviceNetworkInformation.CellularMobileOperator;

        if (String.IsNullOrEmpty(MobileOperator))
        {
            MobileOperator = "N/A";
        }
```

```
        IsCellularDataEnabled = Microsoft.Phone.Net.NetworkInformation.
            DeviceNetworkInformation.IsCellularDataEnabled;
        IsCellularDataRoamingEnabled = Microsoft.Phone.Net.NetworkInformation.
            DeviceNetworkInformation.IsCellularDataRoamingEnabled;
        IsWifiEnabled = Microsoft.Phone.Net.NetworkInformation.
            DeviceNetworkInformation.IsWiFiEnabled;
    }

    private string GetInterfaceTypeString(Microsoft.Phone.Net.
        NetworkInformation.NetworkInterfaceType networkInterfaceType)
    {
        switch (networkInterfaceType)
        {
            case NetworkInterfaceType.AsymmetricDsl:
            return "Asymmetric DSL";
            case NetworkInterfaceType.Atm:
                return "Atm";
            case NetworkInterfaceType.BasicIsdn:
                return "Basic ISDN";
            case NetworkInterfaceType.Ethernet:
                return "Ethernet";
            case NetworkInterfaceType.Ethernet3Megabit:
                return "3 Mbit Ethernet";
            case NetworkInterfaceType.FastEthernetFx:
                return "Fast Ethernet";
            case NetworkInterfaceType.FastEthernetT:
                return "Fast Ethernet";
            case NetworkInterfaceType.Fddi:
                return "FDDI";
            case NetworkInterfaceType.GenericModem:
                return "Generic Modem";
            case NetworkInterfaceType.GigabitEthernet:
                return "Gigabit Ethernet";
            case NetworkInterfaceType.HighPerformanceSerialBus:
                return "High Performance Serial Bus";
            case NetworkInterfaceType.IPOverAtm:
                return "IP Over Atm";
            case NetworkInterfaceType.Isdn:
                return "ISDN";
            case NetworkInterfaceType.Loopback:
                return "Loopback";
            case NetworkInterfaceType.MobileBroadbandCdma:
                return "CDMA Broadband Connection";
            case NetworkInterfaceType.MobileBroadbandGsm:
                return "GSM Broadband Connection";
            case NetworkInterfaceType.MultiRateSymmetricDsl:
                return "Multi-Rate Symmetrical DSL";
            case NetworkInterfaceType.None:
                return "None";
            case NetworkInterfaceType.Ppp:
                return "PPP";
            case NetworkInterfaceType.PrimaryIsdn:
                return "Primary ISDN";
            case NetworkInterfaceType.RateAdaptDsl:
```

```
                return "Rate Adapt DSL";
            case NetworkInterfaceType.Slip:
                return "Slip";
            case NetworkInterfaceType.SymmetricDsl:
                return "Symmetric DSL";
            case NetworkInterfaceType.TokenRing:
                return "Token Ring";
            case NetworkInterfaceType.Tunnel:
                return "Tunnel";
            case NetworkInterfaceType.Unknown:
                return "Unknown";
            case NetworkInterfaceType.VeryHighSpeedDsl:
                return "Very High Speed DSL";
            case NetworkInterfaceType.Wireless80211:
                return "Wireless";
            default:
                return "Unknown";
        }
    }
}
```

按 F5 键运行应用程序，或者点击 Start Debugging 按钮运行，如图 4-26 所示为点击 Start Debugging 按钮。

▲图 4-26　Start Debugging

▲图 4-27　运行结果

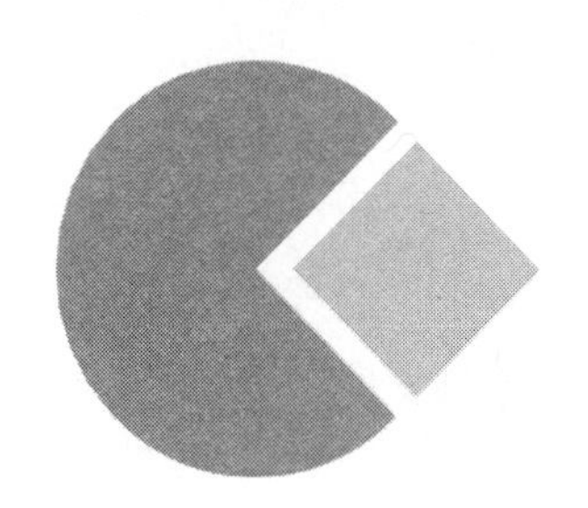

第二篇

Silverlight 交互篇

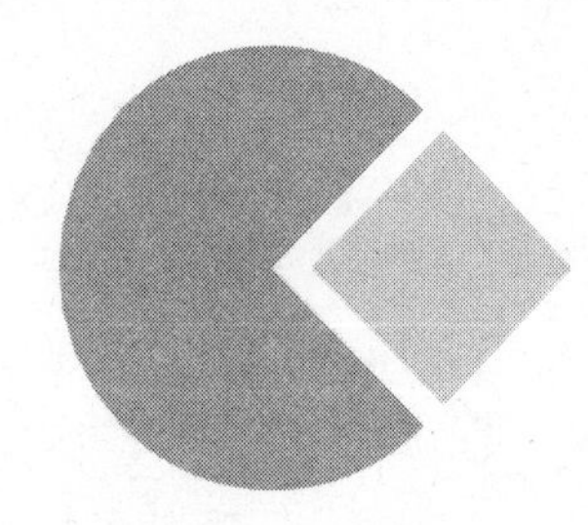

第5章 应用程序栏（Application Bar）最佳实践——开发炫彩页面

本章主要讲解应用程序栏（Application Bar）的设计及其本地化的实践，介绍应用 Visual Studio 的无缝结合的工具——Expression Blend 炫彩 Silverlight 页面。

5.1 应用程序栏（Application Bar）简介

应用程序栏（Application Bar）提供软件开发者放置程序最常使用的指令，最多可以同时放置 4 个图标按钮。如图 5-1 所示 Application Bar 界面。

▲图 5-1 Application Bar

应用程序栏默认显示没有文字叙述的按钮，且点击状态栏右侧「…」或利用手指直接从应用程序栏向上滑动可以显示完整的应用程序栏。

Windows Phone 为应用程序栏（Application Bar）提供了菜单动画和旋转支持。不论横向视图还是纵向视图，应用程序栏都会在屏幕固定的位置上显示——自动延伸到靠近屏幕按键的那端显示。按钮图像也会随着屏幕方向而转动（除了不支持 180°纵向，其余 3 个方向皆支持）。

应用程序栏的按钮可以设定成启用或无法使用状态。例如，我们制作一个电子阅读器的软件，在电子书是只读的情况下，可以设定删除功能的按钮无效，即无法使用删除按钮。

应用程序栏使用原则。

（1）应用程序栏应遵循越精简越好的原则。

（2）建议使用系统默认的主题配色即可。

使用自定的颜色可能会影响到按钮图案的质量以及会产生功耗方面的负影响。

（3）应用程序栏的透明度可以调整，建议其数值为 0、0.5、1。

请注意，如果设定值小于 1，应用程序栏将会覆盖屏幕上的主画面，如果设定值为 1，主画面的显示大小则会产生变化。

（4）应用程序栏图标按钮的图像必须清晰明确、容易理解，请以用户熟悉的图例来表达。

（5）每个图标按钮都必须有图案和文字叙述，文字叙述越精简越好。

（6）Windows 手机都有专用的硬件后退按钮，因此不要在应用程序栏中设置后退导航按钮。

如果应用程序栏还不能满足设计需要，还想在应用程序栏展现更多的快捷方式，那使用应用程序栏（Application Bar）的扩展功能——应用程序栏菜单（Application Bar Menu）。

应用程序栏菜单（Application Bar Menu）是从应用程序栏执行特定指令的选择性方式。启动应用程序栏菜单的方式可由按下右侧的「…」按键，或利用手指直接从应用程序栏向上滑动。关闭的方式是点击菜单以外的区域、使用退回键，或是按下菜单中的按键，则可离开应用程式列菜单。应用程序栏菜单启动后将一直停留在屏幕视图上，直到使用者给予指令关闭为止。

为了防止菜单的滚动，菜单上最多只能显示 5 项指令，如图 5-2 所示的应用程序栏菜单（Application Bar Menu）。从用户体验的角度，设计应用程序栏应遵循的第一原则就是：越精简越好，充分体现 Metro 的风格。

应用程序栏不是 Silverlight 控件，并且不支持数据绑定。这意味着用于按钮标签的字符串值必须在 XAML 中的硬编码，并且不能本地化。如果您计划将应用程序本地化，应通过 C# 语言的编程创建应用程序栏，并使用 C#语言以编程方式实现本地化。

对于应用程序栏的设计的动手实践中，我们还会用到一个强大的设计工具 Microsoft Expression Blend 4。Expression Blend（图 5-3）和 Visual Studio 的无缝结合，将为我们呈现亦幻亦真的 Windows Phone 界面开发。

▲图 5-2　应用程序栏菜单(Application Bar Menu)

▲图 5-3　Expression Blend

5.2　动手实践——设计应用程序栏

我们使用两种方式创建应用程序栏，第一种采用 C#编程语言创建，第二种在 XAML 中创建。

5.2.1　添加图标按钮的图像

应用程序栏中的图标按钮的图像在使用前，必须将它们添加到您在 Visual Studio 中的项目中。添加方法如下。

（1）为图像文件创建一个子目录，在[Solution Explorer]解决方案资源管理器中，右键单击您的项目名称并选择[Add]，然后选择[New Folder]。重命名文件夹为“images”。

（2）在 Windows 资源管理器中，将图标图像复制到图像文件夹 images 中。

（3）在 Visual Studio 的[Solution Explorer]解决方案资源管理器中，右键单击图片文件夹 images，选择[Add]，然后选择[Existing Item….]。选择一个图像或按住 Ctrl 键选择多个图像，然后单击[Add]。

（4）对于每一个图像，在[Solution Explorer]解决方案资源管理器中的右键单击图像，然后选择[Properties]。

（5）将[Build Action]属性设置为“Content”，将[Copy to Output]属性设置“Copy always”。

5.2.2 C#创建应用程序栏

应用程序要实现本地化功能，以及应用程序栏的添加可通过 C#语言编程来实现，而无需编辑 XAML 文件。

在本例 ApplicationBarSample 工程中，打开 MainPage.xaml.cs 文件，在文件头部添加 using 指令。

Silverlight Project: ApplicationBarSample File: MainPage.xaml.cs

```
using Microsoft.Phone.Shell;
```

（1）在构造函数中，初始化 ApplicationBar。

```
public MainPage()
{
    InitializeComponent();
    //支持的横向视图和纵向视图
    this.SupportedOrientations = SupportedPageOrientation.PortraitOrLandscape;
```

（2）设定 ApplicationBar 的显示属性 IsVisible 为 true（显示），应用程序栏菜单（Application Bar Menu）的显示属性 IsMenuEnabled 为 true（有效）。

```
    ApplicationBar = new ApplicationBar();
    ApplicationBar.IsMenuEnabled = true;
    ApplicationBar.IsVisible = true;
    ApplicationBar.Opacity = 1.0;
```

（3）创建 ApplicationBarIconButton 对象，并分配该按钮的 Click 事件的事件处理程序。

请注意，必须为图标按钮的 Text 属性分配一个字符串。否则程序在运行时会引发 nvalidOperation Exception 的异常。

```
    ApplicationBarIconButton hide = new ApplicationBarIconButton(new Uri("/Images/expand.
png", UriKind.Relative));
    hide.Text = "hide";
    hide.Click += new EventHandler(hide_Click);

    ApplicationBarIconButton opacity = new ApplicationBarIconButton(new Uri("/Images/opacity.
png", UriKind.Relative));
    opacity.Text = "opacity";
    opacity.Click += new EventHandler(opacity_Click);
```

```
    ApplicationBarIconButton enabled = new ApplicationBarIconButton(new Uri("/Images/menuenabled.
png", UriKind.Relative));
    enabled.Text = "enabled";
    enabled.Click += new EventHandler(enabled_Click);
```

（4）调用 ApplicationBar.Buttons.Add 方法，将图标按钮添加到应用程序栏的集合中。

```
    ApplicationBar.Buttons.Add(hide);
    ApplicationBar.Buttons.Add(opacity);
    ApplicationBar.Buttons.Add(enabled);
```

（5）构造应用程序栏菜单（Application Bar Menu）

创建 ApplicationBarMenuItem 对象，构造函数的参数为显示菜单项名称的字符串。然后指定菜单项的 Click 事件的事件处理程序。

```
    ApplicationBarMenuItem foregroundItem = new ApplicationBarMenuItem("use foreground
color");
    foregroundItem.Click += new EventHandler(foregroundItem_Click);

    ApplicationBarMenuItem accentItem = new ApplicationBarMenuItem("use accent color");
    accentItem.Click += new EventHandler(accentItem_Click);
```

（6）在应用程序栏的 MenuItems 集合中添加菜单项。

```
    ApplicationBar.MenuItems.Add(foregroundItem);
    ApplicationBar.MenuItems.Add(accentItem);
    UpdateText();

}
```

（7）在图标按钮和菜单项的 Click 事件处理程序中编写代码。

Silverlight Project: ApplicationBarSample File: MainPage.xaml.cs

```
/// <summary>
/// Click handler for accent color menu item.
/// Changes the colored UI elements to the built-in PhoneAccentColor
/// </summary>
/// <param name="sender">The control that raised the click event.</param>
/// <param name="e">An EventArgs object containing event data.</param>
void accentItem_Click(object sender, EventArgs e)
{
    UpdateColor((Color)Resources["PhoneAccentColor"]);
}

/// <summary>
/// Click handler for accent color menu item.
/// Changes the colored UI elements to the built-in PhoneForegroundColor
/// </summary>
/// <param name="sender">The control that raised the click event.</param>
/// <param name="e">An EventArgs object containing event data.</param>
void foregroundItem_Click(object sender, EventArgs e)
{
    UpdateColor((Color)Resources["PhoneForegroundColor"]);
}
```

```
/// <summary>
/// Click handler for opacity icon button.
/// Sets the opacity value of the ApplicationBar to 0, 1, or .5
/// </summary>
/// <param name="sender">The control that raised the click event.</param>
/// <param name="e">An EventArgs object containing event data.</param>
void opacity_Click(object sender, EventArgs e)
{
    if (ApplicationBar.Opacity < .01)
    {
        ApplicationBar.Opacity = 1;
    }
    else if (ApplicationBar.Opacity > .49 && ApplicationBar.Opacity < .51)
    {
        ApplicationBar.Opacity = 0;
    }
    else
    {
        ApplicationBar.Opacity = .5;
    }
    UpdateText();
}

/// <summary>
/// Click handler for hide icon button.
/// Changes the Visible property of the ApplicationBar to false
/// And makes the "Show Application Bar" button visible
/// </summary>
/// <param name="sender">The control that raised the click event.</param>
/// <param name="e">An EventArgs object containing event data.</param>
void hide_Click(object sender, EventArgs e)
{
    ApplicationBar.IsVisible = false;
    showButton.Visibility = Visibility.Visible;
    UpdateText();
}

/// <summary>
/// Click handler for menu enable icon button.
/// Changes the IsMenuEnabled property of the ApplicationBar
/// When IsMenuEnabled is false, the menu will not pop up
/// </summary>
/// <param name="sender">The control that raised the click event.</param>
/// <param name="e">An EventArgs object containing event data.</param>
void enabled_Click(object sender, EventArgs e)
{
    ApplicationBar.IsMenuEnabled = !ApplicationBar.IsMenuEnabled;
    UpdateText();
}

/// <summary>
/// Click handler for show button.
/// Sets the Visible property of the Application Bar to true
/// </summary>
/// <param name="sender">The control that raised the click event.</param>
```

```
/// <param name="e">An EventArgs object containing event data.</param>
private void showButton_Click(object sender, RoutedEventArgs e)
{
    ApplicationBar.IsVisible = true;
    showButton.Visibility = Visibility.Collapsed;
    UpdateText();
}

/// <summary>
/// Updates the TextBlock objects to reflect the current state
/// of the ApplicationBar
/// </summary>
void UpdateText()
{
    VisibleT   extBlock.Text = ApplicationBar.IsVisible ? "yes" : "no";
    OpacityTextBlock.Text = ApplicationBar.Opacity.ToString("0.0");
    MenuEnabledTextBlock.Text = ApplicationBar.IsMenuEnabled ? "yes" : "no";
}

/// <summary>
/// Helper method for changing the color of the UI
/// </summary>
/// <param name="c">The new color for the UI elements</param>
void UpdateColor(Color c)
{
    SolidColorBrush brush = new SolidColorBrush(c);
    VisibleTextBlock.Foreground = brush;
    OpacityTextBlock.Foreground = brush;
    MenuEnabledTextBlock.Foreground = brush;

    ((LinearGradientBrush)Resources["Gradient"]).GradientStops[1].Color = c;
}
```

5.2.3　在 XAML 中创建应用程序栏

在应用程序中，完全可以在 XAML 中将应用程序栏添加到页面中。但是，应用程序栏不是 Silverlight 控件，并且不支持数据绑定。这意味着用于按钮标签的字符串值必须在 XAML 中的硬编码，并且不能本地化。

在 XAML 中创建应用程序栏的过程非常简单，Windows Phone 的应用程序栏模板已经在 MainPage.xaml 文件中了，需要做的全部就是取消应用程序栏定义的注释，并修改代码以使用您的图标按钮的图像和菜单选项的文字。要添加事件处理程序的按钮和菜单项，将光标置于该元素的名称后直接键入一个空格，然后开始键入该事件的名称，Visual Studio 的智能感知功能将协助您完成对于事件处理程序的添加，您所关注的重点只是处理逻辑部分即可，其他的事情交给智能感知去完成。

下面是应用程序栏的默认代码。

Silverlight Project: ApplicationBarSample File: MainPage.xaml

```
<!--Sample code showing usage of ApplicationBar-->
<phone:PhoneApplicationPage.ApplicationBar>
    <shell:ApplicationBar IsVisible="True" IsMenuEnabled="True">
```

```
        <shell:ApplicationBarIconButton  Click="opacity_Click"  IconUri="/Images/appbar_
button1.png" Text="Button 1"/>
        <shell:ApplicationBarIconButton  IconUri="/Images/appbar_button2.png"  Text="Button
2"/>
        <shell:ApplicationBar.MenuItems>
            <shell:ApplicationBarMenuItem Text="MenuItem 1"/>
            <shell:ApplicationBarMenuItem Text="MenuItem 2"/>
        </shell:ApplicationBar.MenuItems>
    </shell:ApplicationBar>
</phone:PhoneApplicationPage.ApplicationBar>
```

5.3 动手实践——本地化应用程序栏（Localizing an Application Bar）

为 ApplicationBarSample 工程创建本地化的应用程序栏，即为应用程序栏添加多语言的支持。

5.3.1 添加资源文件以实现对本地化的支持

使用 Visual Studio 打开 ApplicationBarSample 工程，按以下步骤添加资源文件。

（1）在[Solution Explorer]解决方案资源管理器中，右键单击项目名称 ApplicationBarSample，在弹出的菜单中选择[Add]，然后选择[New Item]，如图 5-4 所示 Add New Item。

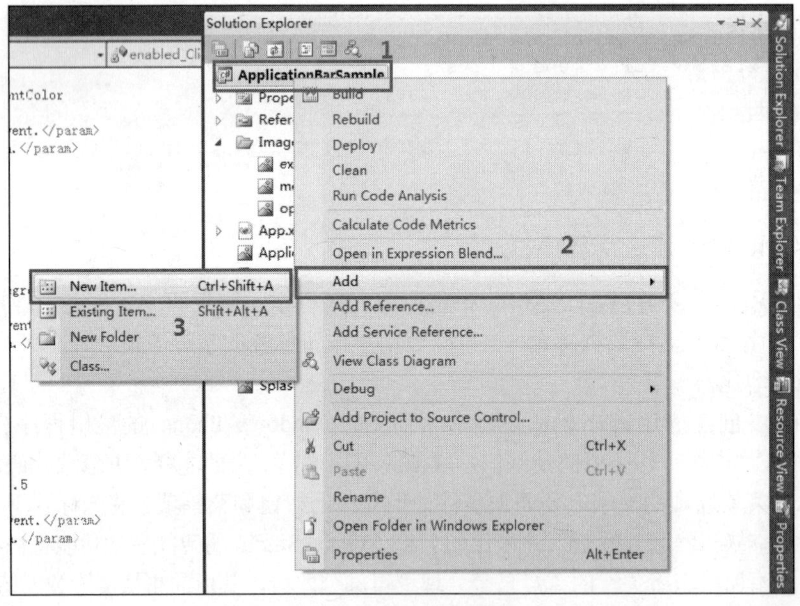

▲图 5-4 Add New Item

（2）在 [Add New Item]对话框中选择[Resources File]，修改文件名称为 AppResources.resx。此文件将包含应用程序的默认语言的资源，如图 5-5 所示添加资源文件 AppResources。

（3）确定应用程序中的字符串，并将它们添加到资源文件。可以输入一个名称、 值和每个字符串的可选注释。

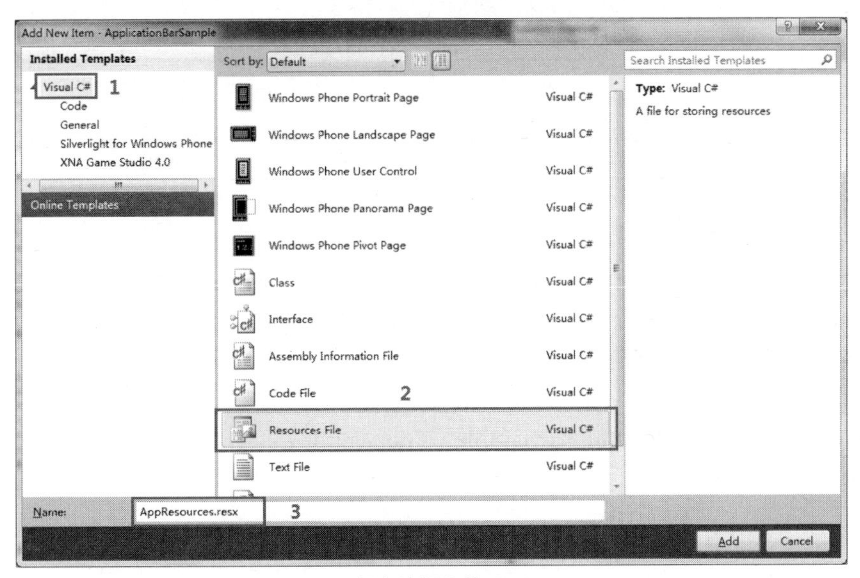

▲图 5-5　添加资源文件 AppResources

a．该名称必须是唯一的。请尽可能详细描述。

b．将在应用程序中向用户显示字符串值。

c．注释是可选的。在大的资源文件或者字符串很多的情况下，注释会发挥很大的作用。

（4）添加其他每种语言的资源文件。

本例中支持西班牙语的资源文件 AppResources.es-ES.resx 和支持德语的资源文件 AppResources.de-DE.resx，请直接导入到工程中即可。也可以制作其他语言的资源文件，本例中重点在于实现多语言显示的功能。

5.3.2　定义默认的区域

（1）在[Solution Explorer]解决方案资源管理器中，右键单击项目名称 ApplicationBarSample，并选择[Properties]属性。

（2）在 Application 选项卡中，点击[Assembly Information]按钮。

（3）在[Neutral Language]列表中，选择默认的区域性。此标识语言的默认资源文件中的字符串。例如，如果默认资源文件被命名为 AppResources.resx，并在该文件中的字符串支持英语（美国）语言，则可以选择 English （United States）作为项目的中立国语言（Neutral Language ）。

预定义的区域性名称的完整列表如表 5-1 所示。

表 5-1　区域语言列表

Culture	Culture/language name
English (United States)	en-US
English (Canada)	en-CA
English (Great Britain)	en-GB
French (France)	fr-FR

续表

Culture	Culture/language name
French (Canada)	fr-CA
French (Belgium)	fr-BE

5.3.3 其他区域性语言

关闭 Visual Studio，然后使用文本编辑器打开项目文件（ApplicationBarSample.csproj）。

找到<SupportedCultures> 标记，并添加其他区域性（语言），以满足应用程序需要。

语言名称使用分号分隔，实现如下所示。

Silverlight Project: ApplicationBarSample File: ApplicationBarSample.csproj

```
<SupportedCultures>
   de-DE;es-ES
</SupportedCultures>
```

5.3.4 资源文件的字符串替换

本节实现硬编码的字符串替换资源文件中的字符串，使用 Visual Studio 重新打开 Application BarSample 工程。

（1）在[Solution Explorer]解决方案资源管理器中打开资源文件 AppResources.resx，在[AccessModifier]列表框中选择[Public]，如图 5-6 所示为 AccessModifier 列表框。对每个项目中的资源文件，请重复此步骤。

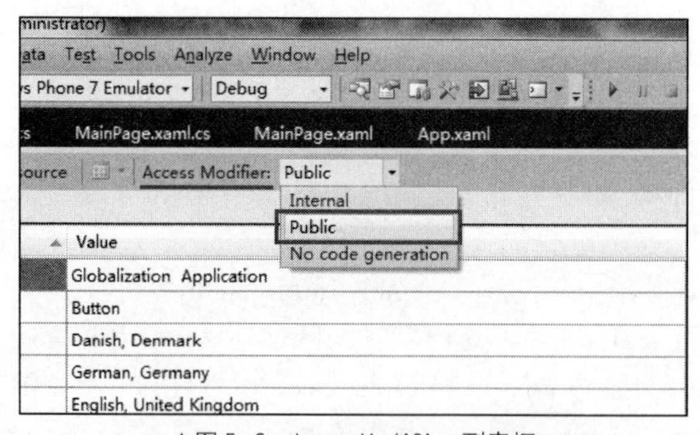

▲图 5-6 AccessModifier 列表框

（2）添加具有指向资源属性的类 LocalizedStrings。在下面的示例中，LocalizedStrings 类包含一个指向 AppResources GlobalizationSample 命名空间中的资源文件的属性。

Silverlight Project: ApplicationBarSample File: LocalizedStrings.cs

```
namespace ApplicationBarSample
{
   public class LocalizedStrings
   {
```

```
        public LocalizedStrings()
        {
        }

        private  static  ApplicationBarSample.AppResources  localizedresources  =  new
ApplicationBarSample.AppResources();

        public  ApplicationBarSample.AppResources  Localizedresources  {  get  {  return
localizedresources; } }

    }
}
```

（3）打开 App.xaml 文件添加如下的代码到<Application.Resources>标签。

Silverlight Project: ApplicationBarSample　File: App.xaml

```
<!--Application Resources-->
<Application.Resources>
    <local:LocalizedStrings xmlns:local ="clr-namespace:ApplicationBarSample"
                               x:Key="LocalizedStrings" />
</Application.Resources>
```

5.3.5　本地化应用程序栏

下面的代码示例显示一个生成应用程序栏，使用提供的字符串值的本地化的资源。

（1）创建应用程序栏

创建 Application Bar 的部分，显示 AppResources 的文字信息。

Silverlight Project: ApplicationBarSample　File: MainPage.xaml.cs

```
#region Initialization

/// <summary>
/// Constructor for the PhoneApplicationPage
/// The ApplicationBar is initialized. Icon buttons and menu items are added
/// to the ApplicationBar and event handlers are set.
/// </summary>
public MainPage()
{
    InitializeComponent();

    this.SupportedOrientations = SupportedPageOrientation.PortraitOrLandscape;

    ApplicationBar = new ApplicationBar();
    ApplicationBar.IsMenuEnabled = true;
    ApplicationBar.IsVisible = true;
    ApplicationBar.Opacity = 1.0;

    ApplicationBarIconButton  hide  =  new  ApplicationBarIconButton(new  Uri("/Images/
expand.png", UriKind.Relative));
    //hide.Text = "hide";
//显示 AppResources 的文字信息
```

```
    hide.Text = AppResources.ButtonText;
    hide.Click += new EventHandler(hide_Click);

    ApplicationBarIconButton opacity = new ApplicationBarIconButton(new Uri("/Images/
opacity.png", UriKind.Relative));
    //opacity.Text = "opacity";
    //显示 AppResources 的文字信息
    opacity.Text = AppResources.ButtonText;
    opacity.Click += new EventHandler(opacity_Click);

    ApplicationBarIconButton enabled = new ApplicationBarIconButton(new Uri("/Images/
menuenabled.png", UriKind.Relative));
    //enabled.Text = "enabled";
    enabled.Text = AppResources.ButtonText;
    enabled.Click += new EventHandler(enabled_Click);

    ApplicationBar.Buttons.Add(hide);
    ApplicationBar.Buttons.Add(opacity);
    ApplicationBar.Buttons.Add(enabled);

    //ApplicationBarMenuItem foregroundItem = new ApplicationBarMenuItem("use foreground
color");
    ApplicationBarMenuItem foregroundItem = new ApplicationBarMenuItem(AppResources.
MenuItemText);
    foregroundItem.Click += new EventHandler(foregroundItem_Click);

    //ApplicationBarMenuItem accentItem = new ApplicationBarMenuItem("use accent color");
    ApplicationBarMenuItem accentItem = new ApplicationBarMenuItem(AppResources.
MenuItemText);
    accentItem.Click += new EventHandler(accentItem_Click);

    ApplicationBar.MenuItems.Add(foregroundItem);
    ApplicationBar.MenuItems.Add(accentItem);

    UpdateText();
}

#endregion
```

（2）选择语言的列表

在 XAML 中增加选择语言的列表。

Silverlight Project: ApplicationBarSample File: MainPage.xaml

```
<TextBlock Height="30" Name="textBlock1" Text="{Binding
Path=Localizedresources.TextLabelLocale, Source={StaticResource LocalizedStrings}}"
Width="443" Foreground="{StaticResource PhoneAccentBrush}" Margin="6,7,6,573" />

<ListBox Height="94" HorizontalAlignment="Left" Margin="21,43,0,0" Name="locList"
VerticalAlignment="Top" Width="441" SelectedIndex="-1" SelectionChanged="LocList_
SelectedIndexChanged" Grid.Row="1">
            <ListBoxItem Content="{Binding Path=Localizedresources.LangRegionNameDe,
Source={StaticResource LocalizedStrings}}" FontSize="22" />
            <ListBoxItem Content="{Binding Path=Localizedresources.LangRegionNameEs,
```

```
Source={StaticResource LocalizedStrings}}" FontSize="22" />
            <ListBoxItem Content="{Binding Path=Localizedresources.LangRegionNameEnUS,
Source={StaticResource LocalizedStrings}}" FontSize="22"/>
        </ListBox>
```

添加后的预览效果如图 5-7 所示，出现选择 3 种语言的列表：德语、西班牙语和英语。

▲图 5-7　MainPage

（3）列表的事件响应

当手指触控列表选择的语言种类发生改变时，事件响应程序 LocList_SelectedIndexChanged 开始运行，修改页面上显示的文字，以及应用程序栏菜单（Application Bar Menu）中显示的文字。

至此，本地化的工作完成。

Silverlight Project: ApplicationBarSample　File: MainPage.xaml.cs

```
private void LocList_SelectedIndexChanged(object sender, SelectionChangedEventArgs e)
{
    // Set the current culture according to the selected locale and display information
such as
    // date, time, currency, etc in the appropriate format.

    string nl;
    string cul;

    nl = locList.SelectedIndex.ToString();

    switch (nl)
    {

        case "0":
```

```
            cul = "es-ES";
            break;
        case "1":
            cul = "de-DE";
            break;
        case "2":
            cul = "en-US";
            break;
        default:
            cul = "en-US";
            break;
    }

    // set this thread's current culture to the culture associated with the selected locale
    CultureInfo newCulture = new CultureInfo(cul);
    Thread.CurrentThread.CurrentCulture = newCulture;

    CultureInfo cc, cuic;
    cc = Thread.CurrentThread.CurrentCulture;
    cuic = Thread.CurrentThread.CurrentUICulture;

    VisibleLabel.Text = cc.NativeName;
    VisibleTextBlock.Text = "";

    //OpacityLabel.Text = cuic.DisplayName;
    OpacityLabel.Text = "";
    OpacityTextBlock.Text = "";

    MenuEnabledLabel.Text = "";
    MenuEnabledTextBlock.Text = "";

    //localize icon button text
    if (this.ApplicationBar.Buttons != null)
    {
        foreach (ApplicationBarIconButton btn in this.ApplicationBar.Buttons)
        {
            btn.Text = cc.NativeName.Substring(0, cc.NativeName.ToString().Length/2);
        }
    }

    //localize menu buttons text
    if (this.ApplicationBar.MenuItems != null)
    {
        foreach (ApplicationBarMenuItem itm in this.ApplicationBar.MenuItems)
        {
            itm.Text = cc.NativeName;
        }
    }
}
```

5.3.6 运行结果

程序运行结果如图 5-8 和图 5-9 所示。

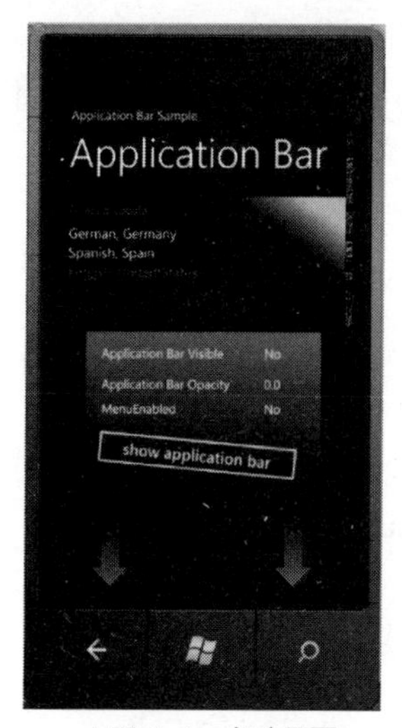

▲图 5-8 启动界面

▲图 5-9 德语界面和德语本地化的应用程序栏

5.4 应用 Expression Blend 炫彩 Silverlight 页面

请看如图 5-10 所示的两个画面的对比图。

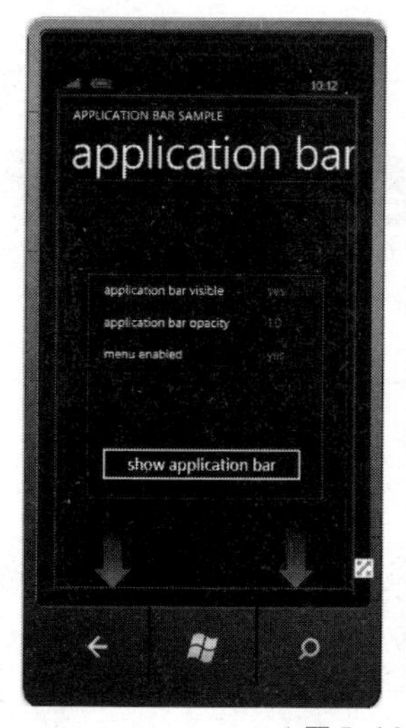

▲图 5-10 对比图

在图 5-10 所示的右侧的画面是我们对左侧的画面做了 3 处修改所得，使得普通画面变得好看且很炫。如果我的手机里有这样一个很酷很炫的应用程序，我会 Show 给朋友们看看。

对比两个画面，修改的 3 处分别是背景颜色变为渐变；中间面板的颜色变为蓝色渐变，与箭头的风格保持一致；按钮被旋转了。这些变化如果通过手工修改代码那就太复杂了，使用设计工具 Microsoft Expression Blend 4，轻松取代复杂的代码编写。

开发人员的重心永远在代码的逻辑，设计方面的创意交给设计人员思考。在软件制作工程中，如果身兼开发和设计两项职责，那在设计时就应转变思路。Windows Phone 的页面设计工作，交给 Microsoft Expression Blend 4 完成吧，我是程序员，我需要时间陪家人喝茶聊天。

毫不迟疑，即刻动手，使用 Expression Blend 动手修改呆板的画面吧。

5.4.1 Expression Blend 的应用

1. 启动 Expression Blend 4

在 Visual Studio 2010 的[Solution Explorer]中右键点击 MainPage.xaml 文件，在弹出的菜单中选择[Open in Expression Blend…]项。如图 5-11 所示启动 Expression Blend 4。

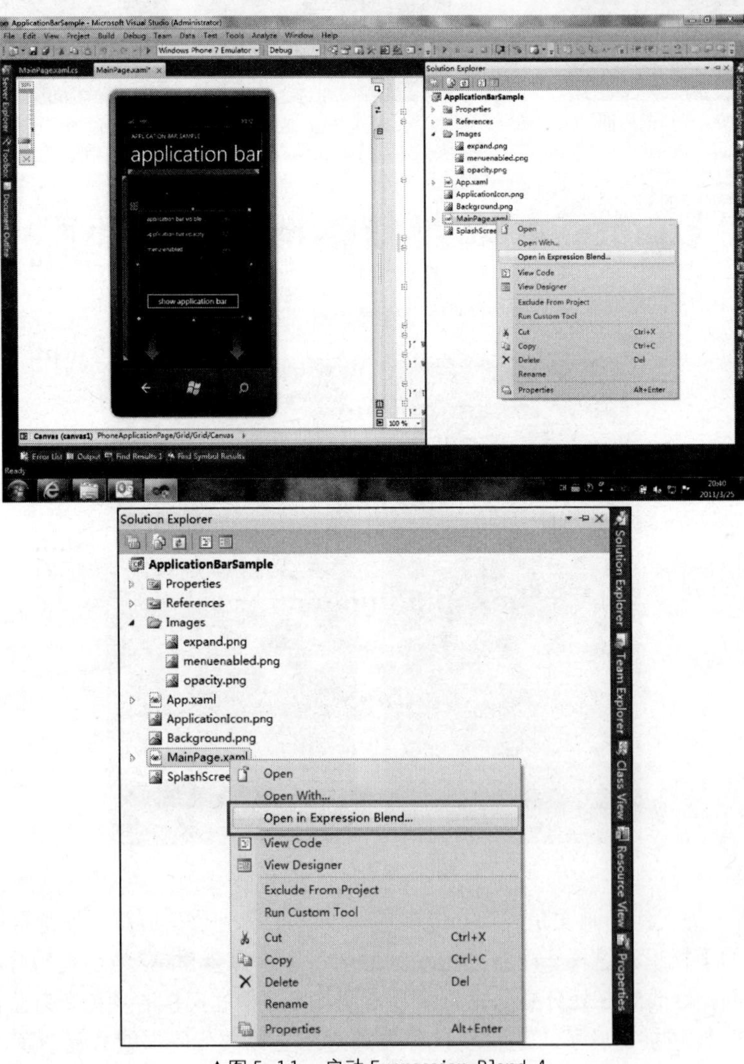

▲图 5-11　启动 Expression Blend 4

出现如图 5-12 时，请点击[Yes]按钮，进入 Expression Blend 启动画面。

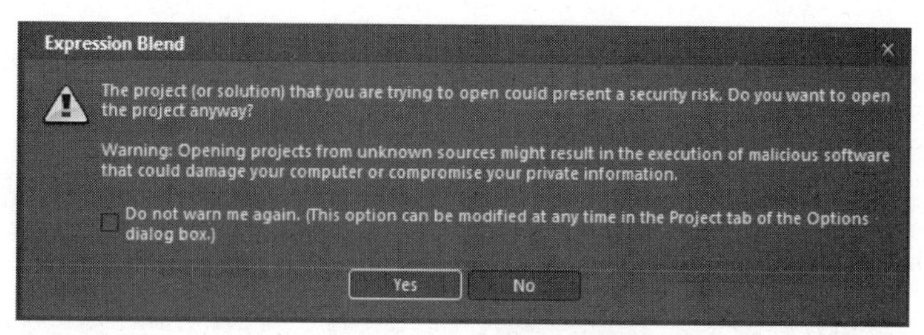

▲图 5-12　Expression Blend

2. 画面修改一

选择[Gradient Tool]项，设置背景颜色为渐变，如图 5-13 所示的 Gradient Tool 和图 5-14 所示的设定渐变。

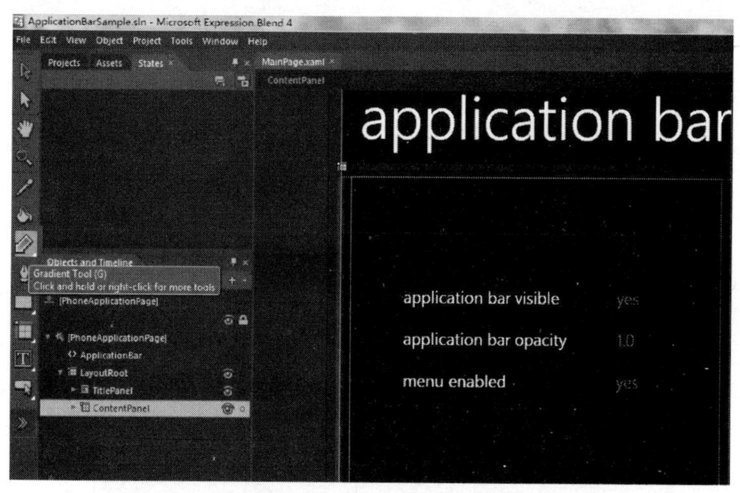

▲图 5-13　Gradient Tool

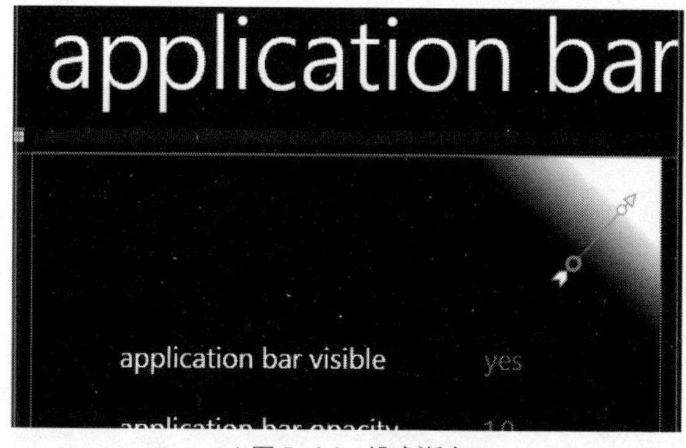

▲图 5-14　设定渐变

3. 画面修改二

中间面板的颜色变为蓝色渐变，与箭头的风格保持一致，如图 5-15 所示的设定中间面板的颜色变为蓝色渐变。

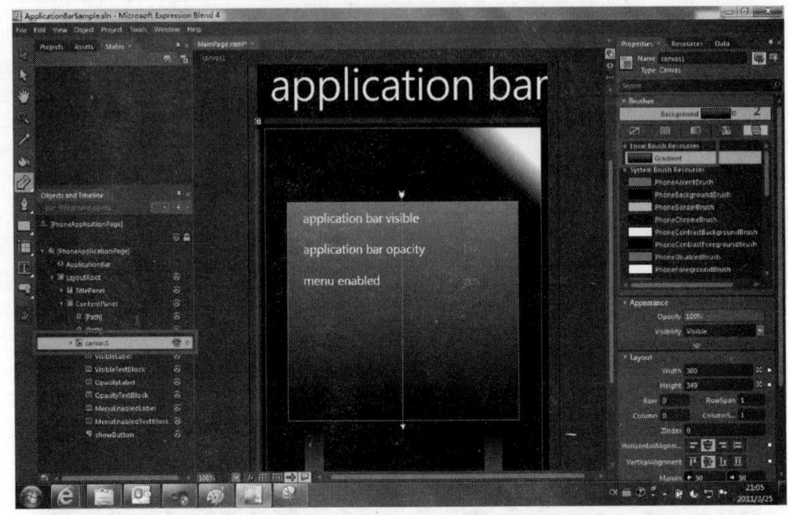

▲图 5-15　设定中间面板的颜色变为蓝色渐变

选择[Eyedropper]修改显示的字体颜色，如图 5-16 修改字体颜色。

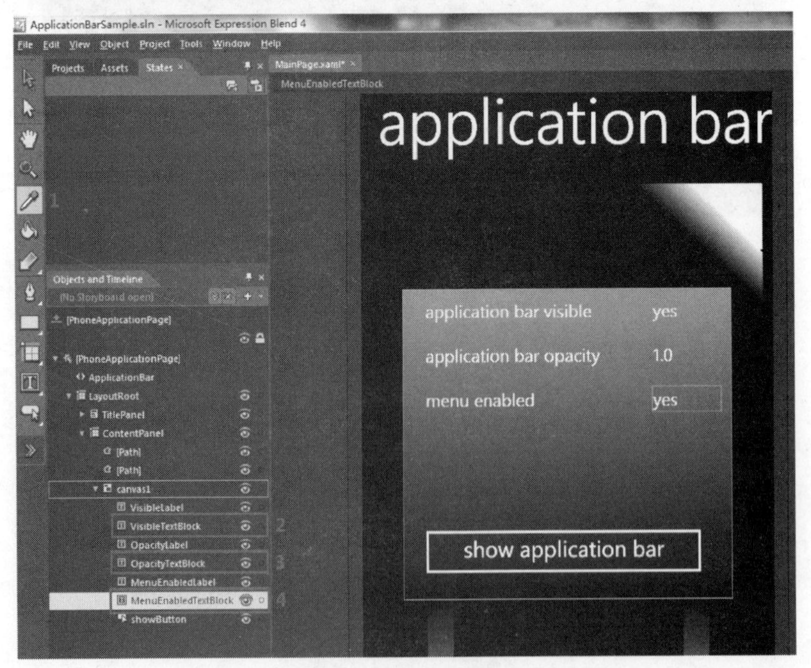

▲图 5-16　修改字体颜色

4. 画面修改三

旋转按钮，在[Objects and Timeline]中选择需要设置的控件“showButton”，在[Properties]属性[Rotate]旋转，设定[Angle]角度的值为 5。如图 5-17 所示的旋转按钮。

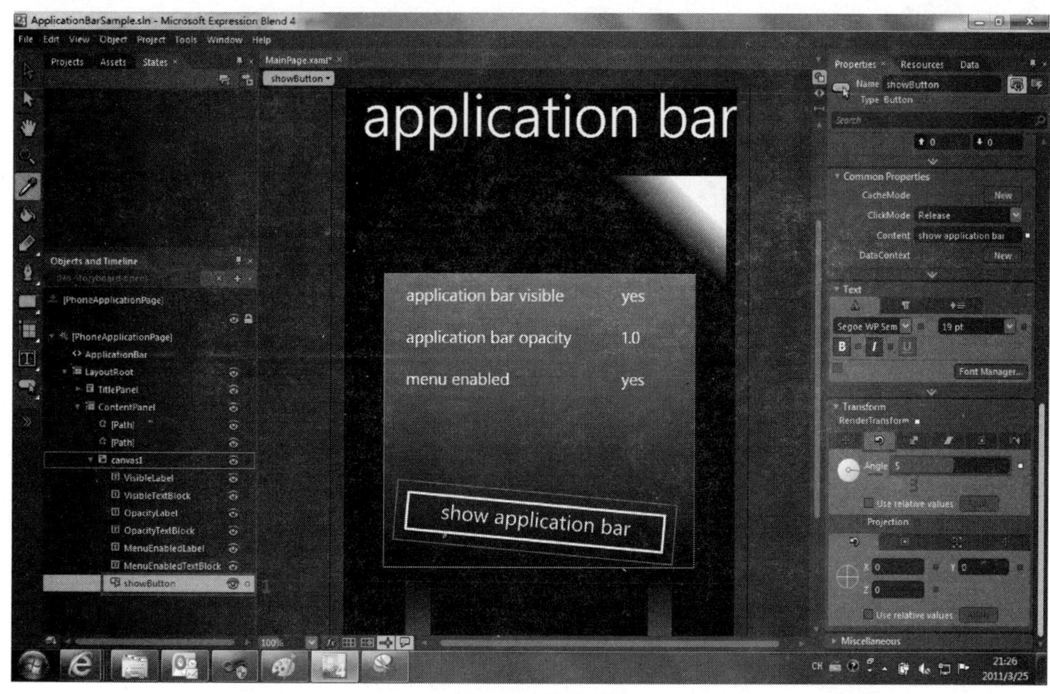

▲图 5-17　旋转按钮

保存修改。返回到 Visaul Studio 界面，编译器自动发现了 XAML 被修改，提示我们是否重新载入，如图 5-18 提示信息。点击[Yes]按钮。

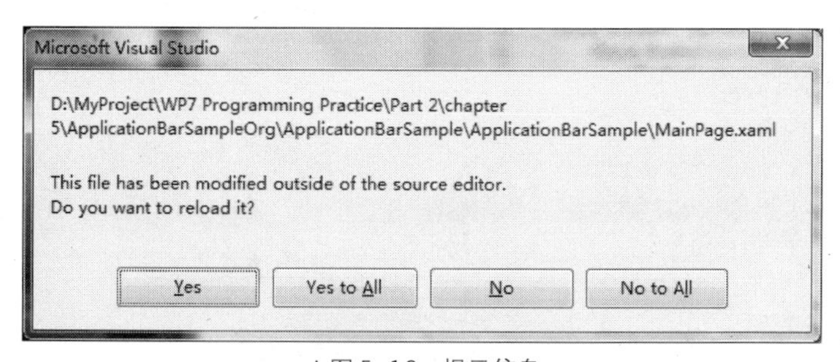

▲图 5-18　提示信息

Expression Blend 与 Visual Studio 的完美无缝结合，实现了界面设计的零代码修改，Expression Blend 的更多功能我们在后面的章节中讲述。

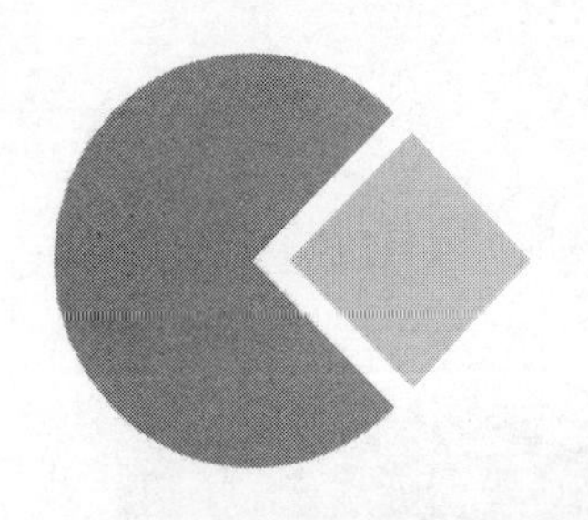

第6章 数据存储

6.1 独立存储

6.1.1 独立存储概述

独立存储（isolated storage）应用程序可以使用独立存储功能创建和维护本地存储。所有 I/O 操作限制于独立存储区，且不能直接访问底层操作系统的文件系统。此设计有助于提高安全性，并防止未经授权的访问损坏数据。

图 6-1 所示就是独立存储（isolated storage）的文件结构。

逻辑文件夹结构

应用程序数据存储文件夹

本地配置文件
本地配置文件由独立存储管理，当应用程序字典被开发者改变时配置文件也会更新。

文件和文件夹
开发者可以使用独立存储文件API创建、删除和访问文件和文件夹。

▲图 6-1　文件结构

Windows Phone 独立存储 APIs 如表 6-1 所示。

表 6-1　　独立存储 APIs

类和命名空间	作　用
IsolatedStorageException System.IO.IsolatedStorage	独立存储操作失败时引发的异常
System.IO.IsolatedStorage.IsolatedStorageFile	表示文件和目录的独立存储区
System.IO.IsolatedStorage.IsolatedStorageSettings	独立存储数据词典
System.IO.IsolatedStorage.IsolatedFileStream	以文件流形式访问存储在独立存储中的文件

6.1.2　最佳实践

Windows Phone 对于应用程序的独立存储占用的空间大小没有限制。因为限制应用程序使用的空间大小，可能会导致不友好的用户使用方案。

当卸载应用程序时，独立存储区内的文件夹和文件将一并被删除。

管理独立存储空间的最佳实践是什么呢？

对于临时数据和文件而言，如果应用程序创建的任何临时数据都采用独立存储区，那么要定期清除不再使用的临时数据和文件。

对于用户生成的数据而言，如果应用程序允许用户创建数据，应该具有删除数据的选项。比如照片的应用程序，允许用户在拍照操作完成后删除照片。可以考虑将文件同步保存至云端，只保留最相关的数据，减少文件占用的空间。例如，Microsoft Outlook 的 Windows Phone 应用程序默认只在智能手机上保留 3 天的邮件。

对于应用程序数据而言，比如商店购物列表，或字典应用程序中所加载的单词列表。可考虑只将应用程序使用频率最高的数据从云端缓存到本地。

6.2　动手实践——独立存储实战

本节展示如何在应用程序中执行以下的独立存储任务。

- 获取应用程序的虚拟存储。
- 创建一个父文件夹。
- 创建和添加独立的存储文件中的文本。
- 读取独立存储的文本文件。

具体实现的步骤如下所示。

1. 打开 Visual Studio 2010 或者 Visual Studio 2010 Express，新建 Silverlight for Windows Phone 工程，类型为 Windows Phone Application，工程名称为[IsolatedStorageApp]。如图 6-2 所示为新建的 Windows Phone 应用程序。

2. 添加独立存储命名空间（Isolated Storage Namespaces）。

打开 MainPage.xaml.cs，添加 IsolatedStorage 命名空间。

▲图 6-2　新建 Windows Phone 应用程序

Silverlight Project: IsolatedStorageApp　　File: MainPage.xaml.cs

```
using System.IO;
using System.IO.IsolatedStorage;
```

3．设计首页显示样式。

将 TextBox、TextBlock 和 Button 控件从 ToolBox 中拖曳至 MainPage.xaml。修改 TextBox TextBlock 和 Button 控件的 Name 和 Text 属性，代码如下所示。

Silverlight Project: IsolatedStorageApp　　File: MainPage.xaml

```
<Grid x:Name="LayoutRoot" Background="Transparent">
    <Grid.RowDefinitions>
        <RowDefinition Height="Auto"/>
        <RowDefinition Height="*"/>
    </Grid.RowDefinitions>

    <!--TitlePanel contains the name of the application and page title-->
    <StackPanel x:Name="TitlePanel" Grid.Row="0" Margin="12,17,0,28">
        <TextBlock x:Name="ApplicationTitle" Text="ISOLATED STORAGE" Style="{Static
Resource PhoneTextNormalStyle}"/>
        <TextBlock x:Name="PageTitle" Text="独立存储" Margin="9,-7,0,0" Style="{Static
Resource PhoneTextTitle1Style}"/>
    </StackPanel>

    <!--ContentPanel - place additional content here-->
    <Grid x:Name="ContentPanel" Grid.Row="1" Margin="12,0,12,0">
        <TextBox Height="72" HorizontalAlignment="Left" Margin="-1,42,0,0" Name=
"txtWrite" Text="" VerticalAlignment="Top" Width="416" />
```

```
        <Button Content="保存" Height="72" HorizontalAlignment="Left" Margin="-1,160,0,0"
Name="btnWrite" VerticalAlignment="Top" Width="160" Click="txtWrite_Click" />
        <TextBlock  Height="149"  HorizontalAlignment="Left"  Margin="12,275,0,0"  Name=
"txtRead" Text="" VerticalAlignment="Top" Width="403" />
        <Button Content="读取" Height="72" HorizontalAlignment="Left" Margin="-1,450,0,0"
Name="btnRead" VerticalAlignment="Top" Width="160" Click="btnRead_Click" />
    </Grid>
</Grid>
```

4．为 Button 控件添加事件响应处理。

双击两个 Button 控件，Visual Studio 的智能感应将自动添加 txtWrite_Click 和 btnRead_Click 函数处理单击事件。

在 txtWrite_Click 事件处理函数中，调用 CreateDirectory 方法创建文件夹 FavorFolder，将 TextBox 中输入的内容保存在 myFile.txt 文件中。

Silverlight Project: IsolatedStorageApp　　File: MainPage.xaml.cs

```
private void txtWrite_Click(object sender, RoutedEventArgs e)
{
    //获取应用程序的独立存储空间
    IsolatedStorageFile myStore = IsolatedStorageFile.GetUserStoreForApplication();

    //创建新的文件夹
    myStore.CreateDirectory("FavorFolder");

    //Create a new file and assign a StreamWriter to the store and this new file (myFile.txt)
    //Also take the text contents from the txtWrite control and write it to myFile.txt

    StreamWriter writeFile = new StreamWriter(new IsolatedStorageFileStream("FavorFolder
\\myFile.txt", FileMode.OpenOrCreate, myStore));
    writeFile.WriteLine(txtWrite.Text);
    writeFile.Close();

}
```

在 btnRead _Click 事件处理函数中，读取 FavorFolder 中 myFile.txt 文件的内容，显示在 TextBlock 控件中。

Silverlight Project: IsolatedStorageApp　　File: MainPage.xaml.cs

```
private void btnRead_Click(object sender, RoutedEventArgs e)
{
    //Obtain a virtual store for application
    IsolatedStorageFile myStore = IsolatedStorageFile.GetUserStoreForApplication();

    //This code will open and read the contents of myFile.txt
    //Add exception in case the user attempts to click "Read button first.

    StreamReader readFile = null;
```

```
    try
    {
        readFile = new StreamReader(new IsolatedStorageFileStream("FavorFolder\\myFile.
txt", FileMode.Open, myStore));
        string fileText = readFile.ReadLine();

        // txtRead 控件显示文件的内容
        txtRead.Text = fileText;
        readFile.Close();
    }
    catch
    {
        txtRead.Text = "Need to create directory and the file first.";
    }
}
```

5．编译调试结果如图 6-3 所示。

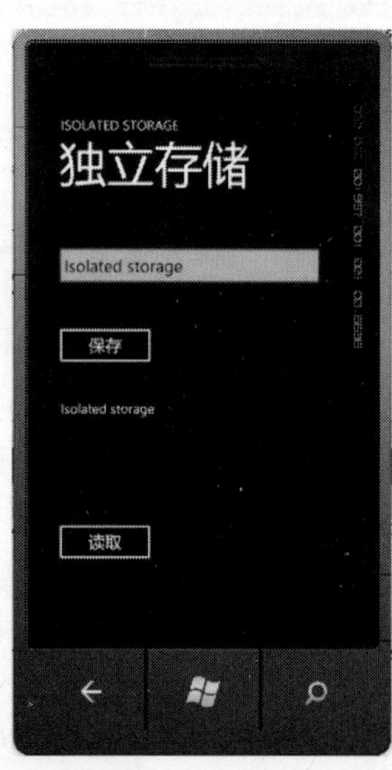

▲图 6-3　调试运行结果

6.3 本地数据库

Windows Phone Mango 可以将关系数据存储在本地数据库中，本地数据库作为一个文件存储在应用程序的独立存储空间。Windows Phone 应用程序使用 LINQ to SQL 执行数据库的所有操作。LINQ to SQL 用于定义数据库架构、选择数据，并将更改保存到数据库文件，保存在独立存储空间。LINQ to SQL 是.NET 框架的 ORM（对象关系映射）平台的数据库。当应用程序执行 LINQ 语句运行时，它转换为 Transact - SQL 对数据库执行操作；一旦数据库返回查询结果，LINQ to SQL 将数据转换为应用程序对象。

LINQ to SQL 提供了面向对象的方法，用于处理数据，包括对象模型和运行时。LINQ to SQL 对象模型是由 System.Data.Linq.DataContext 对象构成，它充当代理服务器的本地数据库。LINQ to SQL 运行时负责连接本地数据库和应用程序的 DataContext 对象，DataContext 对象对应数据库中的表，如图 6-4 所示。

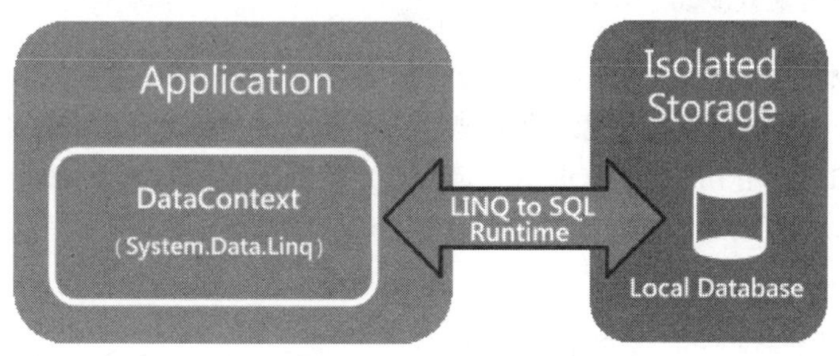

▲图 6-4　LINQ to SQL

Windows Phone Mango 的应用程序使用的 LINQ to SQL 访问本地数据库，LINQ to SQL 提供一个用于操作存储在数据库中的数据的面向对象的方法。System.Data.Linq.DataContext 类连接应用程序的对象模型与数据库中的数据。

6.3.1　定义数据上下文

System.Data.Linq.DataContext 类映射应用程序数据对象到数据库实体。推荐使用 SqlMetal 工具生成 Windows Phone 数据库上下文代码。

SqlMetal 命令行工具可为 .NET Framework 的 LINQ to SQL 组件生成代码和映射。

SQLMeta 命令行工具与 Visual Studio 一起安装在 Windows SDK 中。默认状态下，该文件位于 *drive*：\Program Files\Microsoft SDKs\Windows\v*n. nn**bin*。如果未安装 Visual Studio，还可以通过下载 Windows SDK 来获取 SQLMetal。

SQLMeta 命令行工具示例如下。

生成一个包含提取的 SQL 元数据的.dbml 文件：

```
sqlmetal/server:myserver /database:northwind /dbml:mymeta.dbml
```

使用 SQL Server Express 生成一个包含从.mdf 文件中提取的 SQL 元数据的.dbml 文件：

```
sqlmetal /dbml:mymeta.dbml mydbfile.mdf
```

生成一个包含从 SQL Server Express 中提取的 SQL 元数据的 .dbml 文件：

```
sqlmetal /server:.\sqlexpress /dbml:mymeta.dbml /database:northwind
```

基于.dbml 元数据文件生成源代码：

```
sqlmetal /namespace:nwind /code:nwind.cs /language:csharp mymetal.dbml
```

直接基于 SQL 元数据生成源代码：

```
sqlmetal  /server:myserver  /database:northwind  /namespace:nwind  /code:nwind.cs
/language:csharp
```

注意 如果对 Northwind 示例数据库应用/pluralize 选项，请注意以下行为。如果 SQlMetal 为表创建了行类型的名称，表名将采用单数形式。如果它为表创建了 DataContext 属性，则表名将采用复数形式。巧合的是，Northwind 示例数据库中的表名已采用复数形式。

若要创建一个本地数据库，必须首先定义数据上下文和实体的类，建立数据上下文和关系数据库之间数据的映射。LINQ to SQL 对象的性能取决于数据上下文和关系数据库的映射。

为每个实体，通过使用 LINQ to SQL 映射属性指定关系数据库的映射，如指定数据库的表、列、主键或者索引。例如，下面的代码显示数据，名为 ToDoDataContext 的数据库上下文和实体类的开头命名为 ToDoItem。

```
public class ToDoDataContext : DataContext
{
    // Specify the connection string as a static, used in main page and app.xaml.
    public static string DBConnectionString = "Data Source=isostore:/ToDo.sdf";

    // Pass the connection string to the base class.
    public ToDoDataContext(string connectionString): base(connectionString) { }

    // Specify a single table for the to-do items.
    public Table<ToDoItem> ToDoItems;
}

// Define the to-do items database table.
[Table]
public class ToDoItem : INotifyPropertyChanged, INotifyPropertyChanging
{
    // Define ID: private field, public property, and database column.
    private int _toDoItemId;

    [Column(IsPrimaryKey = true, IsDbGenerated = true, DbType = "INT NOT NULL Identity",
CanBeNull = false, AutoSync = AutoSync.OnInsert)]
    public int ToDoItemId
    {
        get
        {
            return _toDoItemId;
        }
        set
        {
            if (_toDoItemId != value)
            {
                NotifyPropertyChanging("ToDoItemId");
                _toDoItemId = value;
                NotifyPropertyChanged("ToDoItemId");
            }
```

```
        }
    }
        . . .
```

要在应用程序中使用本地数据库的功能，需要在代码文件的顶部增加下面的引用。

```
using System.Data.Linq;
using System.Data.Linq.Mapping;
using Microsoft.Phone.Data.Linq;
using Microsoft.Phone.Data.Linq.Mapping;
```

一些常见的 LINQ to SQL 映射属性如表 6-2 所示。

表 6-2　　LINQ to SQL 映射属性

属　性	示　例	说　明
TableAttribute	[Table]	指定为实体类与数据库表相关联的类
ColumnAttribute	[Column（IsPrimaryKey = true）]	将类与数据库表中的列相关联 IsPrimaryKey 指定为主键，在默认情况下创建索引
IndexAttribute	[Index （ Columns="Column1 ， Column2" ， IsUnique=true，Name="MultiColumnIndex"）]	在表级别，写入指定附加的索引，每个索引可以包括一个或多个列
AssociationAttribute	[Association（Storage="ThisEntityRefName"，ThisKey="ThisEntityID" ， OtherKey="TargetEntityID"）]	指定一个属性来表示，如主键关联的外键的关联

创建 DataContext 对象后，可以创建本地数据库和执行附加的数据库操作的数量。下面的代码示例演示如何创建数据库，基于 ToDoDataContext 类数据上下文。

```
// Create the database if it does not yet exist.
using (ToDoDataContext db = new ToDoDataContext("isostore:/ToDo.sdf"))
{
    if (db.DatabaseExists() == false)
    {
        // Create the database.
        db.CreateDatabase();
    }
}
```

6.3.2　数据库查询

Windows Phone 使用语言集成查询（LINQ）查询数据库。因为 SQL 查询在 LINQ 中引用的对象映射到数据库中的记录，LINQ to SQL 有别于其他 LINQ 技术正在执行的查询方式。一般 LINQ 查询在应用程序的内存中执行，而 LINQ to SQL 查询经 TRANSACT-SQL 转换后直接在数据库中执行。此设计在选择大型数据库的少量记录的查询时性能会明显增强。

在下面的示例中，一个名为 toDoDB 的 DataContext 对象的 LINQ to SQL 查询和结果放到 ObservableCollection 的 ToDoItem 对象命名的待办事项集合中延迟执行，延迟执行的数据库查询在待办事项集合中进行实例化。

```
// Define query to gather all of the to-do items.
var toDoItemsInDB = from ToDoItem todo in toDoDB.ToDoItems
                    select todo;

// Execute query and place results into a collection.
ToDoItems = new ObservableCollection<ToDoItem>(toDoItemsInDB);
```

6.3.3 插入数据

将数据插入数据库是一个两步过程。首先将对象添加到数据上下文中，然后调用 SubmitChanges 方法来保持数据作为数据库中行的数据上下文。

在下面的示例中，创建 ToDoItem 对象并添加到名称为 toDoDB 的数据上下文的待办事项集合。

```
// Create a new to-do item based on text box.
ToDoItem newToDo = new ToDoItem { ItemName = newToDoTextBox.Text };

// Add the to-do item to the observable collection.
ToDoItems.Add(newToDo);

// Add the to-do item to the local database.
toDoDB.ToDoItems.InsertOnSubmit(newToDo);
```

注意　在执行 SubmitChanges 方法之前，数据上下文中的数据不会保存到关系数据库。

6.3.4 更新数据

更新本地数据库中的数据有 3 个步骤。

第一，在要更新的对象数据库中查询。

第二，修改所需的对象。

最后，调用 SubmitChanges 方法，将所做的更改保存到本地数据库。

下面的代码示例显示了应用程序 OnNavigatedFrom 方法中调用 SubmitChanges 更新本地数据库中的数据。在 SubmitChanges 方法调用之前，数据是不会更新至数据库的。

```
protected override void OnNavigatedFrom(System.Windows.Navigation.NavigationEventArgs
e)
{
    //Call base method
    base.OnNavigatedFrom(e);

    //Save changes to the database
    toDoDB.SubmitChanges();
}
```

6.3.5 删除数据

删除数据库中的数据也包括 3 个步骤。

首先，查询数据库中删除的对象。

然后，取决于您是否要删除一个或多个对象，调用 DeleteOnSubmit 或 DeleteAllOnSubmit 方法，分别放在挂起的删除状态的那些对象。

最后，调用 SubmitChanges 方法，将所做的更改保存到本地数据库。

在下面的示例中，一个 ToDoItem 对象是从名为 toDoDB 的数据库中删除。因为只有一个对象将被删除，在 SubmitChanges 之前调用 DeleteOnSubmit 方法。

```
//Get a handle for the to-do item bound to the button
ToDoItem toDoForDelete = button.DataContext as ToDoItem;

//Remove the to-do item from the observable collection
ToDoItems.Remove(toDoForDelete);

//Remove the to-do item from the local database
toDoDB.ToDoItems.DeleteOnSubmit(toDoForDelete);

//Save changes to the database
toDoDB.SubmitChanges();
```

注意　在执行 SubmitChanges 方法之前，关系数据库中的数据不会被删除。

6.3.6　更改数据库架构

Widows Phone 应用程序可能需要更改本地数据库架构。Microsoft.Phone.Data.Linq 命名空间提供了有关数据库架构更改的 DatabaseSchemaUpdater 类。

DatabaseSchemaUpdater 类可以执行数据库，例如，添加表、列、索引。对于更复杂的更改，需要创建一个新的数据库，并将数据复制到新的架构中。DatabaseSchemaUpdater 类提供了可用于以编程方式区分数据库的不同版本的 DatabaseSchemaVersion 属性。

数据库不会反映来自 DatabaseSchemaUpdater 对象的更新，直到调用 Execute 方法。当调用该方法时，所有的更改将被提交到本地数据库作为单个事务，包括版本更新。

下面的示例演示如何使用 DatabaseSchemaUpdater 类修改基于 DatabaseSchemaVersion 属性的数据库。

```
using (ToDoDataContext db = new ToDoDataContext(("isostore:/ToDo.sdf")))
{
       //Create the database schema updater
       DatabaseSchemaUpdater dbUpdate = db.CreateDatabaseSchemaUpdater();

       //Get database version
       int dbVersion = dbUpdate.DatabaseSchemaVersion;

       //Update database as applicable
       if (dbVersion < 5)
       {   //Copy data from existing database to new database
           MigrateDatabaseToLatestVersion();
       }
       else if (dbVersion == 5)
       {   //Add column to existing database to match the data context
           dbUpdate.AddColumn<ToDoItem>("TaskURL");
           dbUpdate.DatabaseSchemaVersion = 6;
```

```
        dbUpdate.Execute();
    }
}
```

注意 在应用程序更新过程中不会改变任何独立存储，包括本地数据库文件中保存的文件。

6.3.7 数据库安全

本地数据库提供密码保护和加密来帮助保护您的数据库。当使用数据库密码时，加密整个数据库。

下面的示例演示如何创建加密的数据库。

```
// Create the data context, specify the database file location and password
ToDoDataContext db = new ToDoDataContext ("Data
 Source='isostore:/ToDo.sdf';Password=' securepassword'");

// Create an encrypted database after confirming that it does not exist
if (!db.DatabaseExists()) db.CreateDatabase();
```

注意 如果只有有限的非索引列需要进行加密，可通过把数据添加到数据库之前将数据加密，而不是加密整个数据库来实现更好的性能。

6.4 动手实践——本地数据库

6.4.1 开发环境配置

安装 Silverlight for Windows Phone Toolkit，下载地址 http://silverlight.codeplex.com/ ，如图 6-5 所示为 Silverlight for Windows Phone Toolkit。

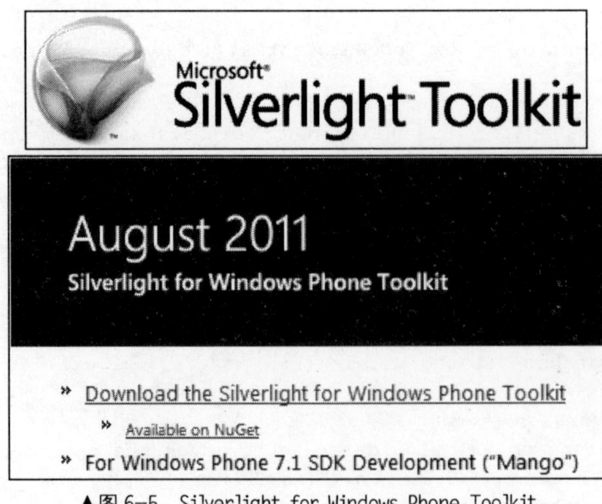

▲图 6-5 Silverlight for Windows Phone Toolkit

6.4.2　MVVM 设计模型

应用程序采用 MVVM 设计模型，MVVM 设计模型包含 View、ViewModel 和 Model。

- View：展示用户界面以及响应用户操作。
- ViewModel：连接用户操作和应用程序的数据。
- Model：管理应用程序的数据。

本例的本地数据库访问的 MVVM 设计模型的 Model 由继承于 System.Data.Linq.DataContext 的 DataContextBase 类实现，ViewModelItemsBase 类和 ViewModelBase 类则构成 ViewModel。

6.4.3　添加引用

在工程[LocalDatabaseSample]中右键点击引用[References]，在弹出的菜单中选择[Add Reference…]，添加 Microsoft.Phone.Controls.Toolkit 的引用。在 Browse 选项卡中查找 Microsoft.Phone.Controls.Toolkit.dll，并将其添加到工程中，如图 6-6 所示。默认安装地址 C:\Program Files\Microsoft SDKs\Windows Phone\v7.0\Toolkit\Feb11\Bin。具体的文件位置取决于您安装 Silverlight for Windows Phone Toolkit 的位置。

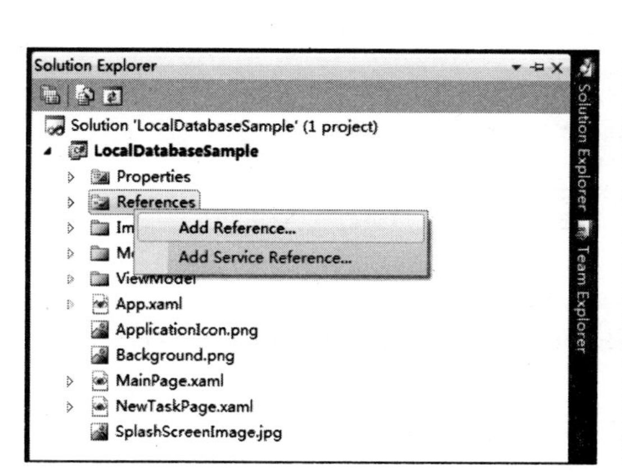

▲图 6-6　添加引用

6.4.4　创建模型 Model

在本节中创建 LINQ to SQL 数据上下文和表示数据库表和关联的对象。首先创建文件，并为每个表添加模板。然后生成出每个表和创建数据上下文。

1. 准备数据模型文件

在 ToDoDataContext.cs 中有如下的引用，包含数据模型的类的命名空间。

Silverlight Project: LocalDatabaseSample　File: ToDoDataContext.cs

```
using System;
using System.ComponentModel;
using System.Data.Linq;
using System.Data.Linq.Mapping;
```

在 ToDoDataContext.cs 中，下面的代码表示本地数据库表的基本模板。

[table]属性指定的类将表示数据库表。

INotifyPropertyChanged 接口用于跟踪属性值变更。

INotifyPropertyChanging 接口跟踪变更引起的内存限制。

[Column（IsVersion = true）]属性表示的二进制版本号，能显著提高表更新性能。

```
[Table]
public class AddTableNameHere : INotifyPropertyChanged, INotifyPropertyChanging
{

    //
    // TODO: Add columns and associations, as applicable, here.
    //

    // Version column aids update performance.
    [Column(IsVersion = true)]
    private Binary _version;

    #region INotifyPropertyChanged Members

    public event PropertyChangedEventHandler PropertyChanged;

    // Used to notify that a property changed
    private void NotifyPropertyChanged(string propertyName)
    {
        if (PropertyChanged != null)
        {
            PropertyChanged(this, new PropertyChangedEventArgs(propertyName));
        }
    }

    #endregion

    #region INotifyPropertyChanging Members

    public event PropertyChangingEventHandler PropertyChanging;

    // Used to notify that a property is about to change
    private void NotifyPropertyChanging(string propertyName)
    {
        if (PropertyChanging != null)
        {
            PropertyChanging(this, new PropertyChangingEventArgs(propertyName));
        }
    }
```

```
        #endregion
    }
```

注意　表类不能被继承。若要实现 INotifyPropertyChanged 和 INotifyPropertyChanging，INotifyPropertyChanged 和 INotifyPropertyChanging 的成员需要添加到表中的每个类。

以 ToDoItem 重命名 AddTableNameHere 类。此类将存储待办任务信息。

以 ToDoCategory 重命名 AddTablcNamcHcrc 类。此类将存储类别的列表。

2. 实现 ToDoItem 类

ToDoItem 类 3 个属性添加至数据库：ToDoItemId、ItemName 和 IsCompleted。[Column]为 LINQ to SQL 运行时属性，表示数据库的列。

ToDoCategory 类与 ToDoItem 类的实现方式相同。

Silverlight Project: LocalDatabaseSample　File: ToDoDataContext.cs

```
[Table]
public class ToDoItem : INotifyPropertyChanged, INotifyPropertyChanging
{

    // Define ID: private field, public property, and database column.
    private int _toDoItemId;

    [Column(IsPrimaryKey = true, IsDbGenerated = true, DbType = "INT NOT NULL Identity",
CanBeNull = false, AutoSync = AutoSync.OnInsert)]
    public int ToDoItemId
    {
        get { return _toDoItemId; }
        set
        {
            if (_toDoItemId != value)
            {
                NotifyPropertyChanging("ToDoItemId");
                _toDoItemId = value;
                NotifyPropertyChanged("ToDoItemId");
            }
        }
    }

    // Define item name: private field, public property, and database column.
    private string _itemName;

    [Column]
    public string ItemName
    {
        get { return _itemName; }
        set
        {
            if (_itemName != value)
            {
```

```
                NotifyPropertyChanging("ItemName");
                _itemName = value;
                NotifyPropertyChanged("ItemName");
            }
        }
    }

    // Define completion value: private field, public property, and database column.
    private bool _isComplete;

    [Column]
    public bool IsComplete
    {
        get { return _isComplete; }
        set
        {
            if (_isComplete != value)
            {
                NotifyPropertyChanging("IsComplete");
                _isComplete = value;
                NotifyPropertyChanged("IsComplete");
            }
        }
    }

    // Version column aids update performance.
    [Column(IsVersion = true)]
    private Binary _version;

    #region INotifyPropertyChanged Members

    public event PropertyChangedEventHandler PropertyChanged;

    // Used to notify that a property changed
    private void NotifyPropertyChanged(string propertyName)
    {
        if (PropertyChanged != null)
        {
            PropertyChanged(this, new PropertyChangedEventArgs(propertyName));
        }
    }

    #endregion

    #region INotifyPropertyChanging Members

    public event PropertyChangingEventHandler PropertyChanging;

    // Used to notify that a property is about to change
    private void NotifyPropertyChanging(string propertyName)
    {
        if (PropertyChanging != null)
        {
            PropertyChanging(this, new PropertyChangingEventArgs(propertyName));
        }
```

```
        }

        #endregion
    }
```

此代码定义 ToDoItem 和 ToDoCategory 表之间的关联。_categoryId 字段存储对应的待办事项的类别的标识符。_Category 实体引用标识要与此表相关联的其他表。

Silverlight Project: LocalDatabaseSample File: ToDoDataContext.cs

```
    // Internal column for the associated ToDoCategory ID value
    [Column]
    internal int _categoryId;

    // Entity reference, to identify the ToDoCategory "storage" table
    private EntityRef<ToDoCategory> _category;

    // Association, to describe the relationship between this key and that "storage" table
    [Association(Storage = "_category", ThisKey = "_categoryId", OtherKey = "Id",
IsForeignKey = true)]
    public ToDoCategory Category
    {
        get { return _category.Entity; }
        set
        {
            NotifyPropertyChanging("Category");
            _category.Entity = value;

            if (value != null)
            {
                _categoryId = value.Id;
            }

            NotifyPropertyChanging("Category");
        }
    }
```

3. 实现 ToDoCategory 类

ToDoCategory 类和 ToDoItem 类相关联， ToDoCategory 类中定义实体关系的集合方的设置，包括删除和添加。

```
Silverlight Project: LocalDatabaseSample  File: ToDoDataContext.cs
[Table]
public class ToDoCategory : INotifyPropertyChanged, INotifyPropertyChanging
{

    // Define ID: private field, public property, and database column.
    private int _id;

    [Column(DbType = "INT NOT NULL IDENTITY", IsDbGenerated = true, IsPrimaryKey = true)]
    public int Id
```

```
    {
        get { return _id; }
        set
        {
            NotifyPropertyChanging("Id");
            _id = value;
            NotifyPropertyChanged("Id");
        }
    }

    // Define category name: private field, public property, and database column.
    private string _name;

    [Column]
    public string Name
    {
        get { return _name; }
        set
        {
            NotifyPropertyChanging("Name");
            _name = value;
            NotifyPropertyChanged("Name");
        }
    }

    // Define the entity set for the collection side of the relationship.
    private EntitySet<ToDoItem> _todos;

    [Association(Storage = "_todos", OtherKey = "_categoryId", ThisKey = "Id")]
    public EntitySet<ToDoItem> ToDos
    {
        get { return this._todos; }
        set { this._todos.Assign(value); }
    }


    // Assign handlers for the add and remove operations, respectively.
    public ToDoCategory()
    {
        _todos = new EntitySet<ToDoItem>(
            new Action<ToDoItem>(this.attach_ToDo),
            new Action<ToDoItem>(this.detach_ToDo)
            );
    }

    // Called during an add operation
    private void attach_ToDo(ToDoItem toDo)
    {
        NotifyPropertyChanging("ToDoItem");
        toDo.Category = this;
    }

    // Called during a remove operation
```

```
    private void detach_ToDo(ToDoItem toDo)
    {
        NotifyPropertyChanging("ToDoItem");
        toDo.Category = null;
    }

    // Version column aids update performance.
    [Column(IsVersion = true)]
    private Binary _version;

    #region INotifyPropertyChanged Members

    public event PropertyChangedEventHandler PropertyChanged;

    // Used to notify that a property changed
    private void NotifyPropertyChanged(string propertyName)
    {
        if (PropertyChanged != null)
        {
            PropertyChanged(this, new PropertyChangedEventArgs(propertyName));
        }
    }

    #endregion

    #region INotifyPropertyChanging Members

    public event PropertyChangingEventHandler PropertyChanging;

    // Used to notify that a property is about to change
    private void NotifyPropertyChanging(string propertyName)
    {
        if (PropertyChanging != null)
        {
            PropertyChanging(this, new PropertyChangingEventArgs(propertyName));
        }
    }

    #endregion
}
```

4. 创建 LINQ to SQL 数据上下文

此数据上下文将指定两个表：Items 和 Categories。Items 表将存储待办任务，基于 ToDoItem 类。Categories 表存储待办任务类别，基于 ToDoCategory 类。

Silverlight Project: LocalDatabaseSample File: ToDoDataContext.cs

```
public class ToDoDataContext : DataContext
{
    // Pass the connection string to the base class.
    public ToDoDataContext(string connectionString)
```

```
        : base(connectionString)
    { }

    // Specify a table for the to-do items.
    public Table<ToDoItem> Items;

    // Specify a table for the categories.
    public Table<ToDoCategory> Categories;
}
```

6.4.5 创建 ViewModel

在本节中，创建应用程序的 ViewModel，ViewModel 执行对数据库操作，实现跟踪 Inotify PropertyChanged 接口的更改。

本地数据库上执行操作的是 ViewModel 的核心功能。LINQ to SQL 数据方面，toDoDB 是引用在 ViewModel 和 ViewModel 的构造函数中创建。SaveChangesToDB 方法调用 SubmitChanges 执行对数据库的操作。

Silverlight Project: LocalDatabaseSample   File: ToDoViewModel.cs

```
using System.Collections.Generic;
using System.Collections.ObjectModel;
using System.ComponentModel;
using System.Linq;

// Directive for the data model.
using LocalDatabaseSample.Model;


namespace LocalDatabaseSample.ViewModel
{
    public class ToDoViewModel : INotifyPropertyChanged
    {
        // LINQ to SQL data context for the local database.
        private ToDoDataContext toDoDB;

        // Class constructor, create the data context object.
        public ToDoViewModel(string toDoDBConnectionString)
        {
            toDoDB = new ToDoDataContext(toDoDBConnectionString);
        }

        //
        // TODO: Add collections, list, and methods here.
        //

        // Write changes in the data context to the database.
        public void SaveChangesToDB()
        {
            toDoDB.SubmitChanges();
        }
```

```
        #region INotifyPropertyChanged Members

        public event PropertyChangedEventHandler PropertyChanged;

        // Used to notify Silverlight that a property has changed.
        private void NotifyPropertyChanged(string propertyName)
        {
            if (PropertyChanged != null)
            {
                PropertyChanged(this, new PropertyChangedEventArgs(propertyName));
            }
        }
        #endregion
    }
}
```

1. 创建可观察的集合和列表

下面的代码指定可观察到的集合，用于在主页面的 Pivot（枢轴）控制：AllToDoItems、HomeToDoItems、WorkToDoItems、HobbiesToDoItems。此外可以指定使用新的任务页的 ListPicker 控制的类别列表。

Silverlight Project: LocalDatabaseSample　　File: ToDoViewModel.cs

```
        // All to-do items.
        private ObservableCollection<ToDoItem> _allToDoItems;
        public ObservableCollection<ToDoItem> AllToDoItems
        {
            get { return _allToDoItems; }
            set
            {
                _allToDoItems = value;
                NotifyPropertyChanged("AllToDoItems");
            }
        }

        // To-do items associated with the home category.
        private ObservableCollection<ToDoItem> _homeToDoItems;
        public ObservableCollection<ToDoItem> HomeToDoItems
        {
            get { return _homeToDoItems; }
            set
            {
                _homeToDoItems = value;
                NotifyPropertyChanged("HomeToDoItems");
            }
        }

        // To-do items associated with the work category.
        private ObservableCollection<ToDoItem> _workToDoItems;
        public ObservableCollection<ToDoItem> WorkToDoItems
```

```
    {
        get { return _workToDoItems; }
        set
        {
            _workToDoItems = value;
            NotifyPropertyChanged("WorkToDoItems");
        }
    }

    // To-do items associated with the hobbies category.
    private ObservableCollection<ToDoItem> _hobbiesToDoItems;
    public ObservableCollection<ToDoItem> HobbiesToDoItems
    {
        get { return _hobbiesToDoItems; }
        set
        {
            _hobbiesToDoItems = value;
            NotifyPropertyChanged("HobbiesToDoItems");
        }
    }

    // A list of all categories, used by the add task page.
    private List<ToDoCategory> _categoriesList;
    public List<ToDoCategory> CategoriesList
    {
        get { return _categoriesList; }
        set
        {
            _categoriesList = value;
            NotifyPropertyChanged("CategoriesList");
        }
    }
```

2. 加载集合和列表

ViewModel 从本地数据库加载集合和数据的列表。

Silverlight Project: LocalDatabaseSample   File: ToDoViewModel.cs

```
// Query database and load the collections and list used by the pivot pages.
public void LoadCollectionsFromDatabase()
{

    // Specify the query for all to-do items in the database.
    var toDoItemsInDB = from ToDoItem todo in toDoDB.Items
                        select todo;

    // Query the database and load all to-do items.
    AllToDoItems = new ObservableCollection<ToDoItem>(toDoItemsInDB);

    // Specify the query for all categories in the database.
    var toDoCategoriesInDB = from ToDoCategory category in toDoDB.Categories
                            select category;
```

```
        // Query the database and load all associated items to their respective collections.
        foreach (ToDoCategory category in toDoCategoriesInDB)
        {
            switch (category.Name)
            {
                case "Home":
                    HomeToDoItems = new ObservableCollection<ToDoItem>(category.ToDos);
                    break;
                case "Work":
                    WorkToDoItems = new ObservableCollection<ToDoItem>(category.ToDos);
                    break;
                case "Hobbies":
                    HobbiesToDoItems = new ObservableCollection<ToDoItem>(category.ToDos);
                    break;
                default:
                    break;
            }
        }

        // Load a list of all categories.
        CategoriesList = toDoDB.Categories.ToList();
    }
```

3. 添加和删除数据的操作

向应用程序添加新待办任务调用 AddToDoItem 方法。

Silverlight Project: LocalDatabaseSample　File: ToDoViewModel.cs

```
        // Add a to-do item to the database and collections.
        public void AddToDoItem(ToDoItem newToDoItem)
        {
            // Add a to-do item to the data context.
            toDoDB.Items.InsertOnSubmit(newToDoItem);

            // Save changes to the database.
            toDoDB.SubmitChanges();

            // Add a to-do item to the "all" observable collection.
            AllToDoItems.Add(newToDoItem);

            // Add a to-do item to the appropriate filtered collection.
            switch (newToDoItem.Category.Name)
            {
                case "Home":
                    HomeToDoItems.Add(newToDoItem);
                    break;
                case "Work":
                    WorkToDoItems.Add(newToDoItem);
```

```
                break;
            case "Hobbies":
                HobbiesToDoItems.Add(newToDoItem);
                break;
            default:
                break;
        }
    }
```

应用程序中调用 DeleteToDoItem 方法实现删除数据。

Silverlight Project: LocalDatabaseSample　File: ToDoViewModel.cs

```
    // Remove a to-do task item from the database and collections.
    public void DeleteToDoItem(ToDoItem toDoForDelete)
    {

        // Remove the to-do item from the "all" observable collection.
        AllToDoItems.Remove(toDoForDelete);

        // Remove the to-do item from the data context.
        toDoDB.Items.DeleteOnSubmit(toDoForDelete);

        // Remove the to-do item from the appropriate category.
        switch (toDoForDelete.Category.Name)
        {
            case "Home":
                HomeToDoItems.Remove(toDoForDelete);
                break;
            case "Work":
                WorkToDoItems.Remove(toDoForDelete);
                break;
            case "Hobbies":
                HobbiesToDoItems.Remove(toDoForDelete);
                break;
            default:
                break;
        }

        // Save changes to the database.
        toDoDB.SubmitChanges();
    }
```

6.4.6 创建 View

在 App.xaml.cs 文件添加 Model 和 ViewModel 的引用。

Silverlight Project: LocalDatabaseSample　File: App.xaml.cs

```
// Directives
using LocalDatabaseSample.Model;
using LocalDatabaseSample.ViewModel;
```

在 App.xaml.cs 文件添加 Model 和 ViewModel 的构造函数。

Silverlight Project: LocalDatabaseSample File: App.xaml.cs

```
// The static ViewModel, to be used across the application.
private static ToDoViewModel viewModel;
public static ToDoViewModel ViewModel
{
    get { return viewModel; }
}
```

当应用程序对象被实例化时，首先判断本地数据库是否存在，如果不存在则创建本地数据库，然后 ViewModel 对象创建和加载数据。

Silverlight Project: LocalDatabaseSample File: App.xaml.cs

```
// Specify the local database connection string.
string DBConnectionString = "Data Source=isostore:/ToDo.sdf";

// Create the database if it does not exist.
using (ToDoDataContext db = new ToDoDataContext(DBConnectionString))
{
    if (db.DatabaseExists() == false)
    {
        // Create the local database.
        db.CreateDatabase();

        // Prepopulate the categories.
        db.Categories.InsertOnSubmit(new ToDoCategory { Name = "Home" });
        db.Categories.InsertOnSubmit(new ToDoCategory { Name = "Work" });
        db.Categories.InsertOnSubmit(new ToDoCategory { Name = "Hobbies" });

        // Save categories to the database.
        db.SubmitChanges();
    }
}

// Create the ViewModel object.
viewModel = new ToDoViewModel(DBConnectionString);

// Query the local database and load observable collections.
viewModel.LoadCollectionsFromDatabase();
```

在主页面 MainPage.xaml.cs 中，下面代码显示页面的事件处理代码。当单击新任务按钮时，NavigationService 对象用来导航到新的任务页面。当调用删除按钮时，相应的 ToDoItem 对象检索并发送到 ViewModel 的 DeleteToDoItem 方法。每当用户导航离开该页面，在数据方面的更改将自动保存到本地数据库，这使用 SaveChangesToDB 方法完成。

Silverlight Project: LocalDatabaseSample File: MainPage.xaml.cs

```
private void newTaskAppBarButton_Click(object sender, EventArgs e)
{
    NavigationService.Navigate(new Uri("/NewTaskPage.xaml", UriKind.Relative));
```

```
        }

        private void deleteTaskButton_Click(object sender, RoutedEventArgs e)
        {
            // Cast the parameter as a button.
            var button = sender as Button;

            if (button != null)
            {
                // Get a handle for the to-do item bound to the button.
                ToDoItem toDoForDelete = button.DataContext as ToDoItem;

                App.ViewModel.DeleteToDoItem(toDoForDelete);
            }

            // Put the focus back to the main page.
            this.Focus();
        }

        protected override void OnNavigatedFrom(System.Windows.Navigation.
NavigationEventArgs e)
        {
            // Save changes to the database.
            App.ViewModel.SaveChangesToDB();
        }
```

6.4.7 调试应用程序

按F5键运行应用程序，或者点击Start Debugging按钮运行，如图6-7所示为点击Start Debugging按钮。图6-8是运行效果。

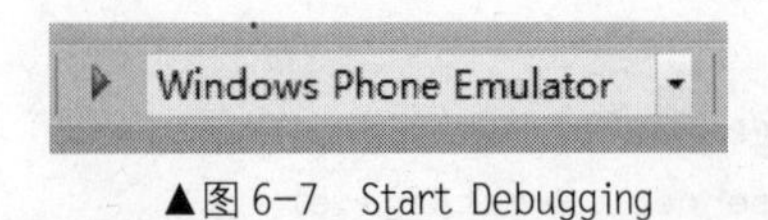

▲图6-7 Start Debugging

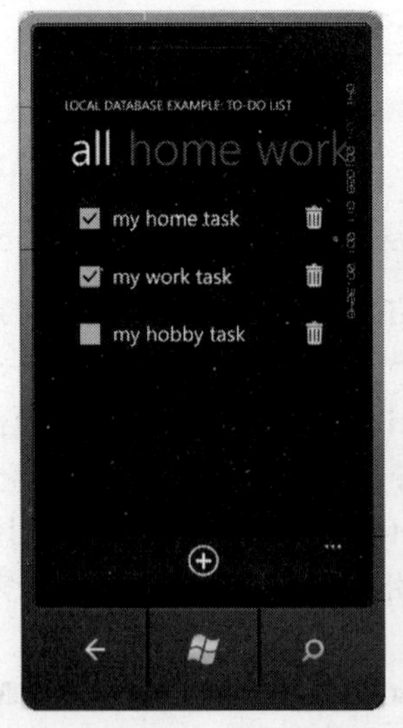

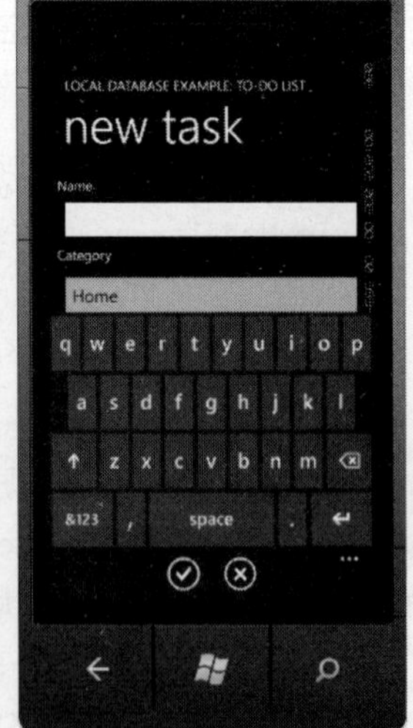

▲图6-8 运行结果

第7章 推送通知（Push Notifications）

7.1 推送通知概述

假设我们设计开发旅行信息服务应用程序，该应用程序提供有关用户选择的航班信息。当用户将旅行信息输入到应用程序时，该信息将上载到 Web Service，Web Service 将不断询问要提供其航班和天气数据等信息。

当航班状态信息或者天气情况发生变化，需要尽可能迅速高效地将该信息提供给用户。为此，一种方法是，移动应用程序经常主动与 Web Service 通信，以了解是否有任何等待处理的通知，这样做虽然有效，但是会导致手机的无线设备频繁打开，从而对电池续航时间带来负面影响；另一种方法是，让该服务将信息推送至客户端应用程序。这将在数据变得可用时为用户提供对最新可用数据集的访问。由于将数据推送至了客户端，因此，即使用户丢失其网络连接，数据也可用。显而易见，后者的方法是受推崇的。

我们可借助 Windows Azure 服务通过使用 Windows Phone 推送通知实现这一点。

微软推送通知服务（Microsoft Push Notification Service）是 Microsoft 托管服务的一部分，用于将消息中继到 Windows Phone 设备，该服务可供所有 Windows Phone 应用程序开发人员使用。使用推送通知的方式取代主动查找，Web Service 能够告知应用程序及时获取所需要的重要更新信息，如图 7-1 所示。

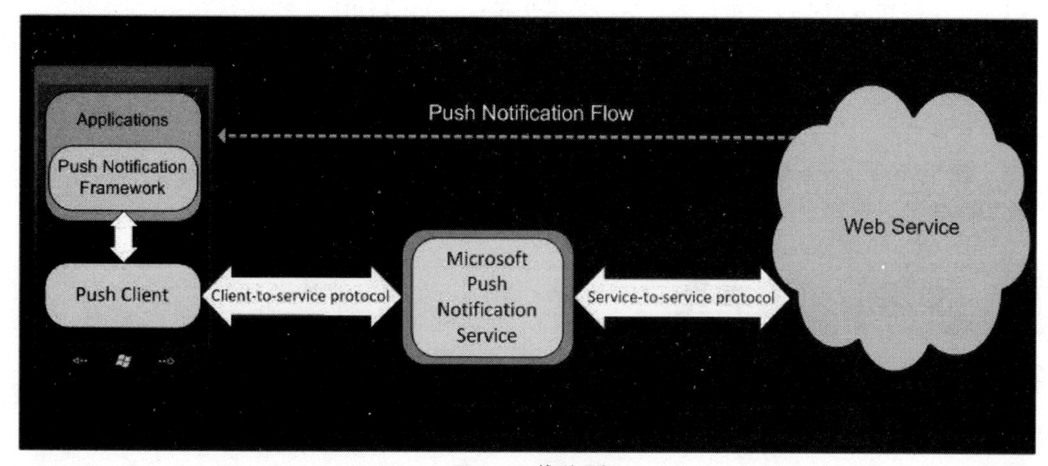

▲图 7-1　推送通知

7.2 推送通知的工作原理

Windows Phone 提供的推送通知服务，支持第三方 Web 服务以高效的方式将数据由专用的通道发送到 Windows Phone 应用程序，其工作原理如图 7-2 所示。

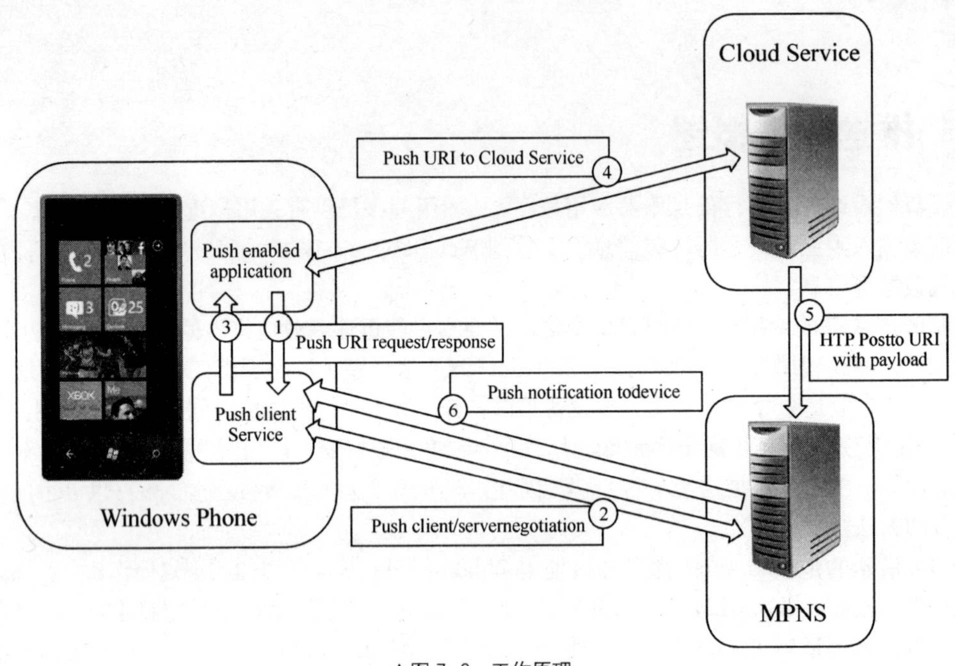

▲图 7-2　工作原理

其工作原理如下。

（1）智能终端应用程序向推送客户端服务请求推送通知的 URI。

（2）（3）推送客户端服务与微软推送通知服务（MPNS）通信后，向智能终端应用程序返回推送通知的 URI。

（4）智能终端应用程序发送推送通知的 URI 至 Web 或者云服务。

（5）Web 或者云服务使用推送通知的 URI 向微软推送通知服务（MPNS）发送推送通知信息；

（6）微软推送通知服务（MPNS）将推送通知消息发送给智能终端应用程序。

7.3 推送通知的类型

推送通知有 4 种如下类型。

7.3.1　Toast 通知

Toast 通知是在屏幕的最上方显示通知事件信息，如新闻或天气提醒。Toast 通知显示时间约

10 秒钟，用户在 Toast 通知消息上向右轻划手指也可以使 Toas 通知消失。如果用户点击 Toast 通知，将启动接收 Toast 通知的应用程序，如图 7-3 所示。

▲图 7-3　Toast 通知

Toast 通知包含的内容。

- 标题。在应用程序图标后面显示的粗体字符串。XML 架构中的 Text1 属性定义的就是标题。
- 副标题。在标题后面显示的非粗体字符串。XML 架构中的 Text2 属性定义的就是副标题。
- 参数。不显示，如果用户点击 Toast 通知，此参数可以指示应用程序应启动到哪一页面，它还可以包含要传递给应用程序的值。在 XML 架构中的 Param 属性定义的就是参数。

在 Toast 通知中，Windows Phone 显示微缩的应用程序图标，在应用程序编写时，开发者可以修改应用程序关联的图标，以便在推送通知时区别于其他应用程序。

7.3.2　Tile 通知

每个应用程序可设置 Tile ——应用程序内容的可视化、动态的表示形式。当应用程序被固定显示在启动屏幕（Start Screen）时，我们就可以看到 Tile 的信息。与 Windows Phone OS 7.0 不同的是，Mango 的 Tile 通知增加了 Back Background Image、BackTitle 和 BackContent。

图 7-4 所示的是显示在 Tile 通知前面的消息内容。

- Background Image（背景图片）。背景图片可以使用本地资源或远程资源的图片。如果要使用本地资源，它必须是已安装的 XAP 包的一部分或保存在独立存储中的图片。由于网络在可变性和稳定性方面的原因，建议背景图片使用本地资源的图片。在 Tile 通知中请始终设置背景图像的属性。
- Tile（标题）。指示应用程序 Tile 通知的标题。标题必须是单行文本，而且长度不应大于实际 Tile 通知的宽度。如果设置为空字符串，将不会显示。
- Count（计数）。1～99 的整数值。如果计数值没有设置或者设置为 0，那么显示计数的圆和计数值将不会显示。

图 7-5 所示的是显示在 Tile 通知背面的消息内容。

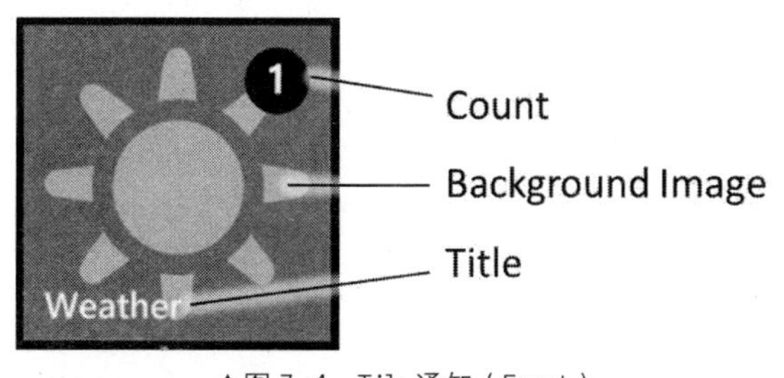

▲图 7-4　Tile 通知（Front）

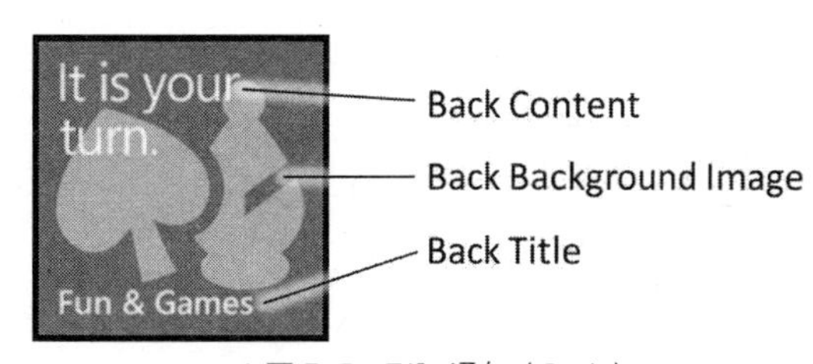

▲图 7-5　Tile 通知（Back）

- Back Background Image（背面的背景图像）。可以使用本地资源或远程资源。如果要使用本地资源，它必须是已安装的 XAP 包的一部分或保存在独立存储中的图片。由于网络在可变性和稳定性方面的原因，建议背面的背景图片使用本地资源的图片。如果设置资源文件的 URI 为空，那么 BackBackgroundImage 将不会显示。

- BackTitle。背面 Tile 通知的底部显示的字符串。如果设置该字符串为空，BackTitle 将不会显示。
- BackContent。背面 Tile 通知的正文中显示的字符串。如果设置字符串为空，BackContent 将不会显示。

7.3.3 Raw 通知

Raw 通知的格式可以任意设定。如果当前没有运行您的应用程序，Raw 通知将被微软推通知服务丢弃，不会传递到 Windows Phone 设备。

7.3.4 推送通知类型选择

通知是用户体验中的重要组成部分，需要仔细考虑它的使用方式。重复通知或侵入式通知会降低您的应用程序及设备上运行的其他程序的性能。这些通知还会打扰用户。

请考虑发送通知的频率以及您希望引起用户注意的事件类型，表 7-1 所示是推送通知的类型。

表 7-1　　推送通知类型

推送通知类型	应 用 示 例
Tile 通知	如天气应用程序中的温度变化信息通知
Toast 通知	立即查看，如突发新闻的重要通知
Raw 通知	以自定义的格式将信息直接发送到您的应用程序中

7.4 动手实践——sub-tiles and deep toast 通知（Windows Phone Mango）

本节示例的 Windows Phone 应用程序能够单独接收来自每个城市的天气信息，用户选择城市并将该城市的 sub-tile 天气信息固定显示在启动屏幕（Start Screen）中。

本节中我们将使用 sub-tiles 在启动屏幕（Start Screen）中显示有关特定城市的天气信息。单击 sub-tile 将打开天气预报的应用程序，并将显示该位置的天气信息。我们也将接收来自微软推送通知服务（MNPS）的新的 Toast 通知，单击新的 Toast 通知，系统将导航到显示特定城市的天气信息的页面。本节所讲述的技术是 Windows Phone Mango 新增的功能，与之前的 Windows Phone OS 7.0 比较有很大的改进。

7.4.1 开发前提

本节的动手实践——sub-tiles and deep toast 引用了 WindowsPhone.Recipes.Push.Messasges.dll，因此需要下载 Windows Azure Toolkit for Windows Phone 工具包。 Windows Azure Toolkit for Windows Phone

或者也可以使用本章的代码文件 PushNotificationsMango\Assets\lib 里的 WindowsPhone.Recipes.Push.Messasges.dll。更多详细的信息请登录 http://watoolkitwp7.codeplex.com/。

安装 Silverlight for Windows Phone Toolkit，下载地址 http://silverlight.codeplex.com/，如图 7-6 所示为 Silverlight for Windows Phone Toolkit。

▲图 7-6　Silverlight for Windows Phone Toolkit

7.4.2　Sub-Tiles

1. 微软推送通知服务（MPNS）注册

本节我们将实现在应用程序中的每个页面都在微软推送通知服务（MPNS）注册，确保所有的应用程序的功能独立于任何特定的页面。要知道，在这之前我们只能为应用程序的主页面在 MSPN 注册。

（1）以管理员身份启动 Microsoft Visual Studio 2010 Express for Windows® Phone，依次选择开始|所有程序|Microsoft Visual Studio 2010 Express|Microsoft Visual Studio 2010 Express for Windows® Phone 项。

在 Visual Studio 2010 环境下：以管理员身份启动 Visual Studio 2010，依次选择开始 | 所有程序 | Microsoft Visual Studio 2010 项。

注意　以管理员身份启动 Microsoft Visual Studio 2010 Express for Windows® Phone 的设置方法是，依次选择开始|所有程序| Microsoft Visual Studio 2010 Express，或者开始|所有程序|All Programs | Microsoft Visual Studio 2010，点击右键后选择“以管理员身份运行”，在弹出的用户账号控制窗体中选择“是”。

（2）打开 LocationInformation.cs 文件，在 LocationInformation 类中添加的引用如下。

Solution: PushNotificationsMango　Project: WPPushNotification.TestClient

File:　LocationInformation.cs

```
using System;
using System.ComponentModel;
```

（3）LocationInformation 类继承于 INotifyPropertyChanged，此类封装与 sub-tile 相关的位置有关的所有数据：应用程序是否固定显示在启动屏幕、地理位置名称和温度。

Solution: PushNotificationsMango Project: WPPushNotification.TestClient

File: LocationInformation.cs

```
public class LocationInformation : INotifyPropertyChanged
{
   private bool tilePinned;
   private string name;
   private string temperature;
   private string imageName;

   /// <summary>
   /// Whether or not the location's secondary tile has been
   /// pinned by the user.
   /// </summary>
   public bool TilePinned
   {
      get
      {
         return tilePinned;
      }
      set
      {
         if (value != tilePinned)
         {
            tilePinned = value;

            if (PropertyChanged != null)
            {
               PropertyChanged(this, new  PropertyChangedEventArgs("TilePinned"));
            }
         }
      }
   }

   /// <summary>
   /// The location's name.
   /// </summary>
   public string Name
   {
      get
      {
         return name;
      }
      set
      {
         if (value != name)
         {
            name = value;

            if (PropertyChanged != null)
            {
               PropertyChanged(this, new  PropertyChangedEventArgs("Name"));
            }
```

```
            }
        }
    }

    /// <summary>
    /// The temperature at the location.
    /// </summary>
    public string Temperature
    {
        get
        {
            return temperature;
        }
        set
        {
            if (value != temperature)
            {
                temperature = value;
                if (PropertyChanged != null)
                {
                    PropertyChanged(this, new  PropertyChangedEventArgs("Temperature"));
                }
            }
        }
    }

    /// <summary>
    /// The name of the image to use for representing the weather
    /// at the location.
    /// </summary>
    public string ImageName
    {
        get
        {
            return imageName;
        }
        set
        {
            if (value != imageName)
            {
                imageName = value;
                if (PropertyChanged != null)
                {
                    PropertyChanged(this, new  PropertyChangedEventArgs("ImageName"));
                }
            }
        }
    }

    public event PropertyChangedEventHandler PropertyChanged;
}
```

（4）WPPushNotification.TestClient 的 Status 类继承于 INotifyPropertyChanged，支持文本消息的更改通知。

Solution: PushNotificationsMango Project: WPPushNotification.TestClient

File: Status.cs

```
public class Status : INotifyPropertyChanged
{
    private string message;

    /// <summary>
    /// A message representing some status.
    /// </summary>
    public string Message
    {
        get
        {
            return message;
        }
        set
        {
            if (value != message)
            {
                message = value;

                if (PropertyChanged != null)
                {
                    PropertyChanged(this, new PropertyChangedEventArgs("Message"));
                }
            }
        }
    }

    #region INotifyPropertyChanged Members

    public event PropertyChangedEventHandler PropertyChanged;

    #endregion
}
```

（5）WPPushNotification.TestClient 工程的 PushHandler 类建立与 MSPND 的连接。我们将使用 Locations 属性映射每个位置的信息。

Solution: PushNotificationsMango Project: WPPushNotification.TestClient

File: PushHandler.cs

```
private HttpNotificationChannel httpChannel;
const string channelName = "WeatherUpdatesChannel";

private bool connectedToMSPN;
private bool connectedToServer;
private bool notificationsBound;

/// <summary>
/// Contains information about the locations displayed by the application.
/// </summary>
```

```
public Dictionary<string, LocationInformation> Locations { get; private set; }

/// <summary>
/// A dispatcher used to interact with the UI.
/// </summary>
public Dispatcher Dispatcher { get; private set; }

/// <summary>
/// Push service related status information.
/// </summary>
public Status PushStatus { get; private set; }

/// <summary>
/// Whether or not the handler has fully established a connection to both the MSPN and
the application server.
/// </summary>
public bool ConnectionEstablished
{
    get
    {
        return connectedToMSPN && connectedToServer && notificationsBound;
    }
}
```

（6）PushHandler 类的构造函数，初始化类的属性。

Solution: PushNotificationsMango　Project: WPPushNotification.TestClient

File:　PushHandler.cs

```
public PushHandler (Status pushStatus, Dictionary<string, LocationInformation>
locationsInformation,
    Dispatcher uiDispatcher)
{
    PushStatus = pushStatus;
    Locations = locationsInformation;
    Dispatcher = uiDispatcher;
}
```

（7）EstablishConnections 方法中建立了所有必要的连接，包括与 MSPN 的连接和 WPF 服务器应用程序的连接。

Solution: PushNotificationsMango　Project: WPPushNotification.TestClient

File:　PushHandler.cs

```
/// <summary>
/// Connects to the Microsoft Push Service and registers the received channel with the
application server.
/// </summary>
public void EstablishConnections()
{
    connectedToMSPN = false;
    connectedToServer = false;
    notificationsBound = false;
```

```
    try
    {
        //First, try to pick up existing channel
        httpChannel = HttpNotificationChannel.Find(channelName);

        if (null != httpChannel)
        {
            connectedToMSPN = true;

            App.Trace("Channel Exists - no need to create a new one");
            SubscribeToChannelEvents();

            App.Trace("Register the URI with 3rd party web service");
            SubscribeToService();

            App.Trace("Subscribe to the channel to Tile and Toast notifications");
            SubscribeToNotifications();

            UpdateStatus("Channel recovered");
        }
        else
        {
            App.Trace("Trying to create a new channel...");
            //Create the channel
            httpChannel = new HttpNotificationChannel(channelName, "HOLWeatherService");
            App.Trace("New Push Notification channel created successfully");

            SubscribeToChannelEvents();

            App.Trace("Trying to open the channel");
            httpChannel.Open();
            UpdateStatus("Channel open requested");
        }
    }
    catch (Exception ex)
    {
        UpdateStatus("Channel error: " + ex.Message);
    }
}
```

（8）SubscribeToChannelEvents 方法实现 MSPN 的通道相关的事件的注册，SubscribeToService 方法实现 WPF 服务器注册，SubscribeToNotifications 方法实现绑定 Toast 和 Tile 通知。

Solution: PushNotificationsMango　Project: WPPushNotification.TestClient

File:　PushHandler.cs

```
private void SubscribeToChannelEvents()
{
    //Register to UriUpdated event - occurs when channel successfully opens
    httpChannel.ChannelUriUpdated += new
EventHandler<NotificationChannelUriEventArgs> (httpChannel_ChannelUriUpdated);

    //Subscribed to Raw Notification
    httpChannel.HttpNotificationReceived += new
```

```
EventHandler<HttpNotificationEventArgs> (httpChannel_HttpNotificationReceived);

    //general error handling for push channel
    httpChannel.ErrorOccurred += new
EventHandler<NotificationChannelErrorEventArgs> (httpChannel_ExceptionOccurred);

    //subscribe to toast notification when running app
    httpChannel.ShellToastNotificationReceived += new
EventHandler<NotificationEventArgs> (httpChannel_ShellToastNotificationReceived);
}

private void SubscribeToService()
{
    //Hardcode for solution - need to be updated in case the REST WCF service address change
    string baseUri = "http://localhost:8000/RegirstatorService/Register?uri={0}";
    string theUri = String.Format(baseUri, httpChannel.ChannelUri.ToString());
    WebClient client = new WebClient();
    client.DownloadStringCompleted += (s, e) =>
    {
        if (null == e.Error)
        {
            connectedToServer = true;
            UpdateStatus("Registration succeeded");
        }
        else
        {
            UpdateStatus("Registration failed: " + e.Error.Message);
        }
    };

    client.DownloadStringAsync(new Uri(theUri));
}

private void SubscribeToNotifications()
{
    ////////////////////////////////////////////
    // Bind to Toast Notification
    ////////////////////////////////////////////
    try
    {
        if (httpChannel.IsShellToastBound == true)
        {
            App.Trace("Already bound to Toast notification");
        }
        else
        {
            App.Trace("Registering to Toast Notifications");
            httpChannel.BindToShellToast();
        }
    }
    catch (Exception ex)
    {
        // handle error here
        App.Trace("Bind to Toast Notification Exception : " + ex.Message);
        throw ex;
```

```
    }

    ///////////////////////////////////////////
    // Bind to Tile Notification
    ///////////////////////////////////////////
    try
    {
        if (httpChannel.IsShellTileBound == true)
        {
            App.Trace("Already bound to Tile Notifications");
        }
        else
        {
            App.Trace("Registering to Tile Notifications");

            // you can register the phone application to receive tile images from remote
servers [this is optional]
            Collection<Uri> uris = new Collection<Uri>();
            uris.Add(new Uri("http://www.larvalabs.com"));

            httpChannel.BindToShellTile(uris);
        }
    }
    catch (Exception ex)
    {
        //handle error here
        App.Trace("Bind to Tile Notification Exception : " + ex.Message);
        throw ex;
    }

    notificationsBound = true;
}
```

（9）UpdateStatus 方法实现新描述客户端的连接状态的消息，ParseRAWPayload 方法实现解析 WPF 服务应用程序发送的 Raw 通知。

Solution: PushNotificationsMango Project: WPPushNotification.TestClient

File: PushHandler.cs

```
private void UpdateStatus(string message)
{
    Dispatcher.BeginInvoke(() => PushStatus.Message = message);
}

private void ParseRAWPayload(Stream e)
{
    XDocument document;

    using (var reader = new StreamReader(e))
    {
        string payload = reader.ReadToEnd().Replace('\0', ' ');
        document = XDocument.Parse(payload);
    }
```

```
        XElement updateElement = document.Root;

        string locationName = updateElement.Element("Location").Value;
        LocationInformation locationInfo = Locations[locationName];
        App.Trace("Got location: " + locationName);

        string temperature = updateElement.Element("Temperature").Value;
        locationInfo.Temperature = temperature;
        App.Trace("Got temperature: " + temperature);

        string weather = updateElement.Element("WeatherType").Value;
        locationInfo.ImageName = weather;
        App.Trace("Got weather type: " + weather);
    }
```

（10）在 App.xaml 中我们添加了 Application.Resources 的 Status 属性，显示在应用程序的连接状态。

Solution: PushNotificationsMango　Project: WPPushNotification.TestClient

File:　App.xaml

```
<!--Application Resources-->
    <Application.Resources>
        <local:Status x:Key="PushStatus">
            <local:Status.Message>Not connected</local:Status.Message>
        </local:Status>
......
```

（11）Application_Launching 方法实现了应用程序初始化启动时的位置信息，使用 PushHandler 类连接 MSPN 和 WPF 服务器。

Solution: PushNotificationsMango　Project: WPPushNotification.TestClient

File:　App.xaml.cs

```
        // Code to execute when the application is launching (eg, from Start)
        // This code will not execute when the application is reactivated
        private void Application_Launching(object sender, LaunchingEventArgs e)
        {
            TileRefreshNeeded = true;

            InitializeLocations();
            RefreshTilesPinState();

            PushHandler = new PushHandler(Resources["PushStatus"] as Status, Locations,
Dispatcher);
            PushHandler.EstablishConnections();
        }
```

InitializeLocations 方法实现初始化位置信息，初始化了 5 个城市的位置信息：Redmond、Moscow、Paris、London 和 New York。

Solution: PushNotificationsMango　Project: WPPushNotification.TestClient

File:　App.xaml.cs

```
        /// <summary>
        /// Initializes the contents of the location dictionary.
        /// </summary>
        private void InitializeLocations()
        {
            List<LocationInformation> locationList = new List<LocationInformation>(new[] {
                new LocationInformation { Name = "Redmond", TilePinned = false },
                new LocationInformation { Name = "Moscow", TilePinned = false },
                new LocationInformation { Name = "Paris", TilePinned = false },
                new LocationInformation { Name = "London", TilePinned = false },
                new LocationInformation { Name = "New York", TilePinned = false }
          });

            Locations = locationList.ToDictionary(l => l.Name);
        }
```

（12）Application_Activated 方法实现应用程序从逻辑删除情况下重新激活，还原位置信息，重新建立连接。如果应用程序的实例仍然保留，则检查连接是否存在，否则重建连接。最后，更新 sub-tiles 相关的位置信息。

Solution: PushNotificationsMango　Project: WPPushNotification.TestClient

File:　App.xaml.cs

```
// Code to execute when the application is activated (brought to foreground)
        // This code will not execute when the application is first launched
        private void Application_Activated(object sender, ActivatedEventArgs e)
        {
            if (!e.IsApplicationInstancePreserved)
            {
                // The application was tombstoned, so restore its state
                foreach (var keyValue in PhoneApplicationService.Current.State)
                {
                    Locations[keyValue.Key] = keyValue.Value as LocationInformation;
                }

                // Reconnect to the MSPN
                PushHandler = new PushHandler(Resources["PushStatus"] as Status, Locations,
Dispatcher);
                PushHandler.EstablishConnections();
            }
            else if (!PushHandler.ConnectionEstablished)
            {
                // Connection was not fully established before fast app switching occurred
                PushHandler.EstablishConnections();
            }
```

```
        RefreshTilesPinState();
    }
```

RefreshTilesPinState 方法中使用的 ShellTile.ActiveTiles 返回所有应用程序的 sub-tiles 和应用程序的主 Tile。

Solution: PushNotificationsMango　Project: WPPushNotification.TestClient File:　App.xaml.cs

```
/// <summary>
/// Sees which of the application's sub-tiles are pinned and updates the location information
accordingly.
/// </summary>
private void RefreshTilesPinState()
{
    Dictionary<string, LocationInformation> updateDictionary = Locations.Values.ToDictionary
(li => li.Name);

    foreach (ShellTile tile in ShellTile.ActiveTiles)
    {
        string[] querySplit = tile.NavigationUri.ToString().Split('=');

        if (querySplit.Count() != 2)
        {
            continue;
        }

        string locationName = Uri.UnescapeDataString(querySplit[1]);
        updateDictionary[locationName].TilePinned = true;
        updateDictionary.Remove(locationName);
    }

    foreach (LocationInformation locationInformation in updateDictionary.Values)
    {
        locationInformation.TilePinned = false;
    }
}
```

（13）Application_Deactivated 方法实现在应用程序进入逻辑删除状态之前，保存所有位置信息。

Solution: PushNotificationsMango　Project: WPPushNotification.TestClient

File:　App.xaml.cs

```
    // Code to execute when the application is deactivated (sent to background)
    // This code will not execute when the application is closing
    private void Application_Deactivated(object sender, DeactivatedEventArgs e)
    {
        foreach (var keyValue in Locations)
        {
            PhoneApplicationService.Current.State[keyValue.Key] = keyValue.Value;
        }
    }
```

2. 更新客户端主页面

本节我们将修改 MainPage.xaml，实现在 MainPage 显示任何订阅了 sub-tiles 通知的位置的天气信息。

（1）WPPushNotification.TestClient 工程引用了 Microsoft.Phone.Controls.Toolkit 程序集。其添加方法是，在 WPPushNotification.TestClient 工程的 References 上点击右键，在弹出菜单中选择[Add Reference...]项，如图 7-7 所示。

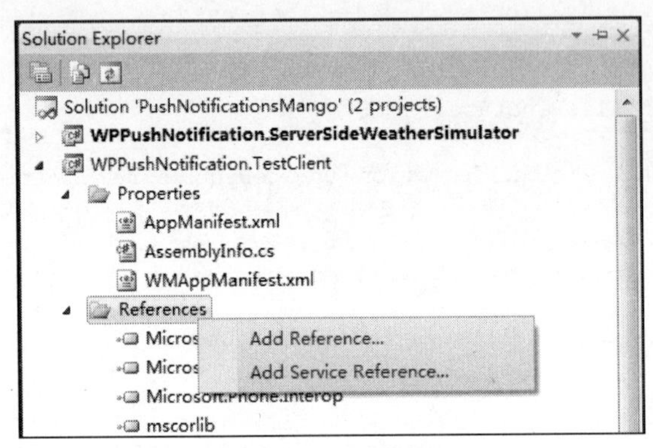

▲图 7-7 添加引用

在如图 7-8 所示的弹出的窗体中选择 Browse 选项卡，在 PushNotificationsMango\Assets\Lib 中选中 Microsoft.Phone.Controls.Toolkit.dll。

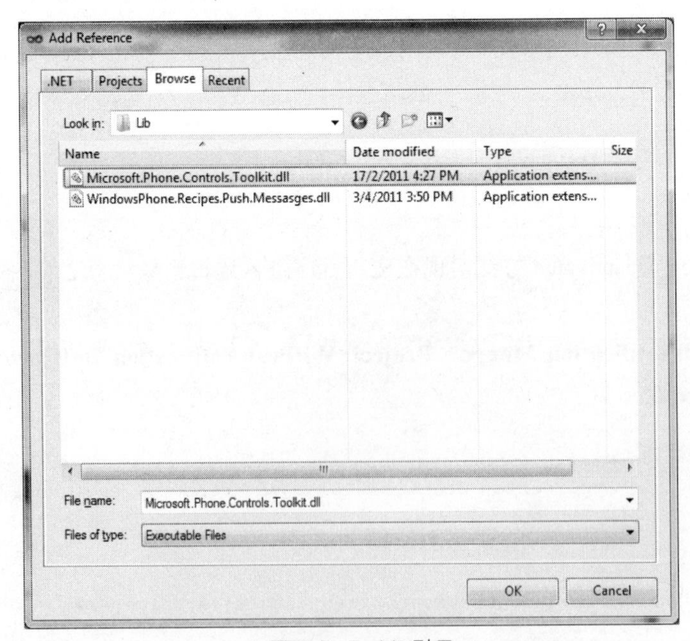

▲图 7-8 Tookit 引用

（2）打开 WPPushNotification.TestClient 工程的 MainPage.xaml，MainPage.xaml 内容如下面的代码所示，MaimPage.xaml 引用了 Microsoft.Phone.Controls.Toolkit 和 WPPushNotification.TestClient.Converters 命名空间。

Solution: PushNotificationsMango　Project: WPPushNotification.TestClient

File:　MainPage.xaml

```
<phone:PhoneApplicationPage
    x:Class="WPPushNotification.TestClient.MainPage"
    xmlns="http://schemas.microsoft.com/winfx/2006/xaml/presentation"
    xmlns:x="http://schemas.microsoft.com/winfx/2006/xaml"
    xmlns:phone="clr-namespace:Microsoft.Phone.Controls;assembly=Microsoft.Phone"
    xmlns:shell="clr-namespace:Microsoft.Phone.Shell;assembly=Microsoft.Phone"
    xmlns:toolkit="clr-namespace:Microsoft.Phone.Controls;assembly=Microsoft.Phone.Controls.Toolkit"
    xmlns:conv="clr-namespace:WPPushNotification.TestClient.Converters"
    xmlns:d="http://schemas.microsoft.com/expression/blend/2008"
    xmlns:mc="http://schemas.openxmlformats.org/markup-compatibility/2006"
    mc:Ignorable="d" d:DesignWidth="480" d:DesignHeight="768"
    FontFamily="{StaticResource PhoneFontFamilyNormal}"
    FontSize="{StaticResource PhoneFontSizeNormal}"
    Foreground="{StaticResource PhoneForegroundBrush}"
    SupportedOrientations="Portrait" Orientation="Portrait"
    shell:SystemTray.IsVisible="True"
    DataContext="{Binding RelativeSource={RelativeSource Self}}">
```

（3）页面导航时 MainPage 从位置信息字典检索位置信息。

Solution: PushNotificationsMango　Project: WPPushNotification.TestClient

File:　MainPage.xaml.cs

```
/// <summary>
/// Contains information about the locations displayed by the application.
/// </summary>
public Dictionary<string, LocationInformation> Locations { get; set; }

// Constructor
public MainPage()
{
    InitializeComponent();
}

protected override void OnNavigatedTo(System.Windows.Navigation.NavigationEventArgs e)
{
    Locations = (App.Current as App).Locations;

    base.OnNavigatedTo(e);
}
```

（4）MakeTileUri 方法将创建导航到 CityPage 的 Uri，在 Uri 中位置信息是作为参数传递的。

Solution: PushNotificationsMango　Project: WPPushNotification.TestClient

File:　MainPage.xaml.cs

```
/// <summary>
/// Creates a Uri leading to the location specified by the location information to be bound
to a tile.
/// </summary>
/// <param name="locationInformation">The location information for which to generate the
Uri.</param>
/// <returns>Uri for the page displaying information about the provided location.</returns>
private static Uri MakeTileUri(LocationInformation locationInformation)
{
   return new Uri(Uri.EscapeUriString(String.Format("/CityPage.xaml?location={0}",
      locationInformation.Name)), UriKind.Relative);
}
```

（5）用户界面事件处理程序。UnpinItem_Click 和 PinItem_Click 方法实现 MainPage 的位置信息关联的 context 菜单的事件处理，ListBox_SelectionChanged 方法实现导航到特定的位置信息的页面，ChangeMainTile_Click 方法实现更新主 Tile 通知。

Solution: PushNotificationsMango　Project: WPPushNotification.TestClient

File:　MainPage.xaml.cs

```
private void UnpinItem_Click(object sender, RoutedEventArgs e)
{
   LocationInformation locationInformation = (sender as MenuItem).DataContext as
LocationInformation;

   ShellTile tile = ShellTile.ActiveTiles.FirstOrDefault(
      t => t.NavigationUri.ToString().EndsWith(locationInformation.Name));

   if (tile == null)
   {
      MessageBox.Show("Tile inconsistency detected. It is suggested that you restart the
application.");
      return;
   }

   try
   {
      tile.Delete();
      locationInformation.TilePinned = false;
   }
   catch (Exception ex)
   {
      MessageBox.Show(ex.Message, "Error deleting tile", MessageBoxButton.OK);
      return;
```

```
        }
    }

    private void PinItem_Click(object sender, RoutedEventArgs e)
    {
        LocationInformation locationInformation = (sender as MenuItem).DataContext as Loca
tionInformation;

        Uri tileUri = MakeTileUri(locationInformation);

        StandardTileData initialData = new StandardTileData()
        {
            BackgroundImage = new Uri("Images/Clear.png", UriKind.Relative),
            Title = locationInformation.Name
        };

        ((sender as MenuItem).Parent as ContextMenu).IsOpen = false;

        try
        {
            ShellTile.Create(tileUri, initialData);
        }
        catch (Exception ex)
        {
            MessageBox.Show(ex.Message, "Error creating tile", MessageBoxButton.OK);
            return;
        }
    }

    private void ListBox_SelectionChanged(object sender, SelectionChangedEventArgs e)
    {
        if (e.AddedItems.Count != 0)
        {
            (sender as ListBox).SelectedIndex = -1;
            NavigationService.Navigate(MakeTileUri(e.AddedItems[0] as LocationInformation));
        }
    }

    private void ChangeMainTile_Click(object sender, RoutedEventArgs e)
    {
        // Get the main tile (it will always be available, even if not pinned)
        ShellTile mainTile = ShellTile.ActiveTiles.FirstOrDefault(t => t.NavigationUri.ToS
tring() == "/");

        StandardTileData newData = new StandardTileData()
        {
            BackgroundImage = new Uri(String.Format("Images/MainTile/{0}.png", (listMainTileImage.
SelectedItem as ListPickerItem).Content), UriKind.Relative),
            Title = txtMainTileTitle.Text
        };

        mainTile.Update(newData);
    }
```

3. 调试应用程序

按 F5 键运行客户端应用程序和 WPF 服务应用，或者点击 Start Debugging 按钮运行，如图 7-9 所示为点击 Start Debugging 按钮，图 7-10 为运行后的主界面。

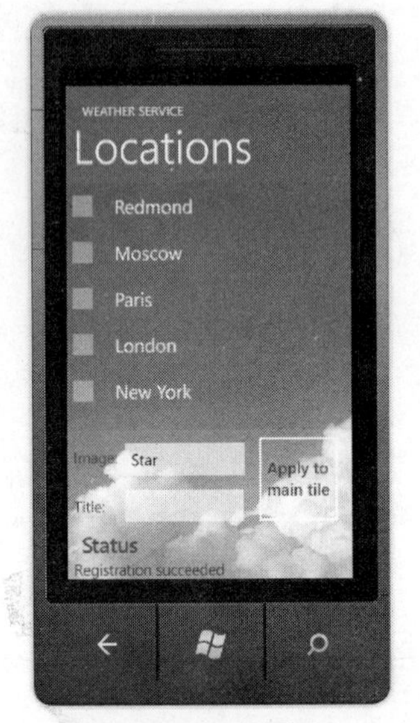

▲图 7-9 Start Debugging

▲图 7-10 主页面

按住城市名称，会弹出“Pin location”的菜单，确认后就可将选中的城市固定显示在启动屏幕中，如图 7-11 PinLocation 所示。

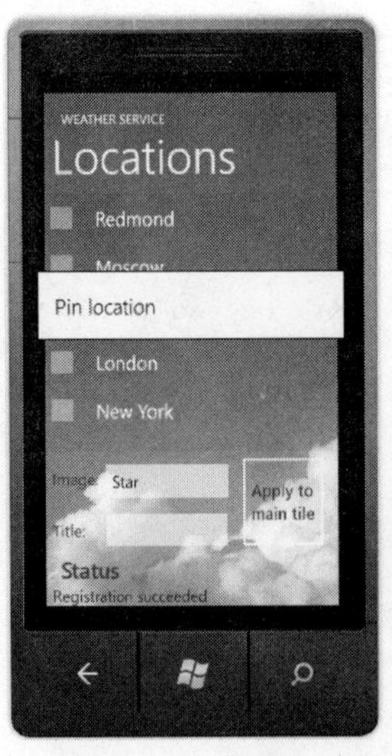

▲图 7-11 PinLocation 所示

按后退键，导航返回应用程序，点击“Apply to main tile”按钮更新应用程序的主 Tile，如

图 7-12 所示。

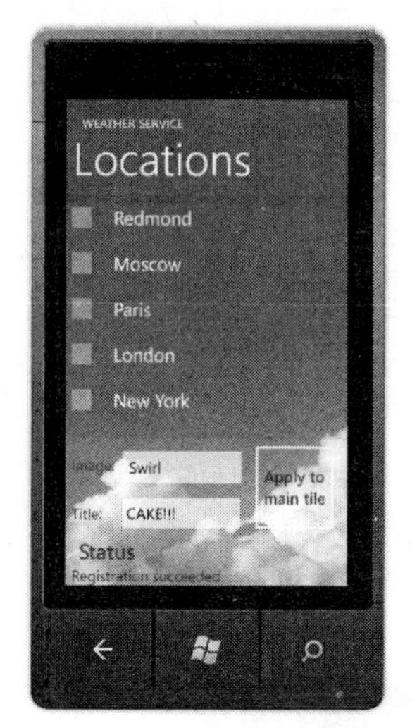

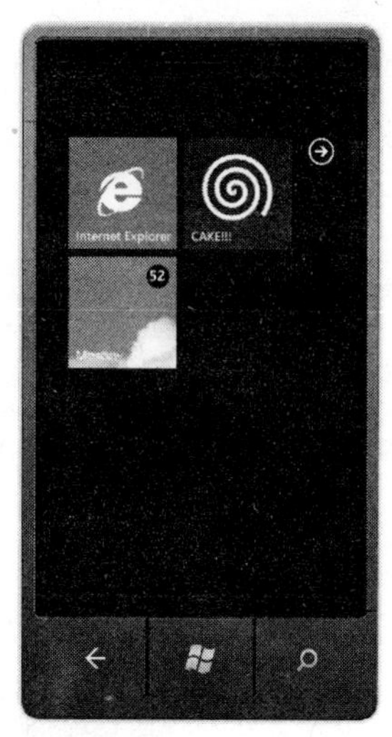

▲图 7-12　更新应用程序的主 Tile

7.4.3　Deep toast 通知

1. 指定城市的天气显示

将实现增强的 tile 和 toast 通知，并在 CityPage 中实现显示特定城市的天气信息。

Solution: PushNotificationsMango　Project: WPPushNotification.TestClient

File:　CityPage.xaml

```
<Grid x:Name="LayoutRoot" Background="Transparent">
    <Grid.Resources>
        <conv:NameToImageConverter x:Key="NameToImageConverter"/>
    </Grid.Resources>

    <Grid.RowDefinitions>
        <RowDefinition Height="120"/>
        <RowDefinition Height="*"/>
        <RowDefinition Height="150"/>
        <RowDefinition Height="Auto"/>
    </Grid.RowDefinitions>

    <Image Source="cloudbackgroundmobile.jpg" Grid.RowSpan="4" />

    <Grid x:Name="TitleGrid" Grid.Row="0" VerticalAlignment="Top">
        <TextBlock Text="WEATHER SERVICE" x:Name="textBlockPageTitle" Style="{StaticResource
PhoneTextPageTitle1Style}" />
    </Grid>

    <Grid Grid.Row="1" x:Name="ContentPanel" Background="#10000000">
        <TextBlock x:Name="textBlockListTitle" FontFamily="Segoe WP Light" FontSize="108"
```

```
Text="{Binding Name}" Margin="20,10,0,0" />
        <TextBlock x:Name="txtTemperature" FontFamily="Segoe WP" FontSize="160" Text="{Binding
Temperature}" Margin="20,100,0,0" />
        <Image  x:Name="imgWeatherConditions"  Width="128"  Height="128"  Stretch="None"
HorizontalAlignment="Right" VerticalAlignment="Top" Margin="20,155,20,0" Source="{Binding
ImageName, Converter={StaticResource NameToImageConverter}}" />
    </Grid>

    <StackPanel Grid.Row="3" x:Name="StatusStackPanel" Margin="20">
        <TextBlock  FontSize="34"  FontFamily="Segoe  WP  Semibold"  Foreground="#104f6f"
Text="Status" Style="{StaticResource PhoneTextNormalStyle}" />
        <TextBlock x:Name="txtStatus" DataContext="{StaticResource PushStatus}" Text="{Binding
Message}"  FontFamily="Segoe  WP"  FontSize="24"  Foreground="#0a364c"  Margin="0,0,0,0"
Style="{StaticResource PhoneTextNormalStyle}" TextWrapping="Wrap" />
    </StackPanel>

</Grid>
```

CityPage.xaml 的布局显示城市的天气信息和背景图片，如图 7-13 所示 CityPage。

▲图 7-13 CityPage

NameToImageConverter 类实现天气状况的名称和图像的关联。

Solution: PushNotificationsMango　Project: WPPushNotification.TestClient

File:　Converters\NameToImageConverter.cs

```
namespace WPPushNotification.TestClient.Converters
{
    public class NameToImageConverter : IValueConverter
    {
        #region IValueConverter Members

        public object Convert(object value, Type targetType, object parameter, System.
Globalization.CultureInfo culture)
        {
            return new BitmapImage(new Uri(String.Format("/Images/{0}.png", value), UriKind.
Relative));
        }
```

```
        public object ConvertBack(object value, Type targetType, object parameter, System.
Globalization.CultureInfo culture)
        {
            throw new NotImplementedException();
        }

        #endregion
    }
}
```

CityPage 类从导航的 URI 中获取 location 参数，将 CityPage 的数据源设置为 location 参数相关联的城市的天气信息。

Solution: PushNotificationsMango　Project: WPPushNotification.TestClient

File:　CityPage.xaml.cs

```
public partial class CityPage : PhoneApplicationPage
{
    // Constructor
    public CityPage()
    {
        InitializeComponent();
    }


    protected override void OnNavigatedTo(System.Windows.Navigation.NavigationEventArgs e)
    {
        DataContext = (App.Current as App).Locations[NavigationContext.QueryString
["location"]];

        base.OnNavigatedTo(e);
    }
}
```

2. 更新服务

打开 MainWindow.xaml.csWPPushNotification.ServerSideWeatherSimulator 项目的 MainWindow.xaml.cs 文件，sendToast 方法实现服务器向应用程序选定的城市发送 toast 通知。

Solution: PushNotificationsMango　Project: WPPushNotification.ServerSideWeatherSimulator

File:　MainWindow.xaml.cs

```
private void sendToast()
{
    string msg = txtToastMessage.Text;
    txtToastMessage.Text = "";
    List<Uri> subscribers = RegistrationService.GetSubscribers();

    toastPushNotificationMessage.Title = String.Format("WEATHER ALERT ({0})", cmbLocation.
SelectedValue);
```

```
    toastPushNotificationMessage.SubTitle = msg;
    toastPushNotificationMessage.TargetPage =
MakeTileUri(cmbLocation.SelectedValue. ToString()).ToString();

    subscribers.ForEach(uri => toastPushNotificationMessage.SendAsync(uri,
        (result) => OnMessageSent(NotificationType.Toast, result),
        (result) => { }));
}
```

sendTile 方法将 sub-tile 发送到与通知相对应的城市。

Solution: PushNotificationsMango　Project: WPPushNotification.ServerSideWeatherSimulator

File:　MainWindow.xaml.cs

```
private void sendTile()
{
    string weatherType = cmbWeather.SelectedValue as string;
    int temperature = (int)(sld.Value + 0.5);
    string location = cmbLocation.SelectedValue as string;
    List<Uri> subscribers = RegistrationService.GetSubscribers();

    tilePushNotificationMessage.BackgroundImageUri = new Uri("/Images/" + weatherType +
".png", UriKind.Relative);
    tilePushNotificationMessage.Count = temperature;
    tilePushNotificationMessage.Title = location;
    tilePushNotificationMessage.SecondaryTile = MakeTileUri(location).ToString();

    subscribers.ForEach(uri => tilePushNotificationMessage.SendAsync(uri,
        (result) => OnMessageSent(NotificationType.Token, result),
        (result) => { }));
}
```

sendRemoteTile 方法实现发送背景图片资源位于远程服务器上的 Tile 通知。

Solution: PushNotificationsMango　Project: WPPushNotification.ServerSideWeatherSimulator

File:　MainWindow.xaml.cs

```
private void sendRemoteTile()
{
    List<Uri> subscribers = RegistrationService.GetSubscribers();

    tilePushNotificationMessage.BackgroundImageUri = new Uri(
        "http://www.larvalabs.com/user_images/screens_thumbs/12555452181.jpg");
    tilePushNotificationMessage.SecondaryTile = null;
    tilePushNotificationMessage.Title = null;
    tilePushNotificationMessage.Count = 0;

    subscribers.ForEach(uri => tilePushNotificationMessage.SendAsync(uri,
        (result) => OnMessageSent(NotificationType.Token, result),
        (result) => { }));
}
```

服务器端的 MakeTileUri 方法与智能终端应用程序的构造 URI 的方法一致。

Solution: PushNotificationsMango　Project: WPPushNotification.ServerSideWeatherSimulator

File:　MainWindow.xaml.cs

```
/// <summary>
/// Creates a Uri leading to the location specified by the location information to be bound
to a tile.
/// </summary>
/// <param name="locationName">The name of the location for which the Uri is constructed.
</param>
/// <returns>Uri for the page displaying information about the provided location.</returns>
private static Uri MakeTileUri(string locationName)
{
    return new Uri(Uri.EscapeUriString(String.Format("/CityPage.xaml?location={0}",
        locationName)), UriKind.Relative);
}
```

3. 调试应用程序

按 F5 键运行客户端应用程序和 WPF 服务应用，或者点击 Start Debugging 按钮运行，如图 7-14 所示点击 Start Debugging 按钮，图 7-15 是运行效果。

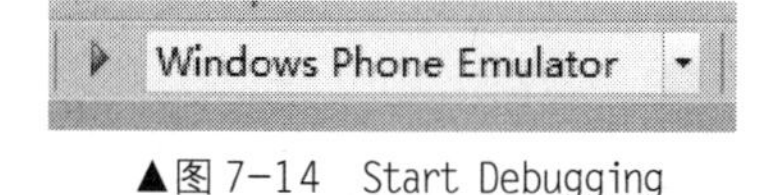

▲图 7-14　Start Debugging

▲图 7-15　start screen

在 WPF 服务器端，应用程序发送 toast 通知，并在客户端点击固定显示在启动屏幕（start screen）的天气预报应用程序图标，如图 7-16 所示。

发送 raw 通知，则在 CityPage 页面显示 raw 通知的相关数据信息，如图 7-17 所示。

▲图 7-16　toast 通知

▲图 7-17　指定城市的天气信息

7.5 动手实践——深度分析推送通知实现架构

在 Windows Phone 应用程序的推送通知的实现方式中，程序员几乎不需要编写代码就可以实现在 Windows Phone 的 3 种推送通知响应，原因是系统本身已经为我们提供了程序。如果应用程序使用推送通知功能，需要开发者关注两个方面，第一是启用和关闭应用程序推送通知的设定，因为这是 MarketPlace 要求应用程序必须具备的功能；第二是 Web Service 的设计和代码实现，因为实现推送通知消息内容的逻辑都是在 Web Service 端完成的，然后通知 MPNS 将消息推送至 Windows Phone 应用程序。Web Service 既可以是云端的 Cloud Application，也可以是其他的 Web 应用程序，只要能和 MPNS 通讯即可。

本节中，我们参考微软官方博客 *The Windows Blog* 上的文章—*Windows Push Notification Server Side Helper Library*，深度解析推送通知实现架构中的需要开发者重点关注的两个方面。

7.5.1　Windows Phone 推送通知类型

Windows Phone 中存在 3 种默认通知类型：Tile、Push 和 Toast 通知。

图 7-18 显示了 Tile 和 Toast 通知之间的差异。

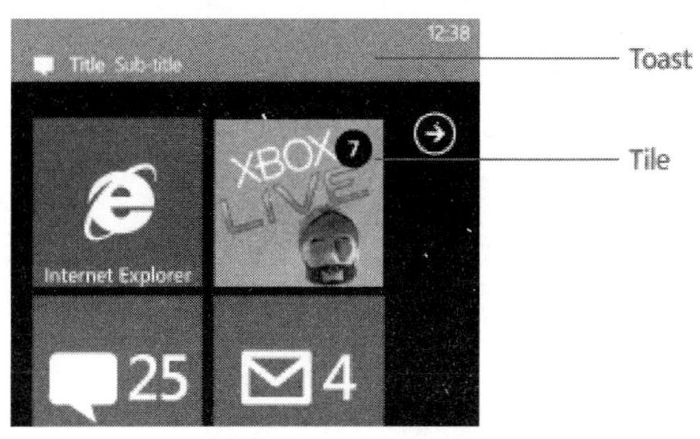

▲图 7-18　Tile 和 Toast 的区别

1. Tile 通知

每个应用程序可设置 Tile——应用程序内容的可视化、动态的表示形式。当应用程序被固定显示在启动屏幕（Start Screen）时，我们就可以看到 Tile 的信息。Tile 可以修改的 3 个元素包括：计数（Count）、标题（Title）和背景图像（Background），如图 7-19 所示。

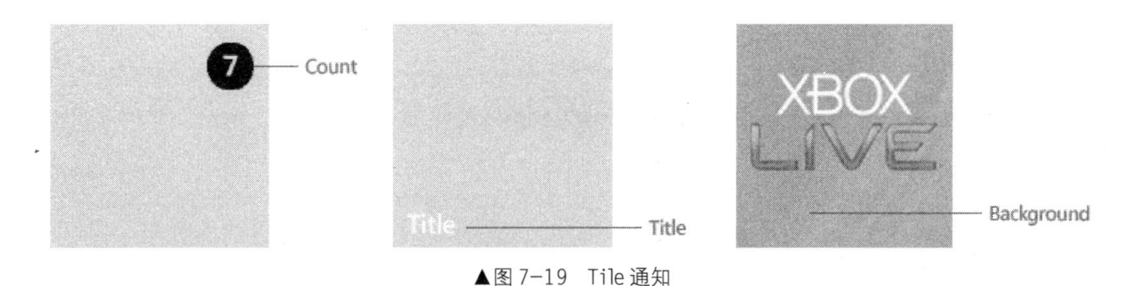

▲图 7-19　Tile 通知

（1）背景图像。

您可以使用本地资源或远程资源的背景图像。如果要使用本地资源，则它必须是已安装的

XAP 包的一部分，XAP 即为 Windows Phone 的安装包。例如，它不可能下载图像，把它放入独立存储，然后使用它作为本地资源的背景图像的拼贴。为了获得最佳性能，请考虑使用本地资源。

背景图像将永远不会恢复到以前的版本，它已成功更新，除非使用推式通知再次发送了以前的背景图像。

（2）标题。

标题必须适应单行文本，字符串不应过长大于实际 Tile。如果不设置标题，则默认显示现有标题。

（3）计数。

计数为整数值 1～99。如果通知中未设置计数值，或设置超出范围的整数值，则当前计数值将继续显示。例如，如果当前通知中没有设置计数的值，那么计数的显示会保持不变：不显示计数或者显示上一次通知的计数。要清除计数显示就必须设置计数的值为 0。

2. Toast 通知

Toast 通知是 Windows Phone 系统通知，且不破坏用户的工作流，十秒钟后自动消失。Toast 通知显示在屏幕的顶部。

Toast 通知的两个文本元素：标题和副标题。标题为粗体字显示的字符串，副标题为非粗体字显示的字符串。

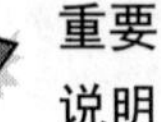

重要说明 您必须要求用户授权方可接收 Toast 通知，且在应用程序中必须具有允许用户禁用的 Toast 通知的功能。

3. Raw 通知

Raw 通知的格式可以任意设定。如果当前没有运行应用程序，Raw 通知将被微软推通知服务丢弃，不会传递到 Windows Phone 设备。Raw 通知的有效载荷的最大为 1KB。

7.5.2 推送通知的工作流

推送通知的工作流如图 7-20 所示。

（1）Window Phone 客户端应用程序请求与微软推送通知服务（Microsoft Push Notification Services）建立通道连接，微软推送通知服务（Microsoft Push Notification Services）使用通道 URI 响应。

（2）Window Phone 客户端应用程序向监视服务（Web Service 或者 Cloud Application）发送包含推送通知服务通道 URI 以及负载的消息。

（3）当监视服务检测到信息更改时（如航班取消、航班延期或天气预报），它会向微软推送通知服务（Microsoft Push Notification Services）发送消息。

（4）微软推送通知服务（Microsoft Push Notification Services）将消息中继到 Windows Phone 设备，由 Window Phone 客户端应用程序处理收到的消息。

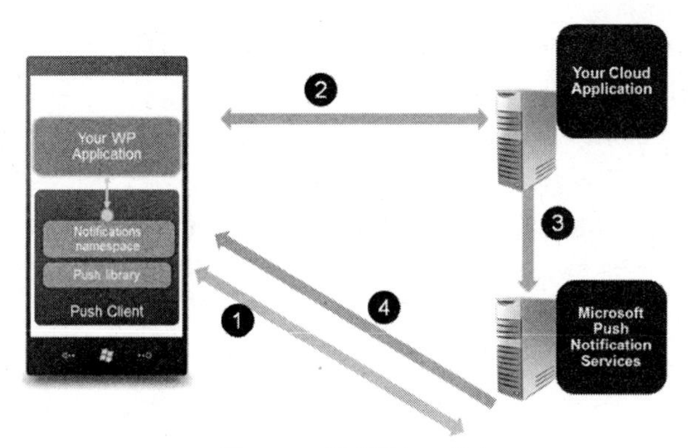

▲图 7-20　推送通知工作流

7.5.3　推送通知的消息类

推送通知消息基础类：PushNotificationMessage 类，以及 3 个子类：RawPushNotificationMessage、TilePushNotificationMessage 和 ToastPushNotificationMessage，如图 7-21 所示。

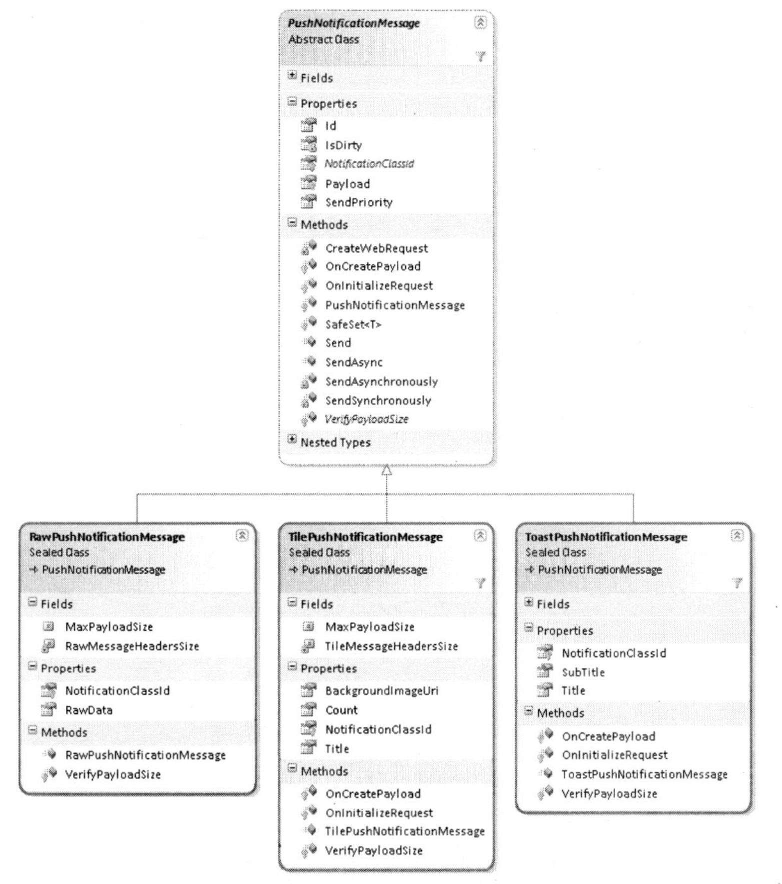

▲图 7-21　推送通知的消息类

♦ RawPushNotificationMessage：当 Windows Phone 应用程序运行时，可以接收到来自 Web Service 的 Raw 通知消息。

♦ TilePushNotificationMessage：当 Windows Phone 应用程序被固定显示在启动页面，Windows Phone 将呈现 Tile 通知消息的内容。

♦ ToastPushNotificationMessage：发送 Toast“警告”消息至 Windows Phone。

7.5.4 发送 Tile 通知

下面的代码片段演示了如何使用 Windows Phone 的推送通知类库以同步和异步的方式发送 Tile 通知。

C#

```
// Prepare a tile push notification message.
var tile = new TilePushNotificationMessage
{
  BackgroundImageUri = tileImageUri, // Remote or phone-local tile image uri.
  Count = tileCount, // Counter between 1 to 99 should be displayed on the tile.
  Title = "Tile Title" // Title to be displayed on the tile.
};

// Send the message synchronously.
try
{
  var sendResult = tile.Send(phoneChannelUri);
  // Check the send result.
}
catch (Exception ex)
{
  // Log the error.
}

// Send the message asynchronously.
tile.SendAsync(
     phoneChannelUri,
     result => {/* Check the send result */},
     exception => {/* Log the error */});
```

从上面的代码可以看出，发送 Tile 通知到 Windows Phone 应用很简单，仅仅是创建一个新的 TilePushNotificationMessage，并设置相关的属性，然后调用同步 Send 和异步 SendAsync 的方法即可。

7.5.5 发送 Toast 通知

下面的代码片段演示了如何使用 Windows Phone 的推送通知类库以同步和异步的方式发送 Toast 通知。

C#

```
// Prepare a toast push notification message.
```

```
var toast = new ToastPushNotificationMessage
{
   Title = "Title", // Title to be displayed as the toast header.
   Subtitle = "Sub Title" // Message to be displayed next to the toast header.
};

// Send the message synchronously.
try
{
   var sendResult = toast.Send(phoneChannelUri);
   // Check the send result.
}
catch (Exception ex)
{
   // Log the error.
}

// Send the message asynchronously.
toast. SendAsync (
   phoneChannelUri,
   result => { /* Check the send result */ },
   exception => { /* Log the error */ });
```

7.5.6 发送 Raw 通知

下面的代码片段演示了如何使用 Windows Phone 的推送通知类库以同步和异步的方式发送 Raw 通知。

C#

```
// Prepare a raw push notification message.
byte[] rawData = {};
var raw = new RawPushNotificationMessage
{
   RawData = rawData, // Raw data to be sent with the message.
};

// Send the message synchronously.
try
{
   var sendResult = raw.Send(phoneChannelUri);
   // Check the send result.
}
catch (Exception ex)
{
   // Log the error.
}

// Send the message asynchronously.
raw. SendAsync (
```

```
    phoneChannelUri,
    result => { /* Check the send result */ },
    exception => { /* Log the error */ });
```

7.5.7 客户端设定启动推送通知

我们使用简单的 Silverlight 应用说明如何将推送通知消息发送到 Windows Phone 智能手机。

1. 注册推送通知服务

为了接收推送通知消息，Windows Phone 应用程序需要向微软推送通知服务 MPNS 发送注册请求，MPNS 返回 Windows Phone 智能手机的 URI（统一资源标识符）。

在我们的示例中，推送通知 PN 功能封装在 PushContext 类。强烈建议您每次启动应用程序时将 PN 通道 URI 更新到 Web Service，确保您的 Web Service 中保存的是智能手机最新的 URI。

2. 推送通知设置页面

每个 Windows Phone 应用，如果使用推送通知都必须允许用户设置推送通知功能的开启和关闭。即程序开启推送通知 PN 通道时需要得到用户的许可，且用户也可以选择关闭推送通知 PN 通道。下面的界面（Project：WindowsPhone.Recipes.Push.Client File：Views/PushSettingControl.XAML）显示了示例应用程序的推送通知设定页面，如图 7-22 所示。

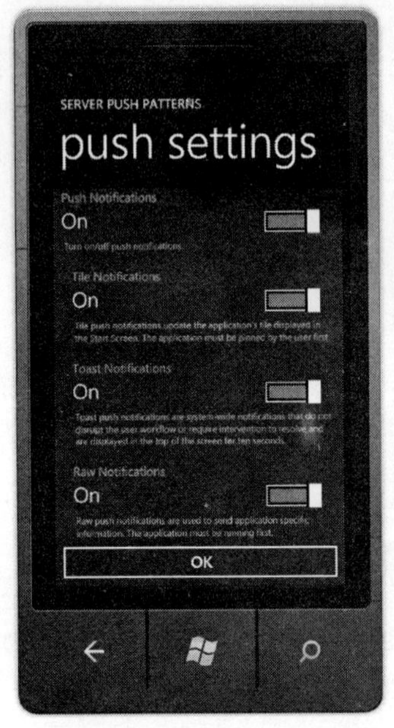

▲图 7-22　push setting

Project : WindowsPhone.Recipes.Push.Client　File : Views/PushSettingControl.XAML

```
<UserControl x:Class="WindowsPhone.Recipes.Push.Client.Controls.PushSettingsControl"
    xmlns="http://schemas.microsoft.com/winfx/2006/xaml/presentation"
    xmlns:x="http://schemas.microsoft.com/winfx/2006/xaml"

xmlns:tk="clr-namespace:Microsoft.Phone.Controls;assembly=Microsoft.Phone.Controls.To
olkit"
    xmlns:converters="clr-namespace:WindowsPhone.Recipes.Push.Client.Converters"
    xmlns:d="http://schemas.microsoft.com/expression/blend/2008"
    xmlns:mc="http://schemas.openxmlformats.org/markup-compatibility/2006"
    mc:Ignorable="d"
    FontFamily="{StaticResource PhoneFontFamilyNormal}"
    FontSize="{StaticResource PhoneFontSizeNormal}"
    Foreground="{StaticResource PhoneForegroundBrush}"
    d:DesignHeight="640" d:DesignWidth="480">

    <UserControl.Resources>
```

```
        <converters:BoolBrushConverter x:Key="BoolBrushConverter" />

        <Style x:Key="DescTextStyle" TargetType="TextBlock">
            <Setter Property="FontSize" Value="14" />
            <Setter Property="Foreground" Value="Silver" />
            <Setter Property="TextWrapping" Value="Wrap" />
            <Setter Property="Margin" Value="16,-38,16,24" />
        </Style>
    </UserControl.Resources>

    <Grid x:Name="LayoutRoot" Background="{StaticResource PhoneChromeBrush}">

        <StackPanel>
            <StackPanel>
                <tk:ToggleSwitch Header="Push Notifications"
                              IsChecked="{Binding IsPushEnabled, Mode=TwoWay}" />
                <TextBlock Style="{StaticResource DescTextStyle}"
                         Text="Turn on/off push notifications." />
            </StackPanel>

            <Grid>
                <StackPanel Margin="16,0,0,0">
                    <tk:ToggleSwitch Header="Tile Notifications"
                              IsChecked="{Binding IsTileEnabled, Mode=TwoWay}" />
                    <TextBlock Style="{StaticResource DescTextStyle}"
                         Text="Tile push notifications update the application's tile
displayed in the Start Screen. The application must be pinned by the user first." />

                    <tk:ToggleSwitch Header="Toast Notifications"
                              IsChecked="{Binding IsToastEnabled, Mode=TwoWay}" />
                    <TextBlock Style="{StaticResource DescTextStyle}"
                         Text="Toast push notifications are system-wide notifications that
do not disrupt the user workflow or require intervention to resolve and are displayed in
the top of the screen for ten seconds." />

                    <tk:ToggleSwitch Header="Raw Notifications"
                              IsChecked="{Binding IsRawEnabled, Mode=TwoWay}" />
                    <TextBlock Style="{StaticResource DescTextStyle}"
                         Text="Raw push notifications are used to send application specific
information. The application must be running first." />
                </StackPanel>

                <Border Background="{Binding IsPushEnabled, Converter={StaticResource
BoolBrushConverter}}" />
            </Grid>

        </StackPanel>
    </Grid>
</UserControl>
```

当用户登录时，注册 PN 推送通知的通道。

Project: WindowsPhone.Recipes.Push.Client File: Views/ UserLoginView.xaml.cs

```
private void InternalLogin()
{
   login.Visibility = Visibility.Collapsed;
   progress.Visibility = Visibility.Visible;

   var pushContext = PushContext.Current;
   pushContext.Connect(c => RegisterClient(c.ChannelUri));
}

private void RegisterClient(Uri channelUri)
{
   // Register the URI with 3rd party web service.
   try
   {
      var pushService = new PushServiceClient();
      pushService.RegisterCompleted += (s, e) =>
      {
         pushService.CloseAsync();

         Completed(e.Error);
      };

      pushService.RegisterAsync(UserName, channelUri);
   }
   catch (Exception ex)
   {
      Completed(ex);
   }
}
```

向 Web Service 提交订阅，创建 PN 通道

Project: WindowsPhone.Recipes.Push.Client File: PushContext.cs

```
public void Connect(Action<HttpNotificationChannel> prepared)
{
   if (IsConnected)
   {
      prepared(NotificationChannel);
      return;
   }

   try
   {
      // First, try to pick up an existing channel.
      NotificationChannel = HttpNotificationChannel.Find(ChannelName);

      if (NotificationChannel == null)
      {
```

```
            // Create new channel and subscribe events.
            CreateChannel(prepared);
        }
        else
        {
            // Channel exists, no need to create a new one.
            SubscribeToNotificationEvents();
            PrepareChannel(prepared);
        }

        IsConnected = true;
    }
    catch (Exception ex)
    {
        OnError(ex);
    }
}

public void Disconnect()
{
    if (!IsConnected)
    {
        return;
    }

    try
    {
        if (NotificationChannel != null)
        {
            UnbindFromTileNotifications();
            UnbindFromToastNotifications();
            NotificationChannel.Close();
        }
    }
    catch (Exception ex)
    {
        OnError(ex);
    }
    finally
    {
        NotificationChannel = null;
        IsConnected = false;
    }
}
```

创建 PN 通道的具体函数。

Project: WindowsPhone.Recipes.Push.Client　File: PushContext.cs

```
/// <summary>
/// Create channel, subscribe to channel events and open the channel.
```

```
/// </summary>
private void CreateChannel(Action<HttpNotificationChannel> prepared)
{
    // Create a new channel.
    NotificationChannel = new HttpNotificationChannel(ChannelName, ServiceName);

    // Register to UriUpdated event. This occurs when channel successfully opens.
    NotificationChannel.ChannelUriUpdated += (s, e) => Dispatcher.BeginInvoke(() =>
PrepareChannel(prepared));

    SubscribeToNotificationEvents();

    // Trying to Open the channel.
    NotificationChannel.Open();
}
```

绑定和解除绑定 Raw、Tile 和 Toast 通知消息的函数。

Project: WindowsPhone.Recipes.Push.Client　File: PushContext.cs

```
private void BindToTileNotifications()
{
    try
    {
        if (NotificationChannel != null && !NotificationChannel.IsShellTileBound)
        {
            var listOfAllowedDomains = new Collection<Uri>(AllowedDomains);
            NotificationChannel.BindToShellTile(listOfAllowedDomains);
        }
    }
    catch (Exception ex)
    {
        OnError(ex);
    }
}

private void BindToToastNotifications()
{
    try
    {
        if (NotificationChannel != null && !NotificationChannel.IsShellToastBound)
        {
            NotificationChannel.BindToShellToast();
        }
    }
    catch (Exception ex)
    {
        OnError(ex);
    }
}

private void UnbindFromTileNotifications()
{
```

```
    try
    {
        if (NotificationChannel.IsShellTileBound)
        {
            NotificationChannel.UnbindToShellTile();
        }
    }
    catch (Exception ex)
    {
        OnError(ex);
    }
}

private void UnbindFromToastNotifications()
{
    try
    {
        if (NotificationChannel.IsShellToastBound)
        {
            NotificationChannel.UnbindToShellToast();
        }
    }
    catch (Exception ex)
    {
        OnError(ex);
    }
}
```

7.5.8　Web Service 设定推送通知功能

为了说明如何在 Web Service 中设定推送通知服务功能，我们创建 WPF 应用程序 Push Notifications Server，即 Web Service，模拟第三方服务器。在 WPF 应用程序中创建一个 WCF 服务，让 Windows Phone 应用订阅通知服务并与 MPNS 通讯。

WPF 应用程序 Push Notifications Server 有 5 个选项卡（One-time、Ask to Pin、Custom Tile、Counter 和 Tile Scheduled），One-Time 实现同时推送 3 种类型的通知消息；Counter 演示计算器重置；Ask to Pin 实现询问用户是否将应用程序固定显示在启动页面；Custom Tile 实现定制 Tile 通知消息，Tile Scheduled 实现设定 Tile 更新计划表。下面的章节将详细讲述这 5 个选项卡的功能。

1. One-Time

（1）说明。

One-Time 选项卡是向注册用户提供最简单的推送模式，即同时将 3 种类型的推送通知——Raw、Tile 和 Toast 通知推送给 Windows Phone。One-Time 选项卡显示了 3 种类型通知的可设置的属性，以及 MPNS 的返回值类型。

（2）操作。

① 运行 WindowsPhone.Recipes.Push.Server 和 WindowsPhone.Recipes.Push.Client projects（设置 WindowsPhone.Recipes.Push.Server 为默认启动程序）。

② 在 Windows Phone 模拟器中以任意用户名登录，如图 7-23 所示。

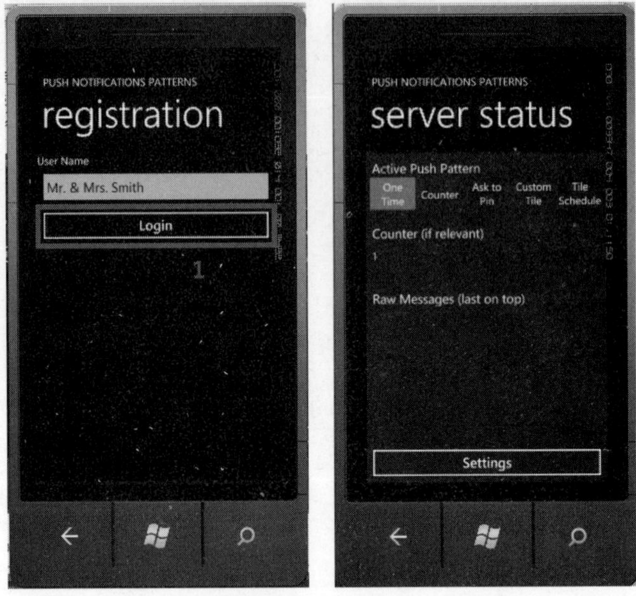

▲图 7-23　登录

③ 在服务器端，选择“One Time”选项卡，如图 7-24 所示。

▲图 7-24　One Time 选项卡

④ 设置 Raw、Tile 和 Toast 消息内容，然后选择“Send”发送，如图 7-25 所示。

> **注意**　只有 Windows Phone 应用程序正在运行，Windows Phone 应用程序才会接收到 Raw 通知；当 Windows Phone 应用程序不在运行状态时，则会显示 Toast 通知；当 Windows Phone 应用程序被固定在启动页面上时，就会显示接收到的 Tile 消息。

（3）代码。

在我们的例子中，WPF 应用程序 Push Notifications Server，即 Web Service 设定各种通知的内容，然后以异步的方式将消息发送到相关的客户端。

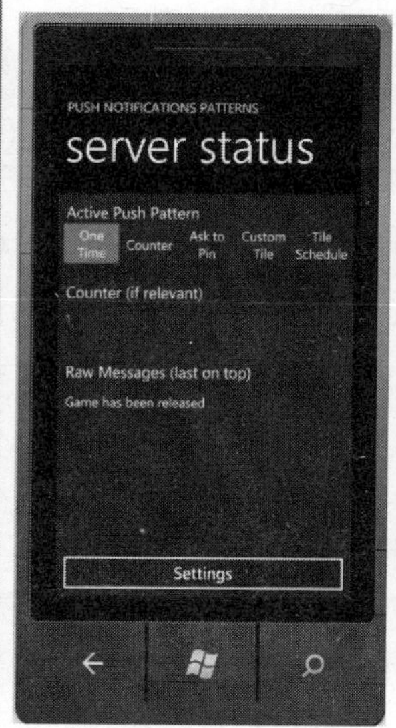

▲图 7-25　发送通知

Project: WindowsPhone.Recipes.Push.Server

File:　ViewModels/Patterns/OneTimePushPatternViewModel.cs

```
/// <summary>
/// Depends on what message was selected, send all subscribers zero or all three push message
types (Tile, Toast, Raw).
/// </summary>
protected override void OnSend()
{
    var messages = new List<PushNotificationMessage>();

    if (IsTileEnabled)
    {
        // Prepare a tile push notification message.
        messages.Add(new TilePushNotificationMessage(MessageSendPriority.High)
        {
            BackgroundImageUri = BackgroundImageUri,
            Count = Count,
            Title = Title
        });
    }
    if (IsToastEnabled)
    {
        // Prepare a toast push notification message.
        messages.Add(new ToastPushNotificationMessage(MessageSendPriority.High)
        {
            Title = ToastTitle,
            SubTitle = ToastSubTitle
        });
    }
```

```
    if (IsRawEnabled)
    {
        // Prepare a raw push notification message.
        messages.Add(new RawPushNotificationMessage(MessageSendPriority.High)
        {
            RawData = Encoding.ASCII.GetBytes(RawMessage)
        });
    }
    foreach (var subscriber in PushService.Subscribers)
    {
        messages.ForEach(m => m.SendAsync(subscriber.ChannelUri, Log, Log));
    }
}
```

2. 计数器重置

（1）说明。

Windows Phone 启动页面呈现应用程序的 Tile 信息，如标题、图片和计数器。如电子邮件程序显示未读邮件的数量。在本例的 Counter 选项卡中，每次 Tile 通知消息发送，计数器加 1。下次用户登录到服务器端的应用程序时，计数器复位。

（2）代码。

在本例中，OnSend 方法创建一个 Raw 通知并发送到所有订阅的 Windows Phone 智能手机。发送完成后，调用 OnRawSent 方法。

Project: WindowsPhone.Recipes.Push.Server

File: ViewModels/Patterns/CounterPushPatternViewModel.cs

```
/// <summary>
/// Send raw message to all subscribers. In case that the phone-application
/// is not running, send tile update and increase tile counter.
/// </summary>
protected override void OnSend()
{
    // Notify phone for having waiting messages.
    var rawMsg = new RawPushNotificationMessage(MessageSendPriority.High)
    {
        RawData = Encoding.ASCII.GetBytes(RawMessage)
    };
    foreach (var subscriber in PushService.Subscribers)
    {
        rawMsg.SendAsync(
            subscriber.ChannelUri,
            result =>
            {
                Log(result);
                OnRawSent(subscriber.UserName, result);
            },
            Log);
    }
}
```

一个 Raw 消息被发送后，运行回调函数 OnRawSent。获取 MPNS 的检查该设备是否连接的返回值。如果手机没有连接，发送一个 Raw 消息是没有意义。如果设备已连接，则发送一个 Tile 通知提示用户，Tile 通知的内容就是计数器加 1。

Project: WindowsPhone.Recipes.Push.Server

File:　ViewModels/Patterns/ CounterPushPatternViewModel.cs

```
private void OnRawSent(string userName, MessageSendResult result)
{
// In case that the device is disconnected, no need to send a tile message.
if (result.DeviceConnectionStatus == DeviceConnectionStatus.TempDisconnected)
{
    return;
}
// Checking these three flags we can know what's the state of both the device and apllication.
bool isApplicationRunning =
    result.SubscriptionStatus == SubscriptionStatus.Active &&
    result.NotificationStatus == NotificationStatus.Received &&
    result.DeviceConnectionStatus == DeviceConnectionStatus.Connected;

// In case that the application is not running, send a tile update with counter increase.
if (!isApplicationRunning)
{
    var tileMsg = new TilePushNotificationMessage(MessageSendPriority.High)
    {
        Count = IncreaseCounter(userName),
        BackgroundImageUri = BackgroundImageUri,
        Title = Title
    };

    tileMsg.SendAsync(result.ChannelUri, Log, Log);
}
}
```

Windows Phone 应用程序重新登录后，WPF 应用程序 Push Notifications Server 创建一个计数器清零的 Tile，通知 Windows Phone 应用程序的计数器复位。

Project: WindowsPhone.Recipes.Push.Server

File:　ViewModels/Patterns/ CounterPushPatternViewModel.cs

```
/// <summary>
/// On subscription change, reset the subscriber tile counter if exist.
/// </summary>
protected override void OnSubscribed(SubscriptionEventArgs e)
{
    // Create a tile message to reset tile count.
    var tileMsg = new TilePushNotificationMessage(MessageSendPriority.High)
    {
        Count = 0,
        BackgroundImageUri = BackgroundImageUri,
        Title = Title
    };
```

```
    tileMsg.SendAsync(e.Subscription.ChannelUri, Log, Log);

    ResetCounter(e.Subscription.UserName);
}
```

3. Ask to Pin

（1）说明。

假设 Windows Phone 应用程序没有被固定显示在启动页面上，Tile 通知将会不显示。在这种情况下，Web Service 通常会询问用户是否将应用程序在 Windows Phone 启动页面上呈现，如图 7-26 所示。为此，需要开发 Web Service 和 Windows Phone 客户端的代码。

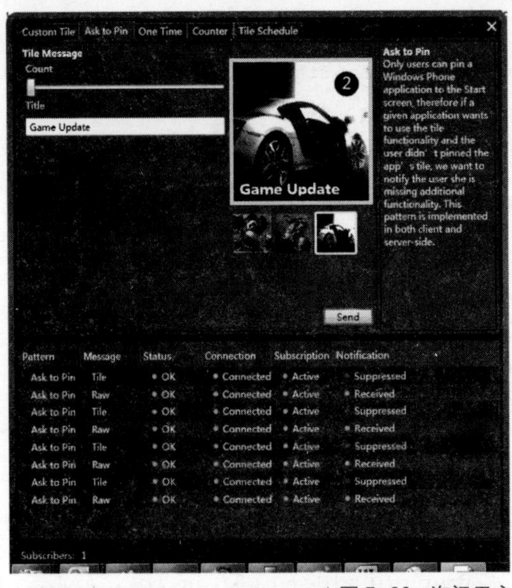

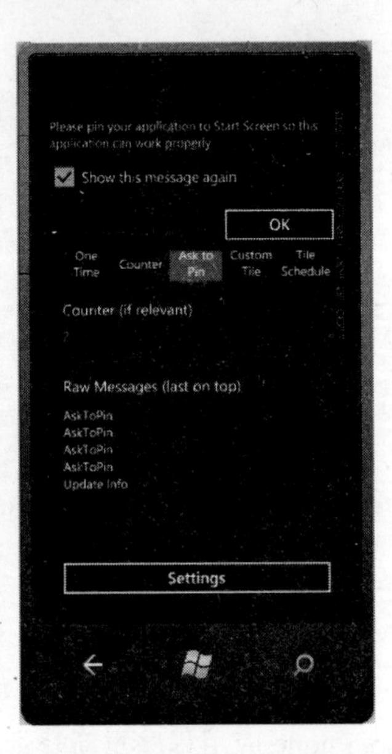

▲图 7-26　询问用户

（2）代码。

为了检查 Windows Phone 应用程序是否固定显示在启动页面，OnSubscribed 方法发送一个 Tile 通知消息给 Windows Phone 客户端应用程序（基于 Windows Phone 的 URI 和用户姓名）。

Project: WindowsPhone.Recipes.Push.Server

File: ViewModels/Patterns/ AskToPinPushPatternViewModel.cs

```
/// <summary>
/// Once an application is activated again (the client side phone application
/// has subscription logic on startup), try to update the tile again.
/// In case that the application is not pinned, send raw notification message
/// to the client, asking to pin the application. This raw notification message
/// has to be well-known and handled by the client side phone application.
/// In our case the raw message is AskToPin.
/// </summary>
```

```
protected override void OnSubscribed(SubscriptionEventArgs args)
{
    // Asynchronously try to send Tile message to the relevant subscriber
    // with data already sent before so the tile won't change.
    var tileMsg = GetOrCreateMessage(args.Subscription.UserName, false);

    tileMsg.SendAsync(
        args.Subscription.ChannelUri,
        result =>
        {
            Log(result);
            OnMessageSent(args.Subscription.UserName, result);
        },
        Log);
}
```

上面的代码中，Tile 通知发送的是异步消息，回调 OnMessageSent 方法。WPF 应用程序 Push Notifications Server 检查 MPNS 的返回消息，确定 Windows Phone 应用程序是否固定在启动页面上。如果已经固定呈现在启动页面上，则不执行任何操作；如果不是，那么就发送一个 Raw 通知消息，提示用户将 Windows Phone 应用程序显示在启动页面上。

Project: WindowsPhone.Recipes.Push.Server

File: ViewModels/Patterns/ AskToPinPushPatternViewModel.cs

```
/// <summary>
/// Once tile update sent, check if handled by the phone.
/// In case that the application is not pinned, ask to pin.
/// </summary>
private void OnMessageSent(string userName, MessageSendResult result)
{
    if (!CheckIfPinned(result))
    {
        AskUserToPin(result.ChannelUri);
    }
}
/// <summary>
/// Just in case that the application is running, send a raw message, asking
/// the user to pin the application. This raw message has to be handled in client side.
/// </summary>
private void AskUserToPin(Uri uri)
{
    new RawPushNotificationMessage(MessageSendPriority.High)
    {
        RawData = Encoding.ASCII.GetBytes(RawMessage)

    }.SendAsync(uri, Log, Log);
}
```

通过 MPNS 返回值的 3 个标志 DeviceConnectionStatus、SubscriptionStatus 和 NotificationStatus 来确定应用程序是否被固定显示在启动页面。

Project: WindowsPhone.Recipes.Push.Server

File: ViewModels/Patterns/ AskToPinPushPatternViewModel.cs

```
private bool CheckIfPinned(MessageSendResult result)
{
    // We known if the application is pinned by checking the following send result flags:
    return result.DeviceConnectionStatus == DeviceConnectionStatus.Connected &&
           result.SubscriptionStatus == SubscriptionStatus.Active &&
           result.NotificationStatus == NotificationStatus.Received;
}
```

4. 定制 Tile 通知消息

（1）说明。

在启动页面上的 Tile 通知的图像是动态的，可以是应用程序内置的图片，也可以是网络上的图片，只要图片的 URI 地址是有效的即可。

（2）限制。

当 Tile 指向图像的 URI 是远程服务器时请注意下列限制：

- URI 必须能够访问到手机；
- 图像的大小必须小于 80KB；
- 下载的时间不能超过 60 秒。

（3）代码。

本节中，发送 Tile 通知消息的 OnSend 方法，设定 Tile 通知消息的 URI 信息为 http://localhost:8000/ImageService/GetTileImage?uri=channel_uri，而不是一个 We bService 的 URL 图像位置。

因为 Tile 图像 URI 必须指向一个远程地址的服务器，如 Web 上的图像资源。在本例子中为了演示方便我们偷梁换柱，通过 WCF ImageService 类将图像的 URL 发送给 REST 服务。这个 REST 服务就是 GetTileImage REST 服务，它返回图片的 Stream 对象。

Project: WindowsPhone.Recipes.Push.Server

File: ViewModels/Patterns/ CustomTileImagePushPatternViewModel.cs

```
protected override void OnSend()
{
    // Starts by sending a tile notification to all relvant subscribers.
    // This tile notification updates the tile with custom image.
    var tileMsg = new TilePushNotificationMessage(MessageSendPriority.High)
    {
        Count = Count,
        Title = Title
    };

    foreach (var subscriber in PushService.Subscribers)
    {
        // Set the tile background image uri with the address of the ImageService.
```

```
GetTileImage,
        // REST service, using current subscriber channel uri as a parameter to bo sent
to the service.
        tileMsg.BackgroundImageUri                          =                      new
Uri(string.Format(ImageService.GetTileImageService, string.Empty));
        tileMsg.SendAsync(subscriber.ChannelUri, Log, Log);
    }
}
```

发送 Tile 通知消息后，Windows Phone 返回 URL 激活 REST 服务：ImageService.GetTileImage。这个方法会触发一个事件，要求 WPF 应用程序提供图像流。在实际的应用程序中，可以使用图像处理库创建定制的图像而不需要用到本例中关于 UI 的技术。

Project: WindowsPhone.Recipes.Push.Server

File:　Services / ImageService.cs

```
/// <summary>
/// Get a generated custom tile image stream for the given uri.
/// </summary>
/// <param name="parameter">The tile image request parameter.</param>
/// <returns>A stream of the custom tile image generated.</returns>
public Stream GetTileImage(string parameter)
{
    if (ImageRequest != null)
    {
        var args = new ImageRequestEventArgs(parameter);
        ImageRequest(this, args);

        // Seek the stream back to the begining just in case.
        args.ImageStream.Seek(0, SeekOrigin.Begin);

        return args.ImageStream;
    }

    return Stream.Null;
}
```

5. Tile 更新计划表

（1）说明。

Web Service 通过微软推送服务发送 Tile 通知时，Windows Phone 也使用 ShellTileSchedule 类定期检查 Tile 更新。Windows Phone 应用程序可以通过唯一标识 URI 自动发送请求，定期获取 Tile 的更新。

（2）代码。

使用 ShellTileSchedule 类设定 Tile 通知的定时更新。目前，Windows Phone 智能手机支持的最频繁更新周期是每小时更新。本例中，ShellTileSchedule 类设定的方法为，点击“设定计划表”设定更新计划。

Project: WindowsPhone.Recipes.Push.Client

File: Views/InboxView.xaml.cs

```
private ShellTileSchedule _tileSchedule;


private void ButtonSchedule_Click(object sender, RoutedEventArgs e)
{
   _tileSchedule = new ShellTileSchedule();
   _tileSchedule.Recurrence = UpdateRecurrence.Interval;
   _tileSchedule.StartTime = DateTime.Now;
   _tileSchedule.Interval = UpdateInterval.EveryHour;
   _tileSchedule.RemoteImageUri = new Uri(string.Format(GetTileImageService, TileSchedule
Parameter));
   _tileSchedule.Start();
}
```

点击“测试 URI”按钮会导致 WPF 应用程序 Push Notifications Server 发送 Tile 通知消息，如图 7-27 所示。运行此功能前需要将 Windows Phone 应用程序 Push Patterns 固定显示在启动页面。

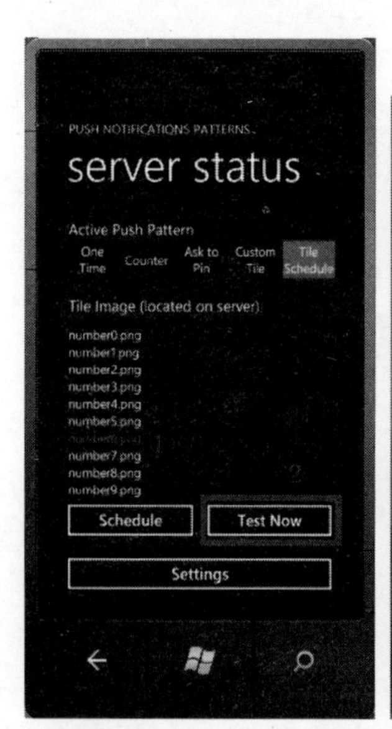

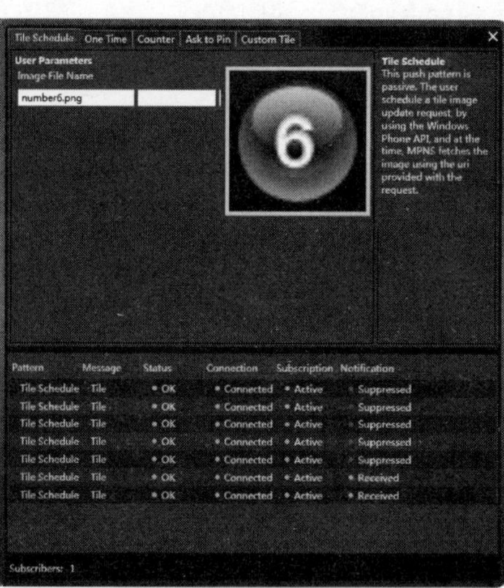

▲图 7-27　发送 Tile 通知

Project: WindowsPhone.Recipes.Push.Client

File: Views/InboxView.xaml.cs

```
private void ButtonTestNow_Click(object sender, RoutedEventArgs e)
{
   try
   {
      var pushService = new PushServiceClient();
```

```
        pushService.UpdateTileCompleted += (s1, e1) =>
        {
            try
            {
                pushService.CloseAsync();
            }
            catch (Exception ex)
            {
                ex.Show();
            }
        };

        pushService.UpdateTileAsync(PushContext.Current.NotificationChannel.ChannelUri,
SelectedServerImage);
    }
    catch (Exception ex)
    {
        ex.Show();
    }
}
```

第8章　必应地图——导航先锋

子曰："知者乐水，仁者乐山；知者动，仁者静；知者乐，仁者寿。"

8.1 Windows Phone 必应地图概述

必应地图 Silverlight 控件结合了 Silverlight 和 Bing Maps 的能力，提供了增强的地图体验，支持地理位置服务和地图搜索功能，并支持数据绑定模式。

必应地图控件采用数据绑定在数据模板中处理数据对象的方法，是实现地图控件与后台逻辑低耦合性的最佳做法，尤其是使用 MVVM（Model-View-ViewModel）架构模式的应用程序。

必应地图控件在使用时需要验证密钥，目前 Bing Maps 账户中心允许免费创建密钥并使用 Bing Maps 控件、Bing Maps SOAP 服务、Bing Maps REST (representational state transfer) 服务以及 Bing Spatial Data 服务。如果没有有效的密钥，将不能从 Web 上获得 Bing Maps 的内容。

本章的重点内容是地图的图层、图钉和计算路线的实现方法。

8.2 动手实践——必应地图导航

必应地图导航的方式是使用 Bing Maps SOAP 服务来计算从起点至终点的路线，用路线图层来呈现必应地图服务提供的路线行程。

- **Geocode Service**：匹配地址、地点和地理实体到地图上的经度和纬度坐标，并返回一个指定了纬度和经度坐标的位置信息。
- **Route Service**：根据位置和导航点生成路线和驾驶指令，例如，包括交通警告和多个地点间的路线提示的指令，以及从所有主要道路通往目的地的指示。
- **Search Service**：分析一个搜索查询，其中包含一个位置或关键字（或两者都有），返回搜索结果。

8.2.1 先决条件

申请注册 Bing Maps 账户。

Bing Maps 账户注册地址: http://www.bingmapsportal.com。

点击 Create 来使用你的 Windows Live ID 创建一个新的 Bing Maps 账户，如图 8-1 所示。

填入详细信息，如图 8-2 所示的填写 Bing maps 账户详细信息。

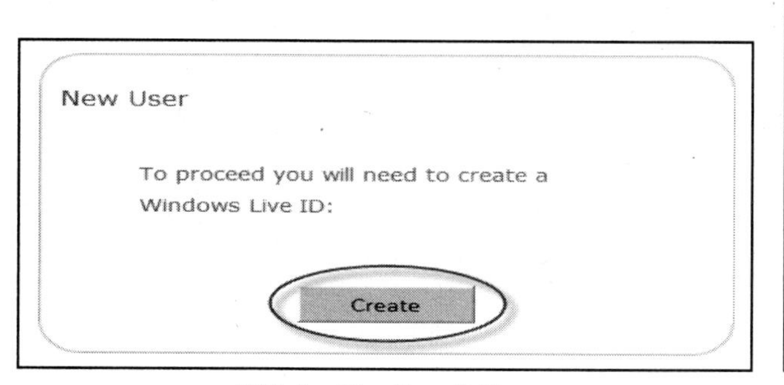

▲图 8-1　Bing Maps 注册

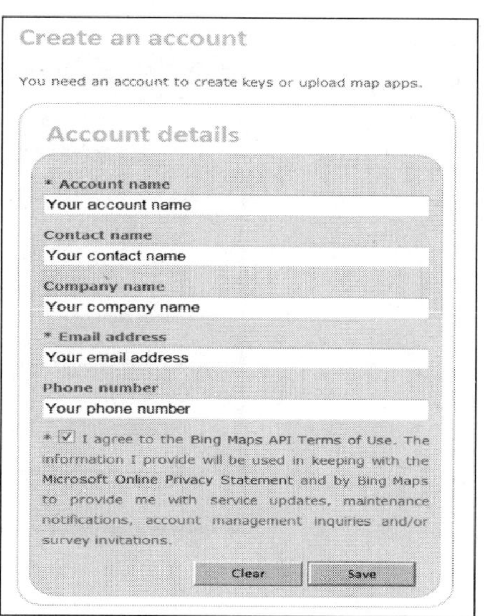

▲图 8-2　填写 Bing maps 账户详细信息

点击“Create or view keys”链接，为应用程序创建一个新的密钥，如图 8-3 所示。

填入详细信息，点击 Create key 创建新密钥，如图 8-4 所示。

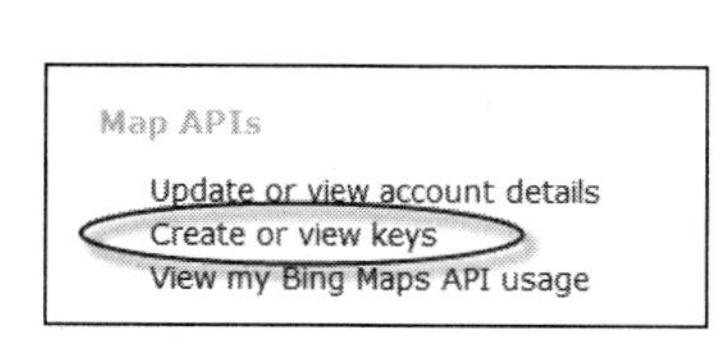

▲图 8-3　创建或显示密钥

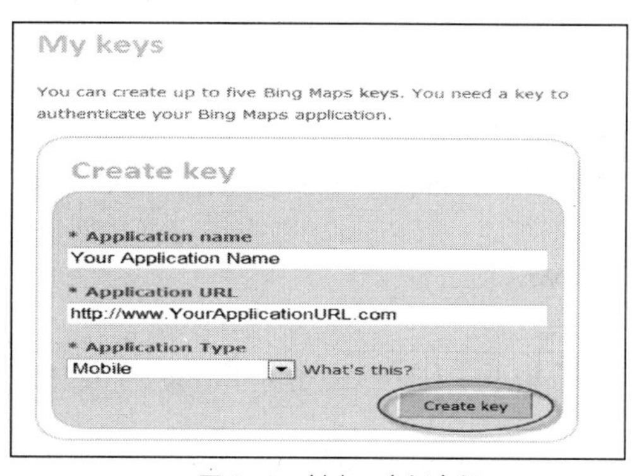

▲图 8-4　创建一个新密钥

8.2.2　创建必应地图导航工程

以管理员身份启动 Microsoft Visual Studio 2010 或者 Microsoft Visual Studio 2010 Express，打开\chapter 08\Begin 文件夹下的 Silverlight for Windows Phone 工程“UsingBingMaps”。

Windows Phone 应用程序包含 Resources 、Helpers 文件夹和 MainPage 页面。图标和样式等资源放在 Resources 文件夹中，Helper 类放置在 Helpers 文件夹中。MainPage 页面包含 3 个文件。

- MainPage.xaml：使用 XAML 定义 Bing maps UI。
- MainPage.cs：这是一个不完整的类，包含执行必应地图启动代码。
- MainPage.xaml.cs：包含必应地图控制逻辑。

添加 Microsoft.Phone.Controls.Maps 的引用，如图 8-5 所示的添加地图控件的引用。

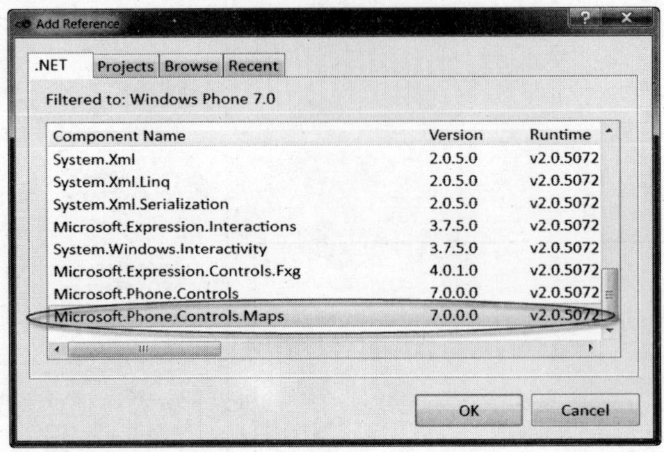

▲图 8-5 添加地图控件的引用

在设计模式下打开 MainPage.xaml，从工具箱中找到 Map 控件，拖曳到页面中央，并作如下修改：

- 在 MainPage.xaml 中修改 Map 名称为 Map，并删除 Height 和 Width 属性，这样地图就可以占据整个屏幕；
- 设置地图模式为航测图模式；
- 删除 Bing 图标和版权，为此将属性 Map.CopyrightVisibility 和 Map.LogoVisibility 的值均设置为 Visibility.Collapsed。

数据绑定和数据模板的使用：绑定 Map.ZoomLevel，绑定模式为双向绑定；设定 Pushpin 的数据模板和数据绑定。Pushpin 的数据绑定将在创建图钉（pushpin）图层中讲述。

实现程序如下。

Silverlight Project: UsingBingMaps File: MainPage.xaml

```
<!-- Map View -->
<Border x:Name="MapView"
        Background="Black"
        Height="768" Width="480">

    <my:Map Name="Map"
            CredentialsProvider="{Binding CredentialsProvider}"
            CopyrightVisibility="Collapsed" LogoVisibility="Collapsed"
            ZoomLevel="{Binding Zoom, Mode=TwoWay}"
            Center="{Binding Center, Mode=TwoWay}" ZoomBarVisibility="Collapsed">

        <my:Map.Mode>
           <my:AerialMode ShouldDisplayLabels="True" />
        </my:Map.Mode>

        <my:MapItemsControl ItemsSource="{Binding Routes}">
           <my:MapItemsControl.ItemTemplate>
              <DataTemplate>
```

```
                <my:MapPolyline Locations="{Binding Locations}"
                                Stroke="#FF2C76B7"
                                Opacity="0.5"
                                StrokeThickness="6" />
            </DataTemplate>
        </my:MapItemsControl.ItemTemplate>
    </my:MapItemsControl>

    <my:MapItemsControl ItemsSource="{Binding Pushpins}">
        <my:MapItemsControl.ItemTemplate>
            <DataTemplate>
                <my:Pushpin Style="{StaticResource PushpinStyle}"
                            MouseLeftButtonUp="Pushpin_MouseLeftButtonUp"
                            Location="{Binding Location}"
                            Background="{Binding TypeName, Converter={StaticResource
PushpinTypeBrushConverter}}">
                    <Image Source="{Binding Icon}" />
                </my:Pushpin>
            </DataTemplate>
        </my:MapItemsControl.ItemTemplate>
    </my:MapItemsControl>

    <Button x:Name="ButtonZoomIn"
            Style="{StaticResource ButtonZoomInStyle}"
            HorizontalAlignment="Left" VerticalAlignment="Top"
            Height="56" Width="56" Margin="8,180,0,0"
            Click="ButtonZoomIn_Click" />

    <Button x:Name="ButtonZoomOut"
            Style="{StaticResource ButtonZoomOutStyle}"
            HorizontalAlignment="Left" VerticalAlignment="Top"
            Height="56" Width="56" Margin="8,260,0,0"
            Click="ButtonZoomOut_Click" />

  </my:Map>
</Border>
```

8.2.3　绑定密钥

打开 App.xaml.cs 文件，并在此类中添加一个内部字符串常量字段，命名为“ID”这个字段用于保存创建的 Bing Maps 私钥。

Silverlight Project: UsingBingMaps　File: App.xaml.cs

```
/// <value>Registered ID used to access map control and Bing maps service.</value>
internal const string Id = "replace-with-your-private-key";
```

打开 MainPage.xaml.cs 文件，并在类声明上面添加以下 using 语句。

Silverlight Project: UsingBingMaps　File: MainPage.xaml.cs

```
using System;
using System.Device.Location;
using Microsoft.Phone.Controls.Maps;
```

将密钥绑定到 Map 控件，为此，在 MainPage 类中创建一个新的私钥只读字段类型 Microsoft.Phone.Controls.Maps.CredentialsProvider 的实例，并设置读取该实例的方法为 Public 类型。

Silverlight Project: UsingBingMaps　File: MainPage.xaml.cs

```
/// <value>Provides credentials for the map control.</value>
private readonly CredentialsProvider _credentialsProvider = new ApplicationIdCredentials
Provider(App.Id);


/// <summary>
/// Gets the credentials provider for the map control.
/// </summary>
public CredentialsProvider CredentialsProvider
{
    get { return _credentialsProvider; }
}
```

在 XAML 编辑器中打开 MainPage.xaml 文件，将 CredentialsProvider 方法绑定到 Map. Credentials Provider 属性。

Silverlight Project: UsingBingMaps　File: MainPage.xaml

```
<my:Map Name="Map"
        CredentialsProvider="{Binding CredentialsProvider}"
        CopyrightVisibility="Collapsed" LogoVisibility="Collapsed"
        ZoomLevel="{Binding Zoom, Mode=TwoWay}"
        Center="{Binding Center, Mode=TwoWay}" ZoomBarVisibility="Collapsed">

    <my:Map.Mode>
        <my:AerialMode ShouldDisplayLabels="True" />
    </my:Map.Mode>
```

注意	MainPage.DataContext 由 MainPage 实例本身在 MainPage.cs 文件中设置，所以隐式的绑定源就是 MainPage 实例本身。

8.2.4　航测图模式和路线图模式

实现航测图模式和路线图模式的切换。

在 MainPage.xaml.cs 中，找到 MainPage 类中 ChangeMapMode 方法。通过建立 Microsoft.Phone.Controls.Maps.AerialMode 或者 Microsoft.Phone.Controls.Maps.RoadMode 类型的新实例来设置地图模式的属性。

Silverlight Project: UsingBingMaps　File: MainPage.xaml.cs

```
private void ChangeMapMode()
{
    if (Map.Mode is AerialMode)
    {
        Map.Mode = new RoadMode();
```

```
        }
        else
        {
            Map.Mode = new AerialMode(true);
        }
    }
```

8.2.5　设定地图中心位置

添加 System.Device 组件的引用，如图 8-6 所示的添加 System.Device 组件的引用。

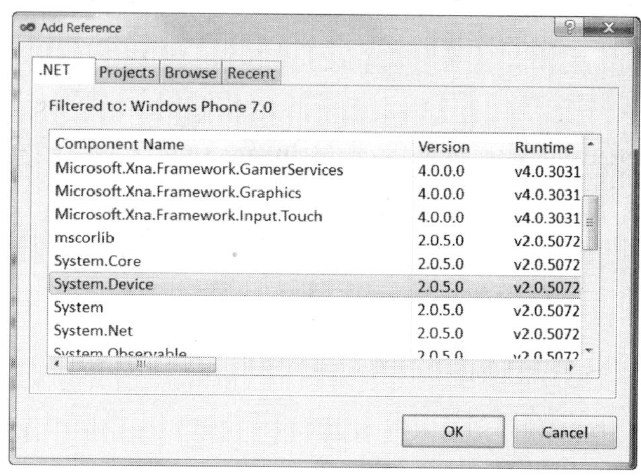

▲图 8-6　添加 System.Device 组件的引用

在 MainPage.xaml.cs 中，添加命名为 DefaultLocation 的 System.Device.Location.GeoCoordinate 类型的默认地理位置变量，并使用设定的经度和纬度坐标来实例化它。

子曰："知者乐水，仁者乐山；知者动，仁者静；知者乐，仁者寿。" 本例将依山傍海、亦动亦静的青岛标志建筑——栈桥的地理位置坐标作为默认的地理位置。

Silverlight Project: UsingBingMaps　File: MainPage.xaml.cs

```
/// <value>Default location coordinate.</value>
//Zhanqiao, Qingdao
private static readonly GeoCoordinate DefaultLocation = new GeoCoordinate(36.05826726951574,
120.31532406806946);
```

在 MainPage.xaml.cs 中，添加一个新的 System.Device.Location.GeoCoordinate 类型的字段，命名为_center。创建名称为 Center 属性来公开_center 字段。在其 set 函数中，调用关注属性变化的方法 NotifyPropertyChanged。

Silverlight Project: UsingBingMaps　File: MainPage.xaml.cs

```
/// <value>Map center coordinate.</value>
private GeoCoordinate _center;
/// <summary>
/// Gets or sets the map center location coordinate.
/// </summary>
```

```
public GeoCoordinate Center
{
    get { return _center; }
    set
    {
        if (_center != value)
        {
            _center = value;
            NotifyPropertyChanged("Center");
        }
    }
}
```

在 MainPage.xaml 中，绑定 Map.Center 属性到刚刚创建的 Center 属性，绑定模式为双向。

Silverlight Project: UsingBingMaps　File: MainPage.xaml

```
<my:Map Name="Map"
        CredentialsProvider="{Binding CredentialsProvider}"
        CopyrightVisibility="Collapsed" LogoVisibility="Collapsed"
        ZoomLevel="{Binding Zoom, Mode=TwoWay}"
        Center="{Binding Center, Mode=TwoWay}" ZoomBarVisibility="Collapsed">
```

设置应用程序栏的“Origin”按钮的处理函数 CenterLocation 方法。在 MainPage.xaml.cs 中找到 CenterLocation 方法，添加如下代码实现设置 Center 和 Zoom 为默认值。

Silverlight Project: UsingBingMaps　File: MainPage.xaml.cs

```
private void CenterLocation()
{
    // Center map to default location.
    Center = DefaultLocation;

    // Reset zoom default level.
    Zoom = DefaultZoomLevel;
}
```

8.2.6　创建图钉（pushpin）图层

创建一个名称为 Models 的新文件夹，在 Models 文件夹下创建一个新的公用类 PushpinModel，如图 8-7 所示。此类将呈现图钉数据。

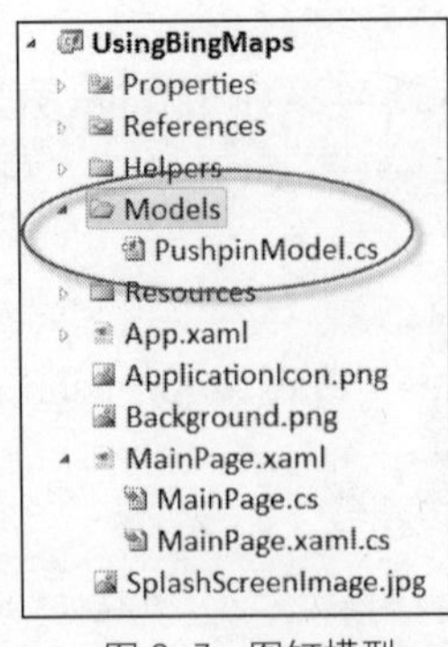

▲图 8-7　图钉模型

为 PushpinModel 添加一个名称为 Location 的新的公共属性，类型为 System.Device.Location. GeoCoordinate PushpinModel。这个属性表示图钉在地图上的地理位置。

Silverlight Project: UsingBingMaps　File: Models/PushpinModel.cs

```
/// <summary>
/// Gets or sets the pushpin location.
/// </summary>
public GeoCoordinate Location { get; set; }
```

在 MainPage.xaml.cs 中添加一个名称为_pushpins 的私有只读字段，类型为 ObservableCollection <PushpinModel>，使用默认地理位置的 PushpinModel 实例对它进行初始化。

Silverlight Project: UsingBingMaps　File: MainPage.xaml.cs

```
/// <value>Collection of pushpins available on map.</value>
private readonly ObservableCollection<PushpinModel> _pushpins = new ObservableCollection
<PushpinModel>
{
    new PushpinModel
    {
        Location = DefaultLocation,
        Icon = new Uri("/Resources/Icons/Pushpins/PushpinLocation.png", UriKind.Relative)
    }
};
```

使用 public 属性的方法 Pushpins 公布_pushpins 字段，MainPage.xaml 使用此方法为图钉的数据模板 MapItemsControl 绑定 Pushpins 集合，在数据模板中设置 MapItemsControl.ItemTemplate 属性，添加图钉的 DataTemplate 元素。为在地图上准确地放置图钉，需要绑定 Pushpin.Location 属性到 PushpinModel 的 Location 属性。

Silverlight Project: UsingBingMaps　File: MainPage.xaml.cs

```
/// <summary>
/// Gets a collection of pushpins.
/// </summary>
public ObservableCollection<PushpinModel> Pushpins
{
    get { return _pushpins; }
}
```

在 MainPage.xaml 中，使用图钉样式。设置图钉的内容为 Image 元素，并绑定 Image.Source 属性到 PushpinModel.Icon 属性。

Silverlight Project: UsingBingMaps　File: MainPage.xaml

```
<my:MapItemsControl ItemsSource="{Binding Pushpins}">
                <my:MapItemsControl.ItemTemplate>
                    <DataTemplate>
                        <my:Pushpin Style="{StaticResource PushpinStyle}"
                                    MouseLeftButtonUp="Pushpin_MouseLeftButtonUp"
                                    Location="{Binding Location}"
                                    Background="{Binding TypeName, Converter={StaticResource
```

```
PushpinTypeBrushConverter}}">
                                <Image Source="{Binding Icon}" />
                            </my:Pushpin>
                        </DataTemplate>
                    </my:MapItemsControl.ItemTemplate>
                </my:MapItemsControl>
```

8.2.7 定制图钉样式

创建和修改图钉样式和控件模板，打开位于工程文件夹 Resources/Styles 中的 DefaultStyle.xaml 资源字典，并映射 Bing maps 控件命名空间。在 DefaultStyle.xaml 文件的上部加入如下的代码。

Silverlight Project: UsingBingMaps   File: DefaultStyle.xaml

```
xmlns:m="clr-namespace:Microsoft.Phone.Controls.Maps;assembly=Microsoft.Phone.Control
s.Maps"
```

使用 Microsoft Expression Blend for Windows Phone 可以轻松地创建控件模板，该工具是 Windows Phone 开发工具的一部分。

在 **DefaultStyle.xaml** 资源字典中为图钉创建一个新的样式如下。

Silverlight Project: UsingBingMaps   File: DefaultStyle.xaml

```
<Style x:Key="ItineraryPushpinStyle" TargetType="m:Pushpin">
    <Setter Property="Template">
        <Setter.Value>
            <ControlTemplate TargetType="m:Pushpin">
                <Grid Height="20" Width="20">
                    <VisualStateManager.VisualStateGroups>
                        <VisualStateGroup x:Name="VisualStateGroup">
                            <VisualStateGroup.Transitions>
                                <VisualTransition GeneratedDuration="0:0:0.1">
                                    <VisualTransition.GeneratedEasingFunction>
                                        <PowerEase EasingMode="EaseIn"/>
                                    </VisualTransition.GeneratedEasingFunction>
                                </VisualTransition>
                                <VisualTransition GeneratedDuration="0:0:0.1" To="Selected">
                                    <VisualTransition.GeneratedEasingFunction>
                                        <PowerEase EasingMode="EaseIn"/>
                                    </VisualTransition.GeneratedEasingFunction>
                                </VisualTransition>
                            </VisualStateGroup.Transitions>
                            <VisualState x:Name="UnSelected"/>
                            <VisualState x:Name="Selected">
                                <Storyboard>
                                    <ColorAnimation Duration="0" To="White" Storyboard.
TargetProperty= "(Shape.Fill).(SolidColorBrush.Color)" Storyboard.TargetName="ellipse"
d:IsOptimized ="True"/>
                                    <DoubleAnimation Duration="0" To="1.3" Storyboard.
TargetProperty="(UIElement.RenderTransform).(CompositeTransform.ScaleX)" Storyboard.Targe
tName ="ellipse" d:IsOptimized="True"/>
                                    <DoubleAnimation Duration="0" To="1.3" Storyboard.
TargetProperty="(UIElement.RenderTransform).(CompositeTransform.ScaleY)"
Storyboard.TargetName ="ellipse" d:IsOptimized="True"/>
```

```
                                        <ColorAnimation Duration="0" To="#FFF08609" Storyboard.
TargetProperty="(Shape.Fill).(SolidColorBrush.Color)"
Storyboard.TargetName="ellipse_Center" d:IsOptimized="True"/>
                                        <DoubleAnimation Duration="0" To="1.5" Storyboard.
TargetProperty="(UIElement.RenderTransform).(CompositeTransform.ScaleX)"
Storyboard.TargetName ="ellipse_Center" d:IsOptimized="True"/>
                                        <DoubleAnimation Duration="0" To="1.5" Storyboard.
TargetProperty="(UIElement.RenderTransform).(CompositeTransform.ScaleY)"
Storyboard.TargetName ="ellipse_Center" d:IsOptimized="True"/>
                                </Storyboard>
                            </VisualState>
                        </VisualStateGroup>
                    </VisualStateManager.VisualStateGroups>
                    <Ellipse x:Name="ellipse" Style="{StaticResource MapPoint}" Width="20"
Height="20" RenderTransformOrigin="0.5,0.5" Fill="White" Stroke="#FF2C76B7" StrokeThickness="3" >
                        <Ellipse.RenderTransform>
                            <CompositeTransform/>
                        </Ellipse.RenderTransform>
                    </Ellipse>
                    <Ellipse  x:Name="ellipse_Center"  Style="{StaticResource  MapPoint}"
Width="8"  Height="8"  RenderTransformOrigin="0.5,0.5"  Fill="Black"  Stroke="{x:Null}"
StrokeThickness="2" >
                        <Ellipse.RenderTransform>
                            <CompositeTransform/>
                        </Ellipse.RenderTransform>
                    </Ellipse>
                </Grid>
            </ControlTemplate>
        </Setter.Value>
    </Setter>
</Style>
```

注意 如果需要设计自己的图钉控件模板，应该了解当改变地图显示比例（变焦）时，图钉默认的关联点是在左下角而不是中心或者左上角。

在 PushpinModel 中添加一个 Uri 类型的公用属性，命名为 Icon，以此来绑定图钉的图像。

Silverlight Project: UsingBingMaps File: Models/PushpinModel.cs

```
namespace UsingBingMaps.Models
{
    /// <summary>
    /// Represents a pushpin data model.
    /// </summary>
    public class PushpinModel
    {
        /// <summary>
        /// Gets or sets the pushpin location.
        /// </summary>
        public GeoCoordinate Location { get; set; }

        /// <summary>
```

```
        /// Gets or sets the pushpin icon uri.
        /// </summary>
        public Uri Icon { get; set; }

        /// <summary>
        /// Gets or sets the pushpin type name.
        /// </summary>
        public string TypeName { get; set; }

        public PushpinModel Clone(GeoCoordinate location)
        {
            return new PushpinModel
            {
                Location = location,
                TypeName = TypeName,
                Icon = Icon
            };
        }
    }
}
```

在 Resources\Icons 文件夹中，创建一个名为 Pushpins 的新文件夹，把\Assets\Resources\ Pushpins 文件夹下的所有图像复制到此处，并添加到工程中，如图 8-8 所示的图钉图像。

将每一个图标的编译动作（Build Action）属性修改为 Content。选择所有的图标，点击右键，在弹出的菜单中选择属性 Properties，设定 Build Action 属性为 Content，Copy to Output Directory 属性为 Do not copy。如图 8-9 所示的修改图标的编译动作。

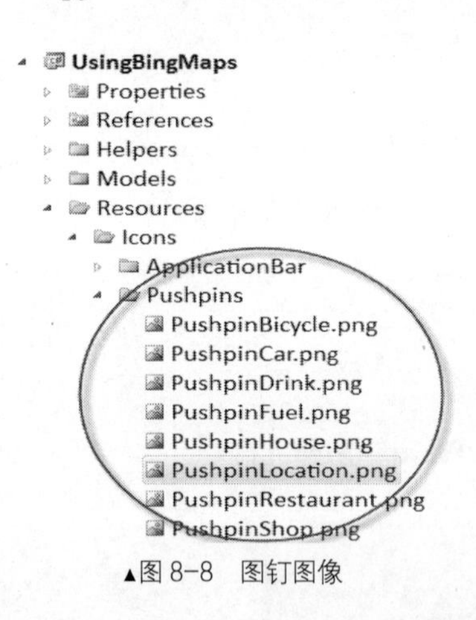

▲图 8-8　图钉图像

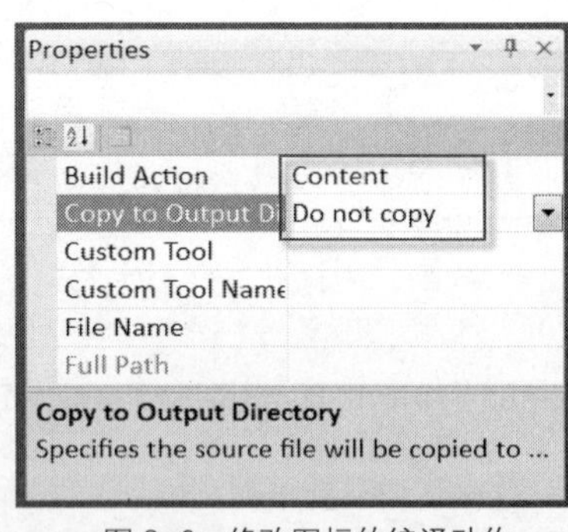

▲图 8-9　修改图标的编译动作

在 MainPage.xaml.cs 中，设置图钉实例的 PushpinData.Icon 属性，关联 PushpinLocation.png 图标文件的 Uri。

Silverlight Project: UsingBingMaps　File: MainPage.xaml.cs

```
/// <value>Collection of pushpins available on map.</value>
private readonly ObservableCollection<PushpinModel> _pushpins = new ObservableCollection
<PushpinModel>
```

```
{
    new PushpinModel
    {
        Location = DefaultLocation,
        Icon = new Uri("/Resources/Icons/Pushpins/PushpinLocation.png", UriKind.Relative)
    }
};
```

8.2.8　变焦按钮

添加自定义的变焦按钮，实现放大或缩小地图。

在 MainPage.xaml.cs 文件中，添加一个新的 private 字段，类型为 double。

Silverlight Project: UsingBingMaps　File: MainPage.xaml.cs

```
/// <value>Map zoom level.</value>
private double _zoom;
```

设置限制变焦倍数的 double 常量。

Silverlight Project: UsingBingMaps　File: MainPage.xaml.cs

```
/// <value>Default map zoom level.</value>
private const double DefaultZoomLevel = 16.0;

/// <value>Maximum map zoom level allowed.</value>
private const double MaxZoomLevel = 21.0;

/// <value>Minimum map zoom level allowed.</value>
private const double MinZoomLevel = 1.0;
```

在 MainPage.xaml.cs 中设定 double 类型 Zoom 的 get 和 set 属性。在 set 函数中，要考虑变焦倍数的上限和下限的限制并关注属性的变化。

Silverlight Project: UsingBingMaps　File: MainPage.xaml.cs

```
/// <summary>
/// Gets or sets the map zoom level.
/// </summary>
public double Zoom
{
    get { return _zoom; }
    set
    {
        var coercedZoom = Math.Max(MinZoomLevel, Math.Min(MaxZoomLevel, value));
        if (_zoom != coercedZoom)
        {
            _zoom = value;
            NotifyPropertyChanged("Zoom");
        }
    }
}
```

在 XAML 编辑器中打开 MainPage.xaml，并绑定 Zoom 属性到 Map.ZoomLevel，绑定模式为

TwoWay 双向绑定。

Silverlight Project: UsingBingMaps　File: MainPage.xaml

```
<my:Map Name="Map"
                CredentialsProvider="{Binding CredentialsProvider}"
                CopyrightVisibility="Collapsed" LogoVisibility="Collapsed"
                ZoomLevel="{Binding Zoom, Mode=TwoWay}"
                Center="{Binding Center, Mode=TwoWay}" ZoomBarVisibility="Collapsed">
```

从工具箱中拖曳两个按钮到地图控件的中间左侧，一个用于放大，另一个用于缩小。注册相应按钮的 Click 事件到 ButtonZoomIn_Click 和 ButtonZoomOut_Click 事件处理函数。设置放大的变焦按钮的样式 Button.Style 属性为 ButtonZoomInStyle ，缩小的变焦按钮的样式 Button.Style 属性为 ButtonZoomOutStyle 样式。ButtonZoomInStyle 和 ButtonZoomOutStyle 样式定义在 DefaultStyle. xaml 资源文件中。

Silverlight Project: UsingBingMaps　File: MainPage.xaml

```
<Button x:Name="ButtonZoomIn"
         Style="{StaticResource ButtonZoomInStyle}"
         HorizontalAlignment="Left" VerticalAlignment="Top"
         Height="56" Width="56" Margin="8,180,0,0"
         Click="ButtonZoomIn_Click" />

<Button x:Name="ButtonZoomOut"
         Style="{StaticResource ButtonZoomOutStyle}"
         HorizontalAlignment="Left" VerticalAlignment="Top"
         Height="56" Width="56" Margin="8,260,0,0"
         Click="ButtonZoomOut_Click" />
```

ButtonZoomIn_Click 和 ButtonZoomOut_Click 事件处理函数已经包含在 MainView.cs 文件中，ButtonZoomIn_Click 事件处理函数调用时将 Zoom 属性的值加 1，ButtonZoomOut_Click 事件处理函数调用时则将 Zoom 属性的值减 1。

Silverlight Project: UsingBingMaps　File: MainPage.cs

```
private void ButtonZoomIn_Click(object sender, System.Windows.RoutedEventArgs e)
{
     Zoom += 1;
}

private void ButtonZoomOut_Click(object sender, System.Windows.RoutedEventArgs e)
{
     Zoom -= 1;
}
```

8.2.9　横向和纵向视图的设定

为实现 Windows Phone 横向和纵向的切换，需要做以下代码修改。设置 MainPage.xaml 支持的显示属性为即支持横向显示也支持纵向显示，初始显示模式为纵向。Windows Phone 感应器自动识别手机的方向，当方向发生变化时会自动切换，不需要开发者干预。

修改 MainPage.xaml 文件的 SupportedOrientations 属性。

Silverlight Project: UsingBingMaps　File: MainPage.xaml

```
SupportedOrientations="PortraitOrLandscape" Orientation="Portrait"
```

添加 MainPage.xaml 文件的 OrientationChanged 事件处理函数。打开 ManPage.xaml 的 Properties 属性选项卡，在 Events 选项页增加 OrientationChanged 事件处理函数 PhoneApplicationPage_Orientation Changed。如图 8-10 所示的添加事件处理函数。

Properties
MouseLeave
MouseLeftButtonDown
MouseLeftButtonUp
MouseMove
MouseWheel
OrientationChanged　PhoneApplicationPage_OrientationChanged
SizeChanged
Unloaded

▲图 8-10　事件处理函数

在 MainPage.xaml 文件中选择 OrientationChanged 事件处理函数 PhoneApplicationPage_Orientation Changed，点击右键，在弹出的菜单中选择“Navigate to Event Handler”，Visual Studio 将导航到 MainPage.xaml.cs 文件的 PhoneApplicationPage_OrientationChanged 代码。如图 8-11 导航所示，Visual Studio 将导航 MainPage.xaml.cs。

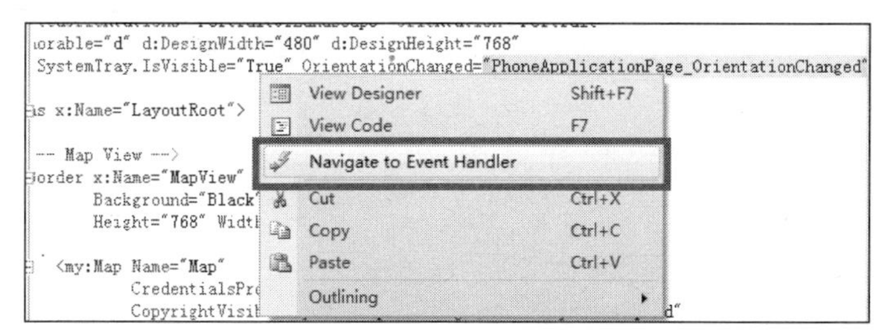

▲图 8-11　导航

设置横向视图和纵向视图时 XAML 的高度和宽度，以及变焦按钮的位置，以免变焦按钮与应用程序栏重叠。

Silverlight Project: UsingBingMaps　File: MainPage.xaml.cs

```
private void PhoneApplicationPage_OrientationChanged(object sender, OrientationChanged
EventArgs e)
{
    // Switch Map View Border's Height and Width based on an orientation change.
    if ((e.Orientation & PageOrientation.Portrait) == (PageOrientation.Portrait))
    {
        MapView.Height = 768;
        MapView.Width = 480;
```

```
            ButtonZoomIn.Margin = new Thickness(8, 180, 0, 0);
            ButtonZoomOut.Margin = new Thickness(8, 260, 0, 0);
        }
        else
        {
            MapView.Height = 480;
            MapView.Width = 768;

            ButtonZoomIn.Margin = new Thickness(320, 0, 0, 0);
            ButtonZoomOut.Margin = new Thickness(400, 0, 0, 0);
        }
    }
```

8.2.10 计算导航路线

添加 Bing Maps Geocode 服务的引用，为此右键点击工程 UsingBingMaps 的 References，在弹出的菜单中选择 Add Service Reference…，如图 8-11 所示。

把下面的服务地址粘贴到打开的对话框，然后点击 Go: http://dev.virtualearth.net/webservices/v1/geocodeservice/geocodeservice.svc

在 Namespace 字段，输入 Bing.Geocode，然后点击 OK 按钮，如图 8-12 所示的必应地图 Geocode 服务。

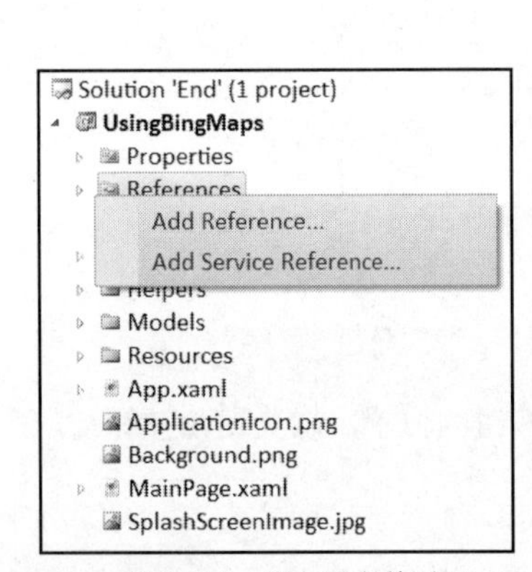

▲图 8-11 添加服务的引用

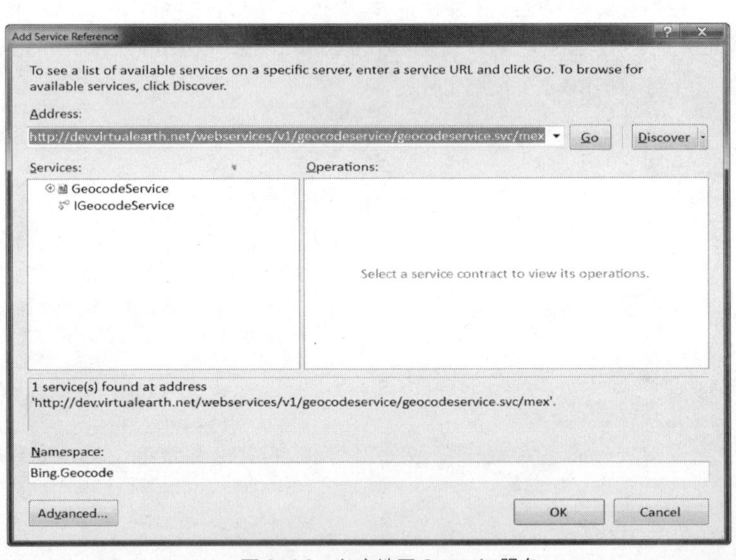

▲图 8-12 必应地图 **Geocode** 服务

添加 Bing Maps Route 服务的引用，为此右键点击工程 UsingBingMaps 的 References，在弹出的菜单中选择 Add Service Reference…。

把下面的服务地址粘贴到打开的对话框，然后点击 Go: http://dev.virtualearth.net/webservices/v1/routeservice/routeservice.svc

在 Namespace 字段，输入 Bing. Route，然后点击 OK。

添加到 Bing Maps Search 服务的引用，为此右键点击工程 UsingBingMaps 的 References，然后

选择 Add Service Reference…。

把下面的服务地址粘贴到打开的对话框，然后点击 Go: http://dev.virtualearth.net/webservices/v1/searchservice/searchservice.svc

在 Namespace 字段，输入 Bing. Search，然后点击 OK。

打开 ServiceReferences.ClientConfig 配置文件，作为项目的一项配置它一般会自动创建 ，删除文件中所有与 CustomBinding 相关的内容，配置文件如下。

Silverlight Project: UsingBingMaps　File: ServiceReferences.ClientConfig

```
<configuration>
    <system.serviceModel>
        <bindings>
            <basicHttpBinding>
                <binding name="BasicHttpBinding_IGeocodeService" maxBufferSize="2147483647"
                   maxReceivedMessageSize="2147483647">
                   <security mode="None" />
                </binding>
                <binding name="BasicHttpBinding_IRouteService" maxBufferSize="2147483647"
                   maxReceivedMessageSize="2147483647">
                   <security mode="None" />
                </binding>
                <binding name="BasicHttpBinding_ISearchService" maxBufferSize="2147483647"
                   maxReceivedMessageSize="2147483647">
                  <security mode="None" />
                </binding>
            </basicHttpBinding>
        </bindings>
        <client>
            <endpoint  address="http://dev.virtualearth.net/webservices/v1/geocodeservice/
GeocodeService.svc"
                binding="basicHttpBinding" bindingConfiguration="BasicHttpBinding_ IGeocod
Service"
                contract="Bing.Geocode.IGeocodeService"
name="BasicHttpBinding_IGeocodeService" />
          <endpoint  address="http://dev.virtualearth.net/webservices/v1/routeservice/
routeservice.svc"
              binding="basicHttpBinding"
bindingConfiguration="BasicHttpBinding_IRouteService"
              contract="Bing.Route.IRouteService" name="BasicHttpBinding_IRouteService"
/>
          <endpoint address="http://dev.virtualearth.net/webservices/v1/searchservice/
searchservice.svc"
              binding="basicHttpBinding"
bindingConfiguration="BasicHttpBinding_ISearchService"
              contract="Bing.Search.ISearchService"
name="BasicHttpBinding_ISearchService" />
        </client>
    </system.serviceModel>
</configuration>
```

创建辅助类，通过异步调用服务来计算路线。将 RouteCalculator.cs、RoutingState.cs 和 RouteCalculationError.cs 文件添加到 Helpers 工程文件夹，如图 8-13 所示的路线计算类。可以在 Assets/Code 目录中找到这些文件。

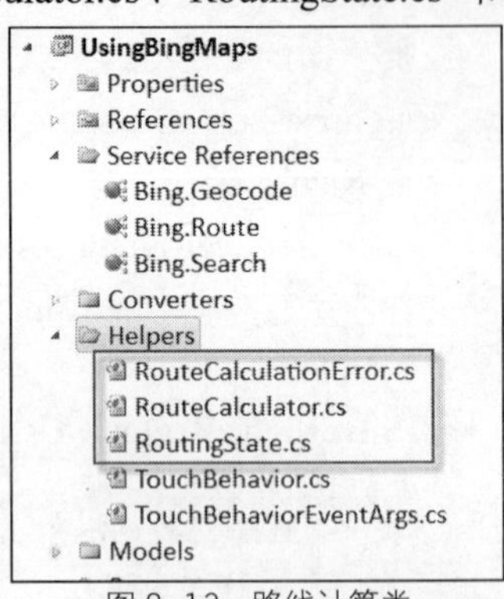

图 8-13　路线计算类

RouteCalculator 类公开了一个 CalculateAsync 公用方法和一个公用的 Error 事件。初始化一个带有以下参数 RouteCalculator 类型的新实例，如果发生错误，错误事件会由 UI 线程抛出。

向 Models 工程文件夹中添加一个模板公用类 RouteModel 来表现路线数据。在 RouteModel 类中添加一个新的 collection 来保存路线坐标系，类型为 Microsoft.Phone.Controls.Maps.Location Collection，作为一个公用属性公开并命名为 Locations。

创建一个构造函数，它有一个类型为 Microsoft.Phone.Controls. Maps.Platform.Location 的参数。使用它来初始化内部集合，Location 有一个到 GeoCoordinate 类型的隐式转换。

Silverlight Project: UsingBingMaps　File: Models/RouteModel.cs

```
public class RouteModel
{
    private readonly LocationCollection _locations;

    /// <summary>
    /// Gets the location collection of this route.
    /// </summary>
    public ICollection<GeoCoordinate> Locations
    {
         get { return _locations; }
    }

    /// <summary>
    /// Initializes a new instance of this type.
    /// </summary>
    /// <param name="locations">A collection of locations.</param>
    public RouteModel(ICollection<Location> locations)
    {
        _locations = new LocationCollection();
        foreach (Location location in locations)
        {
            _locations.Add(location);
        }
    }
}
```

在 MainPage.xaml.cs 中，添加一个新的 ObservableCollection<RouteModel>，并作为公用属性公开，命名为 Routes。这个集合保存计算后的路线，并绑定到路线图层。

Silverlight Project: UsingBingMaps　File: MainPage.xaml.cs

```
/// <value>Collection of calculated map routes.</value>
private readonly ObservableCollection<RouteModel> _routes = new ObservableCollection
<RouteModel>();

/// <summary>
/// Gets a collection of routes.
/// </summary>
public ObservableCollection<RouteModel> Routes
{
     get { return _routes; }
}
```

添加两个公用 string 属性：**To** 和 **From**，即起点和终点。

Silverlight Project: UsingBingMaps　File: MainPage.xaml.cs

```
/// <summary>
/// Gets or sets the route destination location.
/// </summary>
public string To { get; set; }

/// <summary>
/// Gets or sets the route origin location.
/// </summary>
public string From { get; set; }
```

CalculateRoute 方法并使用路线计算器辅助类计算一个路线：创建 try/catch 块，在捕捉到异常时使用 MessageBox 显示错误消息。

为实现异步计算路线，在 try 块中创建一个 RouteCalculator 实例。当路线计算完毕时，清除 Route 集合。并注册错误消息给 RouteCalculator.Error 事件，最后调用 RouteCalculator.CalculateAsync 方法来开始计算路线。

以路线计算器参数为基础创建一个新的 RouteModel 实例，并向路线集合中添加新的路线。以新路线为中心显示地图，通过调用 Map.SetView 传递 LocationRect 实例。LocationRect 实例使用 LocationRect.CreateLocationRect 方法创建。

Silverlight Project: UsingBingMaps　File: MainPage.xaml.cs

```
private void CalculateRoute()
{
     try
     {
          var routeCalculator = new RouteCalculator(
               CredentialsProvider,
               To,
               From,
               Dispatcher,
               result =>
               {
                    // Clear the route collection to have only one route at a time.
```

```
                Routes.Clear();

                // Create a new route based on route calculator result,
                // and add the new route to the route collection.
                var routeModel = new RouteModel(result.Result.RoutePath.Points);
                Routes.Add(routeModel);

                // Set the map to center on the new route.
                var viewRect = LocationRect.CreateLocationRect(routeModel.Locations);
                Map.SetView(viewRect);
            });

        // Display an error message in case of fault.
        routeCalculator.Error += r => MessageBox.Show(r.Reason);

        // Start the route calculation asynchronously.
        routeCalculator.CalculateAsync();
    }
    catch (Exception ex)
    {
        MessageBox.Show(ex.Message);
    }
}
```

在MainPage.xaml中添加起点和终点的文本框。找到RouteView border并添加一个新Grid子项，由两个TextBlocks的组成：From和To。From和To控件使用双向绑定模式绑定。在Grid中添加一个“Go”按钮，设置它的样式为ButtonGoStyle，添加点击事件的处理函数ButtonGo_Click。

Silverlight Project: UsingBingMaps   File: MainPage.xaml

```
<!-- Route View -->
<Border x:Name="RouteView"
    Height="160" Margin="0"
    Padding="8" RenderTransformOrigin="0.5,0.5" Width="480"
    Background="{StaticResource ControlBackgroundBrush}">
    <Border.RenderTransform>
        <CompositeTransform TranslateY="-160"/>
    </Border.RenderTransform>

    <Grid>
        <Grid.RowDefinitions>
            <RowDefinition />
            <RowDefinition />
        </Grid.RowDefinitions>
        <Grid.ColumnDefinitions>
            <ColumnDefinition Width="50" />
            <ColumnDefinition Width="0.8*" />
            <ColumnDefinition Width="0.2*"/>
        </Grid.ColumnDefinitions>
        <TextBlock Text="From" Grid.Row="0" Grid.Column="0" VerticalAlignment="Center" />
        <TextBox Text="{Binding From, Mode=TwoWay}" Grid.Row="0" Grid.Column="1"
Grid.ColumnSpan="2" />
        <TextBlock Text="To" Grid.Row="1" Grid.Column="0" VerticalAlignment="Center" />
        <TextBox Text="{Binding To, Mode=TwoWay}" Grid.Row="1" Grid.Column="1" />
```

```
        <Button  Content="Go"  Grid.Column="2"  Grid.Row="1"  Click="ButtonGo_Click" 
Style="{StaticResource ButtonGoStyle}" />
    </Grid>

</Border>
```

创建路线图层，创建 MapItemsControl 绑定 Routes 属性。要在地图上用单线绘制路线，用一个数据模板设置 MapItemsControl.ItemTemplate，该模板包含了 MapPolyline 的实例。用 RouteModel.Locations 属性来绑定 MapPolyline 实例。

Silverlight Project: UsingBingMaps　File: MainPage.xaml

```
<my:MapItemsControl ItemsSource="{Binding Routes}">
    <my:MapItemsControl.ItemTemplate>
        <DataTemplate>
            <my:MapPolyline Locations="{Binding Locations}"
                            Stroke="#FF2C76B7"
                            Opacity="0.5"
                            StrokeThickness="6" />
        </DataTemplate>
    </my:MapItemsControl.ItemTemplate>
</my:MapItemsControl>
```

8.2.11　测试应用程序

1. 变焦控制

在默认状态下切换手机为纵向显示，本例中的默认地点为青岛市的标志建筑——栈桥，点击放大按钮，改变焦距俯视伸向大海怀抱的建筑。观看航测图的地图，就像身处地球之外观察我们生存的星球，如图 8-14 所示。

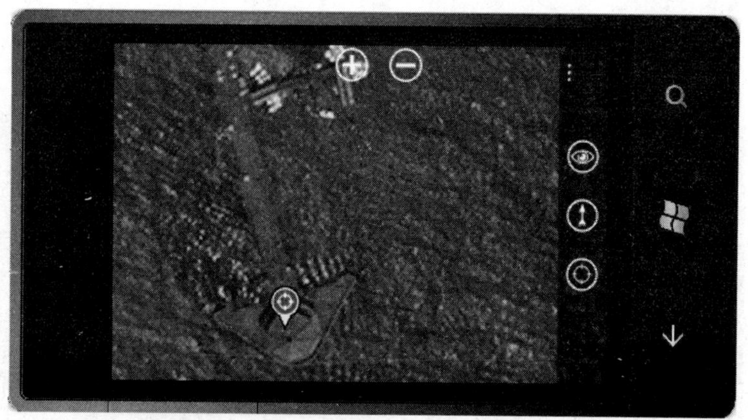

▲图 8-14　变焦控制

旋转手机的方向，拖动画面查看地图显示的内容。图 8-15 所示的位置是青岛五四广场的标志——五月的风。

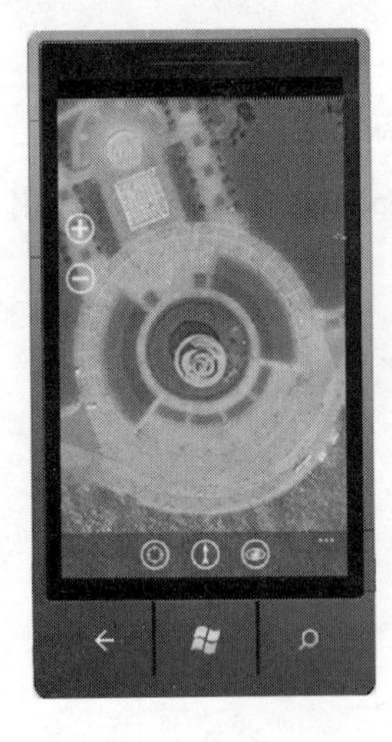

▲图 8-15　横向和纵向视图显示

2. 计算路线（图 8-16）

在起点和终点的文本框中输入有效的地址。 默认起点：Wuqing, TIANJIN, CHINA。默认终点：Qingdao, SHANDONG, CHINA。点击搜索图标，程序默认显示天津武清至山东青岛的路线图。如果输入的地点在地图上找不到，会显示“未找到相关地点的路线”的信息提示。

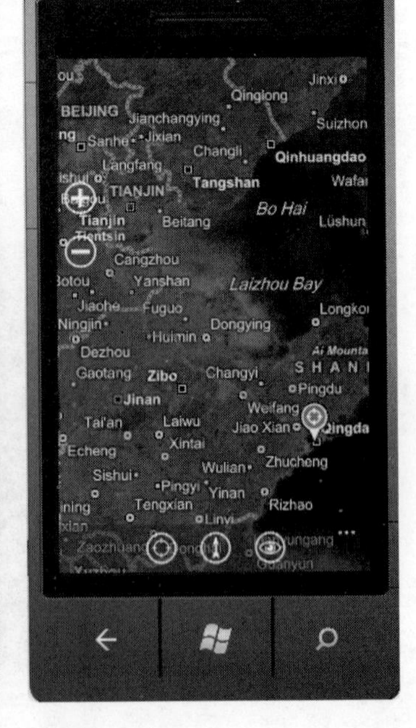

▲图 8-16　计算路线

3. 航测图和路线图模式切换

在应用程序栏点击 Mode 按钮切换地图显示模式，即航测图模式和路线图模式切换。如图 8-17 所示的路线图模式切换至航测图模式。左侧为航测图，右侧为路线图。

▲图 8-17　路线图模式切换至航测图模式

8.3 必应地图开发资源

8.3.1　开发者资源

任何使用必应地图 SOAP 服务的疑问，可使用以下帮助资源：

- 必应地图开发者论坛 Bing Maps Forum；
- 阅读必应地图开发者博客 Bing Maps Developer blog。

8.3.2　账户访问问题

如果在使用必应地图开发者账户时遇到问题，请联系必应地图账户管理员 Bing Maps Account Administrator。

> **注意**　请注意必应地图账户访问问题的支持是可用的只是通过电子邮件，电子邮件是在两个工作日内答复。

第 9 章　数据绑定

9.1 数据绑定概述

Windows Phone 应用程序中控件显示的数据通常是一个业务对象或者对象集合，如股票行情或图像的集合，有时还需要数据在控件中转换。本节参考 APP HUB 的文章 Data Binding to Controls 重点讲述如何把数据绑定到控件。

Windows Phone 的 Silverlight 实现数据绑定必须为每个绑定都指定绑定源和绑定目标。图 9-1 所示演示了绑定的基本概念。

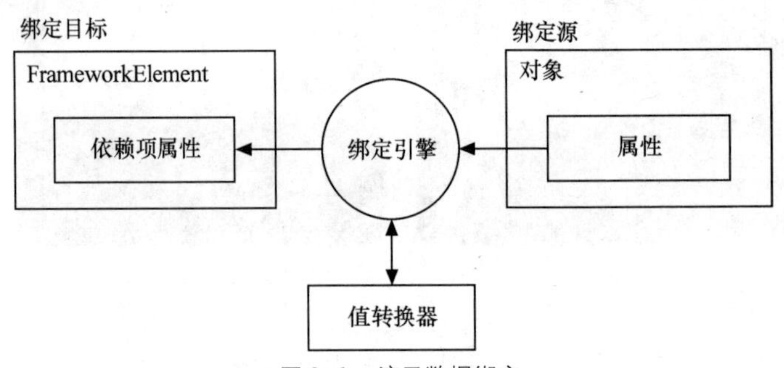

▲图 9-1　演示数据绑定

绑定引擎从绑定源对象获取以下信息。

♦ 目标 UI 属性，用于显示数据，并且可能允许用户对数据进行更改。

♦ 包含在源和目标之间流动的数据的源对象。源可以是任何 CLR 对象，包括目标元素本身或者其他 UI 元素。如果目标处于某一数据模板中，则源对象可以是该模板应用的 UI 元素。

♦ 数据转换即值转换器，属于可选选项。

♦ 数据流的方向。

每个绑定都有一个 Mode 属性，该属性决定数据流动的方式和时间。支持以下 3 种类型的绑定。

♦ OneTime——创建时绑定，该绑定使用绑定源的数据更新目标。

♦ OneWay——创建时绑定以及每当绑定源的数据发生变化时，该绑定使用绑定源的数据更新绑定目标。这是默认模式。

♦ TwoWay——当绑定目标和绑定源有一个发生变化时，绑定既更新目标也更新源，或者可以设定对源进行更新的时机。

9.2 绑定单项数据

在典型的数据绑定中，从另一个对象的属性自动更新一个对象的属性。

本例中提供数据的对象是滑块控件，滑块控件的 Value 属性是绑定源的数据，接收数据的 TextBlock 的 Text 属性，以及 Rectangle 的 Width 属性是绑定目标。

Silverlight Project: SliderBindings　file: MainPage.xaml

```
<Slider Name="slider"
       Value="90"
       Grid.Row="0"
       Maximum="180"
       Margin="24" />

<TextBlock Name="txtblk"
           Text="{Binding ElementName=slider, Path=Value}"
           Grid.Row="1"
           FontSize="48"
           HorizontalAlignment="Center"
           VerticalAlignment="Center" />

<Rectangle Grid.Row="2"
           Width="{Binding ElementName=slider, Path=Value}"
           RenderTransformOrigin="0.5 0.5"
           Fill="Blue">
   <Rectangle.RenderTransform>
      <RotateTransform x:Name="rotate"
                       Angle="90" />
   </Rectangle.RenderTransform>
</Rectangle>
```

运行结果如图 9-2 所示，拖动滑块文本框显示的数据和矩形的高度都由于数据绑定发生变化。

▲图 9-2　Slider 绑定

9.3 使用数据模板绑定数据对象集

前面的例子说明将单项数据绑定到控件，A more common scenario is to bind to a collection of business objects.更常见的情况是将对象集数据绑定到控件。参考 APP HUB 上的 Data Binding to Controls，实现了本节中的数据模板绑定数据对象集，并对显示的日期格式做了数据转换。

为了使绑定源对象的更改能够传播到绑定目标，绑定源必须实现 INotifyPropertyChanged 接口。INotifyPropertyChanged 具有 PropertyChanged 事件，该事件通知绑定引擎源已更改，以便绑定引擎可以更新目标值。

在实现绑定对象集合之前，应考虑使用 ObservableCollection<T>类，该类具有 InotifyCollection Changed 和 INotifyPropertyChanged 的内置实现。

9.3.1 定义数据源

创建定义集合中的每个对象的类。在 MainPage.xaml.cs 中声明 Recording 类。

Silverlight Project: ComboBoxBingds   file: MainPage.xaml.cs

```
public class Recording
    {
        public Recording() { }
        public Recording(string artistName, string cdName, DateTime release)
        {
            Artist = artistName;
            Name = cdName;
            ReleaseDate = release;
        }
        public string Artist { get; set; }
        public string Name { get; set; }
        public DateTime ReleaseDate { get; set; }
        // Override the ToString method.
        public override string ToString()
        {
            return Name + " by " + Artist + ", Released: " + ReleaseDate.ToShortDateString();
        }
    }
```

在 MainPage.xaml.cs 中添加引用。

Silverlight Project: ComboBoxBingds   file: MainPage.xaml.cs

```
using System.Collections.ObjectModel;
using System.Windows.Data;
```

创建对象集合。在 MainPage.xaml.cs 中添加 Recording 的数据集。

Silverlight Project: ComboBoxBingds   file: MainPage.xaml.cs

```
public partial class MainPage : PhoneApplicationPage
```

```
{
    public ObservableCollection<Recording> MyMusic = new ObservableCollection<Recording>();

    // Constructor
    public MainPage()
    {
        InitializeComponent();

        // Add items to the collection.
        MyMusic.Add(new Recording("Chris Sells", "Chris Sells Live",
        new DateTime(2008, 2, 5)));
        MyMusic.Add(new Recording("Luka Abrus",
        "The Road to Redmond", new DateTime(2007, 4, 3)));
        MyMusic.Add(new Recording("Jim Hance",
        "The Best of Jim Hance", new DateTime(2007, 2, 6)));
        // Set the data context
        LayoutRoot.DataContext = new CollectionViewSource { Source = MyMusic };
    }
}
```

9.3.2　创建数据模板

创建数据模板步聚如下

（1）创建 DataTemplate 元素。

注意：

可以直接在控件上设置 ItemTemplate，但是如果将其作为资源创建，则模板可重用。

（2）将 ItemsSource 绑定到数据源。

（3）添加详细查看。

Silverlight Project: ComboBoxBingds　file: MainPage.xaml

```
<Grid x:Name="ContentPanel" Grid.Row="1" Margin="12,0,12,0">
    <ComboBox x:Name="ComboWithTemplate" ItemsSource="{Binding}"
        Foreground="Black" FontSize="18" Height="50" Width="400" >
        <ComboBox.ItemTemplate>
            <DataTemplate>
                <StackPanel Orientation="Horizontal" Margin="2">
                    <TextBlock Text="Artist:" Margin="2" />
                    <TextBlock Text="{Binding Artist}" Margin="2" />
                    <TextBlock Text="CD:" Margin="10,2,0,2" />
                    <TextBlock Text="{Binding Name}" Margin="2" />
                </StackPanel>
            </DataTemplate>
        </ComboBox.ItemTemplate>
    </ComboBox>
    <!--The UI for the details view-->
    <StackPanel x:Name="RecordingDetails">
        <TextBlock FontWeight="Bold" Text="{Binding Artist, Mode=OneWay}" Margin="5,0,0,0"/>
        <TextBlock FontStyle="Italic" Text="{Binding Name, Mode=OneWay}" Margin="5,0,0,0"/>
        <TextBlock Text="{Binding ReleaseDate,
                        Mode=OneWay,
                        Converter={StaticResource StringConverter},
```

```
                    ConverterParameter=Released: \{0:d\}}"
                Margin="5,0,0,0" />
    </StackPanel>
```

9.3.3 数据转换

通过创建一个类和实现 IValueConverter 接口来针对每个具体的应用场景自定义转换器。

Silverlight Project: ComboBoxBingds　file: MainPage.xaml.cs

```
public class StringFormatter : IValueConverter
{
    // This converts the value object to the string to display.
    // This will work with most simple types.
    public object Convert(object value, Type targetType,
    object parameter, System.Globalization.CultureInfo culture)
    {
        // Retrieve the format string and use it to format the value.
        string formatString = parameter as string;
        if (!string.IsNullOrEmpty(formatString))
        {
            return string.Format(culture, formatString, value);
        }
        // If the format string is null or empty, simply
        // call ToString() on the value.
        return value.ToString();
    }
    // No need to implement converting back on a one-way binding
    public object ConvertBack(object value, Type targetType,
    object parameter, System.Globalization.CultureInfo culture)
    {
        throw new NotImplementedException();
    }
}
```

如果为绑定定义了 Converter 参数，则绑定引擎会调用 Convert 和 ConvertBack 方法。从源传递数据时，绑定引擎调用 Convert 并将返回的数据传递给目标。从目标传递数据时，绑定引擎调用 ConvertBack，并将返回的数据传递给源。

Silverlight Project: ComboBoxBingds　file: MainPage.xaml

```
<phone:PhoneApplicationPage
......
   xmlns:local="clr-namespace:ComboBoxBingds"
......
>

<phone:PhoneApplicationPage.Resources>
       <local:StringFormatter x:Key="StringConverter"/>
</phone:PhoneApplicationPage.Resources>

......
<TextBlock Text="{Binding ReleaseDate,
                          Mode=OneWay,
```

```
                Converter={StaticResource StringConverter},
                ConverterParameter=Released: \{0:d\}}"
         Margin="5,0,0,0" />
......
```

运行结果如图9-3所示。

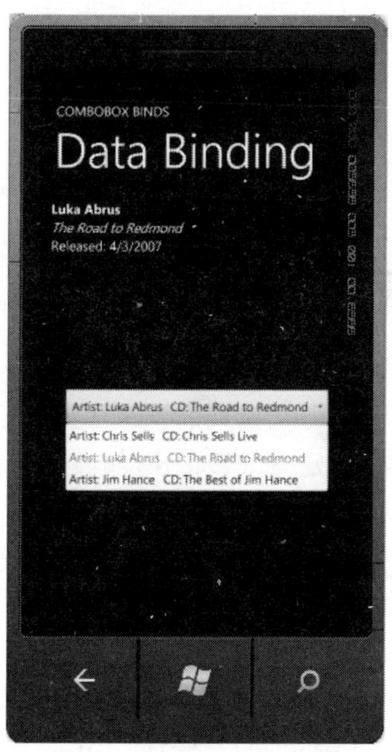

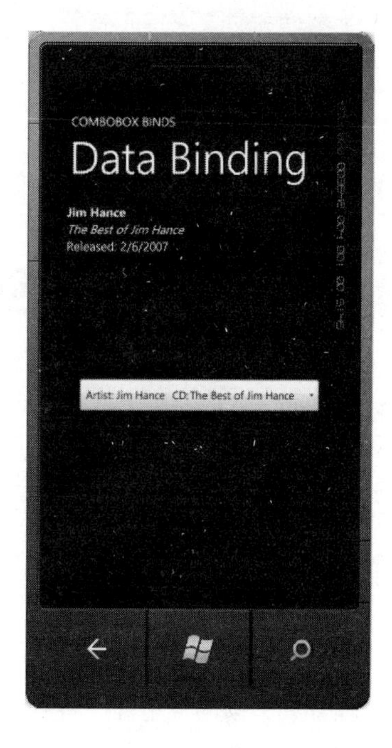

▲图9-3　数据绑定运行结果

第 10 章　计划操作（Scheduled Actions）

10.1 计划操作（Scheduled Actions）

应用程序可以使用预定操作执行任务，即使在主应用程序未在前台运行。此功能的两个子类：计划通知（包括提醒和警告）和计划任务（定期的资源密集型任务在后台执行）。Windows Phone Mango 的计划通知功能允许应用程序创建有关警告和提醒的可配置的计划表；计划任务功能允许注册后台代理去执行计划的任务。

10.1.1　计划通知

计划通知在预定的时间，在手机屏幕中弹出信息提醒和警告的对话框，类似于 Windows Phone 内置的通知。对话框的内容为自定义的文本信息，并允许用户取消和推迟通知。如果用户点击通知，与通知相关联的应用程序将启动。计划通知可以配置为启动一次或多次重复执行的计划，请注意计划通知的时间表精确到分。

计划通知有两种类型：警告（Alarm）和提醒（Reminder）。报警允许指定通知程序启动时播放的语音文件；提醒则声明与通知相关联的 URI 指向应用程序中的页面，包括查询字符串参数。用户点击提醒后，与此通知相关的应用程序将启动并显示声明的 URI 页面。

10.1.2　计划任务

计划任务允许应用程序执行后台代理程序，执行条件是主程序未激活。与计划通知不同的是，计划任务只能选择两种类型执行，即 PeriodicTask 和 ResourceIntensiveTask。

PeriodicTask 定期执行，但是执行时间短，且限制使用处理周期和内存等系统资源。此类型适合快速任务，比如检查启用位置功能的 Web 服务的用户数，或者缓冲小量的数据。

ResourceIntensiveTask 不定期执行，在设备处于资源充沛的情况下执行，比如设备处于 Wi-Fi 网络连接状态并且设备采用外接电源供电。此类型的任务在允许使用充足的设备资源时，可以运行更长的时间处理大量的数据，即此类型的任务执行时间是弹性的。

GeoCoordinateWatcher 是值得关注的计划任务，后台代理支持此 API 用于获得设备的地理位置坐标。需要注意的是，此 API 获得地理位置坐标并不是当前的实际值，而是缓存中的位置坐标值，缓存中的位置坐标由设备每十五分钟更新一次。

10.2 动手实践——提醒（Reminders）

本节动手实践重点讲述使用 Reminder 和 ScheduledActionService 类创建 Windows Phone 的计划通知——提醒的方法。我们将创建提醒的显示列表、添加列表和提醒导航的页面，在提醒导航的页面中我们将传递的字符串数据作为查询操作的关键词，显示查询的结果。

10.2.1　创建提醒的显示列表

（1）本例的工程是在 Visual Studio 使用 Silverlight for Windows Phone 模板创建 Windows Phone Application 工程，命名为 ReminderSample。

（2）在 MainPage.xaml 中创建用户界面，命名为 ReminderListBox 的 ListBox 以数据绑定的形式显示提醒列表。

Silverlight Project: ReminderSample　File: MainPage.xaml

```
<Grid x:Name="ContentPanel" Grid.Row="1" Margin="12,0,12,0">
     <TextBlock Text="you have no reminders registered" Name="EmptyTextBlock" Visibility=
"Collapsed"/>
     <ListBox Name="ReminderListBox">
         <ListBox.ItemTemplate>
             <DataTemplate>
                 <Grid Background="Transparent" Margin="0,0,0,30">
                     <Grid.ColumnDefinitions>
                         <ColumnDefinition Width="380"/>
                         <ColumnDefinition Width="50"/>
                     </Grid.ColumnDefinitions>
                     <Grid Grid.Column="0">

                         <StackPanel Orientation="Vertical">
                                  <TextBlock Text="{Binding Title}" TextWrapping="NoWrap"
Foreground="{StaticResource PhoneAccentBrush}" FontWeight="Bold"/>
                          <TextBlock Text="{Binding Content}" TextWrapping="Wrap" Foreground=
"{StaticResource PhoneAccentBrush}"/>

                             <StackPanel Orientation="Horizontal">
                                 <TextBlock Text="begin "/>
                                 <TextBlock Text="{Binding BeginTime}" HorizontalAlignment=
"Right"/>
                             </StackPanel>

                             <StackPanel Orientation="Horizontal">
                                 <TextBlock Text="expiration "/>
                               <TextBlock Text="{Binding ExpirationTime}" HorizontalAlignment=
"Right"/>
                             </StackPanel>
                             <StackPanel Orientation="Horizontal">
                                 <TextBlock Text="recurrence "/>
                                 <TextBlock  Text="{Binding  RecurrenceType}"  Horizontal
Alignment="Right"/>
```

```
                        </StackPanel>
                        <StackPanel Orientation="Horizontal">
                           <TextBlock Text="is scheduled? "/>
                            <TextBlock Text="{Binding IsScheduled}" HorizontalAlignment=
"Right"/>

                        </StackPanel>

                    </StackPanel>

                </Grid>
                <Grid Grid.Column="1">
                    <Button Tag="{Binding Name}" Click="deleteButton_Click" Content="X"
BorderBrush="Red"  Background="Red"  Foreground="{StaticResource  PhoneBackgroundBrush}"
VerticalAlignment="Top" BorderThickness="0" Width="50" Padding="0,0,0,0"></Button>
                </Grid>
            </Grid>
        </DataTemplate>
    </ListBox.ItemTemplate>
  </ListBox>
</Grid>
```

（3）在 MainPage.xaml 中创建应用程序栏 ApplicationBar。在应用程序栏中增加导航到添加提醒的页面导航按钮中。

Silverlight Project: ReminderSample　File: MainPage.xaml

```
<phone:PhoneApplicationPage.ApplicationBar>
    <shell:ApplicationBar IsVisible="True" IsMenuEnabled="True">
        <shell:ApplicationBarIconButton IconUri="/Images/add.png" Text="Add" Click=
"ApplicationBarAddButton_Click"/>
    </shell:ApplicationBar>
</phone:PhoneApplicationPage.ApplicationBar>
```

（4）在 MainPage.xaml.cs 中添加 Microsoft.Phone.Scheduler 的引用。

Silverlight Project: ReminderSample　File: MainPage.xaml.cs

```
using Microsoft.Phone.Scheduler;
```

（5）添加类型为 IEnumerable<Reminder>的变量 reminders。<Reminder>声明 Enumerable 对象包含的是 Reminde 类的对象。

Silverlight Project: ReminderSample　File: MainPage.xaml.cs

```
public partial class MainPage : PhoneApplicationPage
{
IEnumerable<Reminder> reminders;
......
}
```

（6）创建 ResetItemsList 方法，此方法调用 GetActions<T>()检索与使用 ScheduledActionService 注册的应用程序的提醒对象。当列表中包含一项或多项提醒时，隐藏"no reminders"的 TextBox，更新 ReminderListBox 的数据源，在页面上显示提醒列表。ResetItemsList 方法在 OnNavigatedTo 方法和删除提醒 deleteButton_Click 的方法中被调用。

Silverlight Project: ReminderSample　File: MainPage.xaml.cs

```
private void ResetItemsList()
{
     // Use GetActions to retrieve all of the scheduled actions
     // stored for this application. The type <Reminder> is specified
     // to retrieve only Reminder objects.
     reminders = ScheduledActionService.GetActions<Reminder>();

     // If there are 1 or more reminders, hide the "no reminders"
     // TextBlock. IF there are zero reminders, show the TextBlock.
     if (reminders.Count<Reminder>() > 0)
     {
        EmptyTextBlock.Visibility = Visibility.Collapsed;
     }
     else
     {
        EmptyTextBlock.Visibility = Visibility.Visible;
     }

     // Update the ReminderListBox with the list of reminders.
     // A full MVVM implementation can automate this step.
     ReminderListBox.ItemsSource = reminders;
}
```

（7）重载 OnNavigatedTo（NavigationEventArgs）方法。OnNavigatedTo（NavigationEventArgs）方法在导航到该页面时被调用，包括应用程序第一次启动。在此方法中调用 ResetItemsList 方法更新 ReminderListBox 的数据源。

Silverlight Project: ReminderSample　File: MainPage.xaml.cs

```
protected override void OnNavigatedTo(System.Windows.Navigation.NavigationEventArgs e)
{
     base.OnNavigatedTo(e);

     // Reset the ReminderListBox items when the page is navigated to.
     ResetItemsList();
}
```

（8）实现在 XAML 中创建删除按钮的事件处理程序。调用 ScheduledActionService 的 Remove 方法删除提醒。提醒被删除后，调用 ResetItemsList 方法更新列表。

Silverlight Project: ReminderSample　File: MainPage.xaml.cs

```
private void deleteButton_Click(object sender, RoutedEventArgs e)
{
     // The scheduled action name is stored in the Tag property
     // of the delete button for each reminder.
     string name = (string)((Button)sender).Tag;
```

```
    // Call Remove to unregister the scheduled action with the service.
    ScheduledActionService.Remove(name);

    // Reset the ReminderListBox items
    ResetItemsList();
}
```

（9）应用程序栏按钮事件处理程序，实现导航至 AddReminder.xaml 页面添加提醒。

Silverlight Project: ReminderSample   File: MainPage.xaml.cs

```
private void ApplicationBarAddButton_Click(object sender, EventArgs e)
{
    // Navigate to the AddReminder page when the add button is clicked.
    NavigationService.Navigate(new Uri("/AddReminder.xaml", UriKind.RelativeOrAbsolute));
}
```

10.2.2 创建添加提醒的页面

创建添加新的提醒的页面，在此页面必须能够允许用户选择日期和时间，创建新的提醒。此示例使用 DatePicker 和 TimePicker，它们是 Windows Phone Silverlight Toolkit 中包含的控件。示例代码中已经包含 Windows Phone Silverlight Toolkit 的引用。

系统中的每个提醒名称必须是唯一的，应用程序可以采用任何形式命名，本例中采用系统生成的唯一的 Guid 命名提醒。

计划通知——提醒可以设置重复执行，在本例中判断每年、月末、每月、每周、每日的提醒重复执行的选项，如果设置了就设定重复执行的周期，否则设置重复执行的属性为空。

创建提醒对应的导航连接并传递参数，调用 ScheduledActionService 的 Add 方法创建新的提醒 Reminder。

Silverlight Project: ReminderSample   File: AddReminder.xaml.cs

```
private void ApplicationBarSaveButton_Click(object sender, EventArgs e)
{
    // Generate a unique name for the new reminder. You can choose a
    // name that is meaningful for your app, or just use a GUID.
    String name = System.Guid.NewGuid().ToString();



    // Get the begin time for the reminder by combining the DatePicker
    // value and the TimePicker value.
    DateTime date = (DateTime)beginDatePicker.Value;
    DateTime time = (DateTime)beginTimePicker.Value;
    DateTime beginTime = date + time.TimeOfDay;

    // Make sure that the begin time has not already passed.
    if (beginTime < DateTime.Now)
    {
        MessageBox.Show("the begin date must be in the future.");
        return;
```

```
        }

        // Get the expiration time for the reminder
        date = (DateTime)expirationDatePicker.Value;
        time = (DateTime)expirationTimePicker.Value;
        DateTime expirationTime = date + time.TimeOfDay;

        // Make sure that the expiration time is after the begin time.
        if (expirationTime < beginTime)
        {
           MessageBox.Show("expiration time must be after the begin time.");
           return;
        }

        // Determine which recurrence radio button is checked.
        RecurrenceInterval recurrence = RecurrenceInterval.None;
        if (dailyRadioButton.IsChecked == true)
        {
           recurrence = RecurrenceInterval.Daily;
        }
        else if (weeklyRadioButton.IsChecked == true)
        {
           recurrence = RecurrenceInterval.Weekly;
        }
        else if (monthlyRadioButton.IsChecked == true)
        {
           recurrence = RecurrenceInterval.Monthly;
        }
        else if (endOfMonthRadioButton.IsChecked == true)
        {
           recurrence = RecurrenceInterval.EndOfMonth;
        }
        else if (yearlyRadioButton.IsChecked == true)
        {
           recurrence = RecurrenceInterval.Yearly;
        }


        // Create a Uri for the page that will be launched if the user
        // taps on the reminder. Use query string parameters to pass
        // content to the page that is launched.
        string param1Value = param1TextBox.Text;
        string param2Value = param2TextBox.Text;
        string queryString = "";
        if (param1Value != "" && param2Value != "")
        {
           queryString = "?param1=" + param1Value + "&param2=" + param2Value;
        }
        else if(param1Value != "" || param2Value != "")
        {
             queryString = (param1Value!=null) ? "?param1="+param1Value : "?param2=
"+param2Value;
        }
```

```
    Uri navigationUri = new Uri("/ShowParams.xaml" + queryString, UriKind.Relative);

    Reminder reminder = new Reminder(name);
    reminder.Title = titleTextBox.Text;
    reminder.Content = contentTextBox.Text;
    reminder.BeginTime = beginTime;
    reminder.ExpirationTime = expirationTime;
    reminder.RecurrenceType = recurrence;
    reminder.NavigationUri = navigationUri;

    // Register the reminder with the system.
    ScheduledActionService.Add(reminder);

    // Navigate back to the main reminder list page.
    NavigationService.GoBack();

}
```

10.2.3 创建提醒启动页面

重写 ShowParams.xaml.cs 的基类 PhoneApplicationPage 的 OnNavigatedTo（NavigationEventArgs）方法。计划通知——提醒导致此页面时将调用此方法。在此方法中，使用 NavigationContext 类的查询字符串值获得传递的参数值。

Silverlight Project: ReminderSample　File: ShowParams.xaml.cs

```
// Implement the OnNavigatedTo method and use NavigationContext.QueryString
// to get the parameter values passed by the reminder.
protected override void OnNavigatedTo(System.Windows.Navigation.NavigationEventArgs e)
{
    base.OnNavigatedTo(e);

    string param1Value = "";
    string param2Value = "";

    NavigationContext.QueryString.TryGetValue("param1", out param1Value);
    NavigationContext.QueryString.TryGetValue("param2", out param2Value);

    param1TextBlock.Text = param1Value;
    param2TextBlock.Text = param2Value;
}
```

10.2.4 调试应用程序

按 F5 键运行应用程序，或者点击 Start Debugging 按钮运行，如图 10-1、图 10-2 和图 10-3 所示。

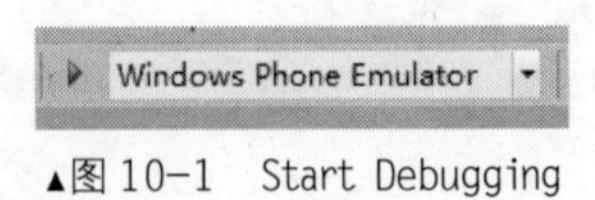

▲图 10-1　Start Debugging

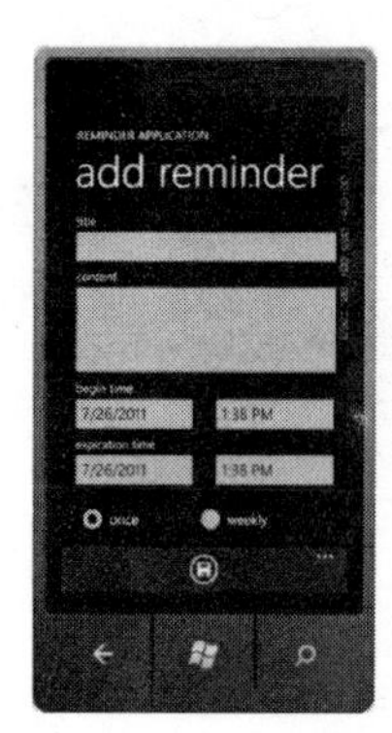

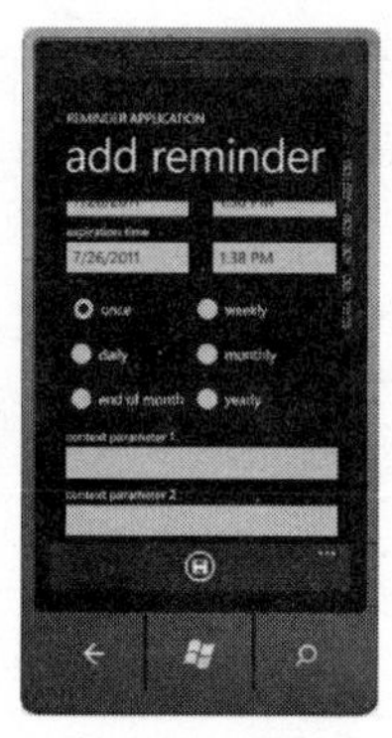

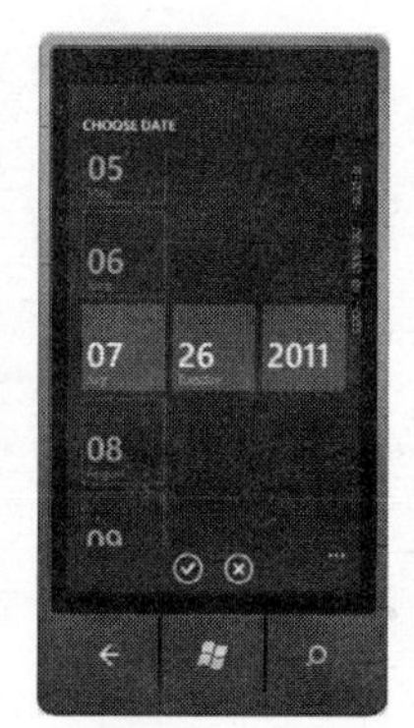

▲图 10-2　添加提醒

▲图 10-3　动手实践——提醒的运行结果

第 11 章　全景（Panorama）和枢轴（Pivot）

11.1 全景（Panorama）控件介绍

11.1.1　外观和感觉

全景（Panorama）应用程序是 Windows Phone 对于视觉体验的核心应用之一。不同于其他将设计的范围以屏幕大小为基准的应用程序，全景应用程序使用独特的方式浏览内容、数据和服务，并以一个长方形的水平画布向外延伸，且超出屏幕范围。这种动态的应用程序利用分层的动画和内容设计，以便使用不同的浏览速度，产生类似视差的效果，如图 11-1 所示。

▲图 11-1　全景图应用程序的外观和感觉

全景应用程序内置支持触摸和导航，应用程序不必再去实现手势识别的功能。图 11-2 所示的插图显示典型的全景控件的响应方式，控件滚动从左到右。

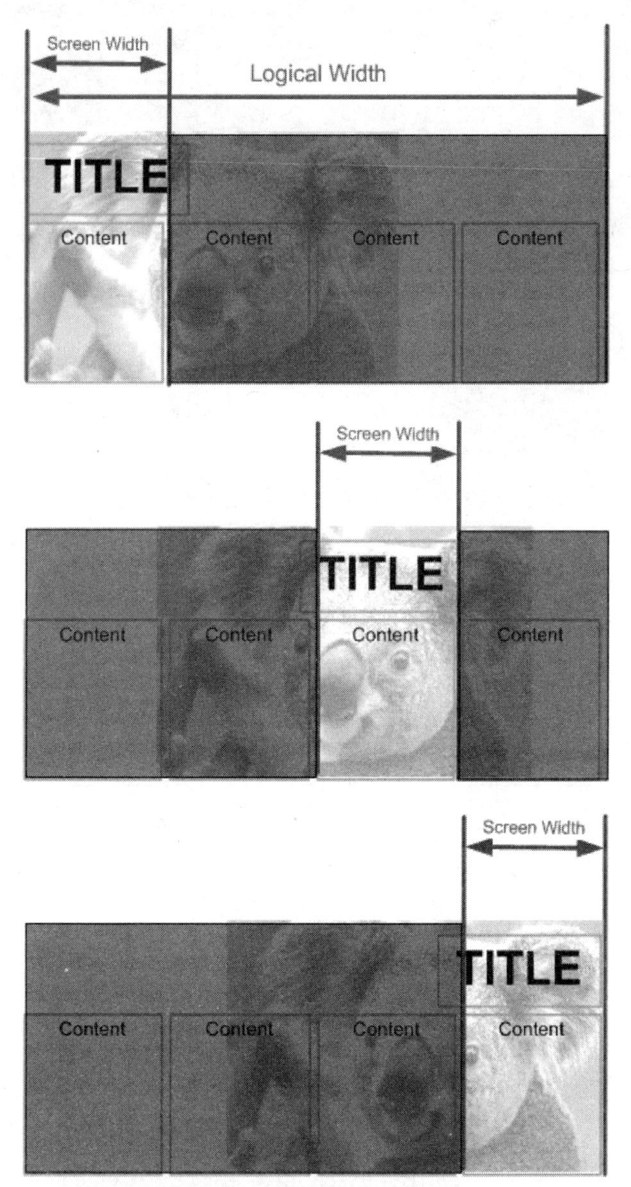

▲图 11-2　全景控件的响应方式

11.1.2　全景体验控件构成

全景体验由全景背景、全景控件标题，以及一个或多个的全景 PanoramaItem 控件组成。基于应用程序的要求，PanoramaItem 控件所呈现的视觉内容可以多样化，如图 11-3 所示。例如，一个

PanoramaItem 可能包含一系列链接和控件，而另一个是缩略图像存储库。

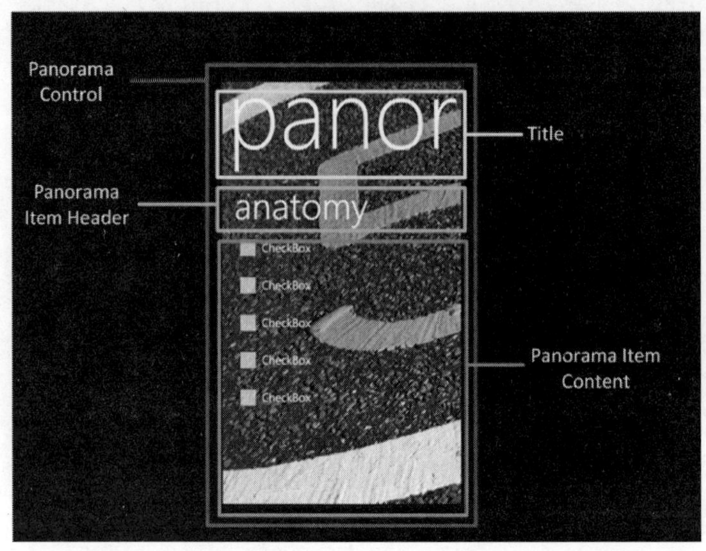

▲图 11-3 全景控件构成

表 11-1 表示的是全景控件显示的图层。

表 11-1 全景控件显示的图层

图　层	类　型	说　明
背景	PanningBackgroundLayer	显示背景
标题	PanningTitleLayer	动态显示的标题
PanoramaItem	PanningLayer	PanoramaItem 控件

全景背景图在控件的最下层，目的是要让全景拥有如同杂志封面般丰富的视觉。通常一个完整的满版影像，背景可能是应用程序中最具视觉效果的一部分。

全景背景图的绘制可以应用以下画笔。

- SolidColorBrush—适用于背景的颜色。
- ImageBrush—适用于背景的图像。
- GradientBrush—可以使用线性或放射状的画笔为背景。

重要提示　全景背景图的[Build Action]属性应设置为[Resource]；否则，它不会在应用程序启动时立即显示。如果将[Build Action]属性设置为[Content]会导致其异步加载。

全景标题是描述全景应用程序的文字叙述。其目的是让使用者可以理解应用程序的主要内容。

PanoramaItem 是全景应用程序的组件，用来封装所有要显示的控件和内容。手指拖曳或滑动可以切换 PanoramaItem。

全景控件支持多个 PanoramaItem 控件，PanoramaItem 控件本身是由两个元素组成：标题和内容。

PanoramaItem 控件支持水平和垂直两个方向显示，即横向和纵向视图。当其横向视图显示时，PanoramaItem 显示的内容将超出智能手机屏幕的宽度。展示给用户的是充满想象空间的视觉感受。

后面我们要介绍的枢轴（Pivot）控件的 PivotItem 则只支持纵向视图显示。

11.1.3　最佳实践

1. 关于 PanoramaItem

为达到流畅的体验效果，建议全景分页最多 4 个，即 PanoramaItem 最多 4 个。如果要展现的内容很多，可以设置链接导航到其他页面展示详细内容。

全景控件展示的内容可以显示超出屏幕的边界，达到充满想象空间的体验。这种效果可以通过将 PanoramaItem 控制方向属性设置为水平。

2. 关于背景

使用单彩色背景或跨越整个全景控件的图像。

在您的应用程序中使用适当尺寸的图像。建议背景图像的尺寸：高度 800 像素和宽度小于 2000 像素高度。超出 2000 像素的宽度，图片将被剪切。如果您的图像高度小于 800 像素，那么图像将被拉伸。

避免使用动态的 UI 元素上的投影效果。

3. 关于标题

为达到最佳体验，请确保字体或图像的颜色在整个背景和全景标题不是依赖的背景图像的可见性。即当背景图被更换后标题的字体仍然能够显示。

与手机中默认应用程序相同的标题字体属性设置保持一致。

避免动画全景标题或动态更改其大小。

11.2　动手实践——Windows Phone 官方博客客户端

本节中我们将制作一个 Windows Phone Blog 的应用程序，最新博客文章采用全景控件展示。下一节我们讲用枢轴控件展示相同的内容，以此来了解全景和枢轴的区别。全景展示效果如图 11-4 所示。

▲图 11-4　全景效果

11.2.1 设置应用程序启动图标并添加资源文件

打开 Visual Studio 2010 或者 Visual Studio 2010 Express，新建 Silverlight for Windows Phone 工程，类型为 Windows Phone Application，工程名称为[PhoneBlog]。如图 11-5 所示为新建 Windows Phone 应用程序界面。

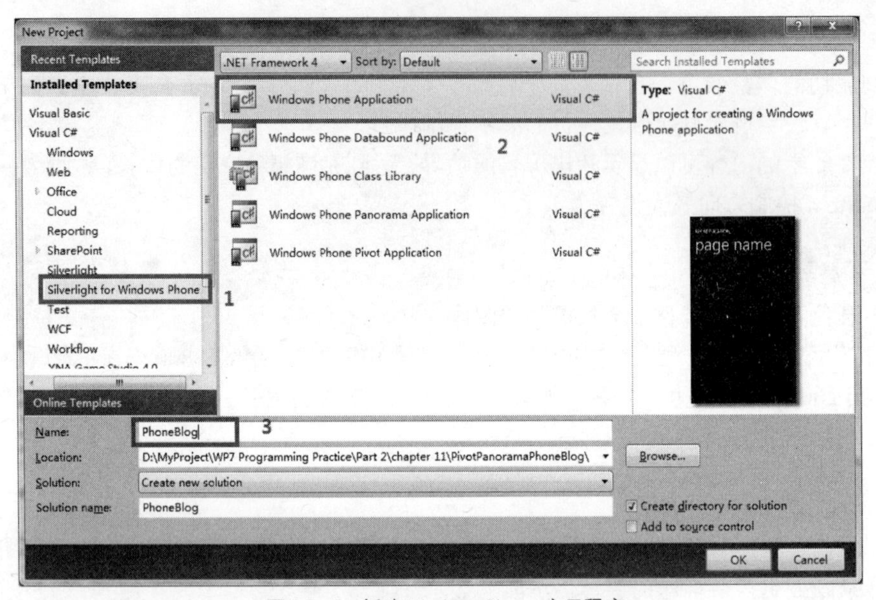

▲图 11-5 新建 Windows Phone 应用程序

将 Assets 文件夹中 PhoneBlogAppIcon.png 和 PhoneBlogStartIcon.png 文件添加到工程中。

这些图标将作为应用程序的图标显示在应用列表中或者 Windows Phone 启动屏幕上。为此，在[PhoneBlog]上点击右键并选择[Add]→[Existing Item…]。如图 11-6 所示为添加图标。

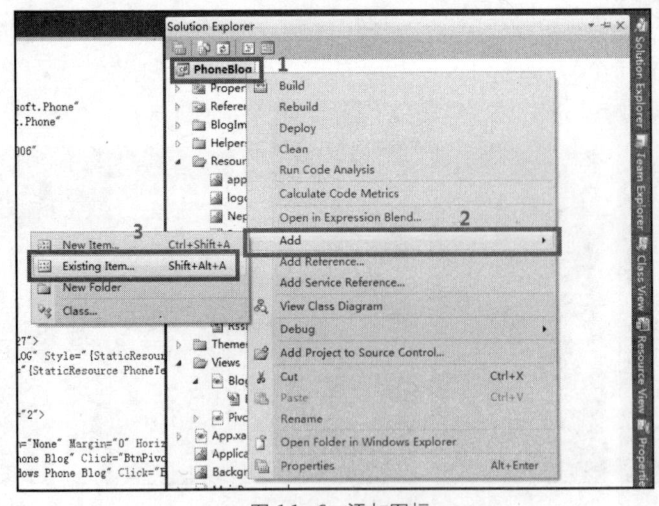

▲图 11-6 添加图标

选择新添加的两个文件 PhoneBlogAppIcon.png 和 PhoneBlogStartIcon.png，修改其属性。

在[Solution Explorer]上右键点击 PhoneBlogAppIcon.png，在弹出的菜单中选择[Properties]，修改[Build Action]属性为[Content]，[Copy to Output Directory]属性为[Copy if newer]。如图 11-7 修改图标文件的属性。

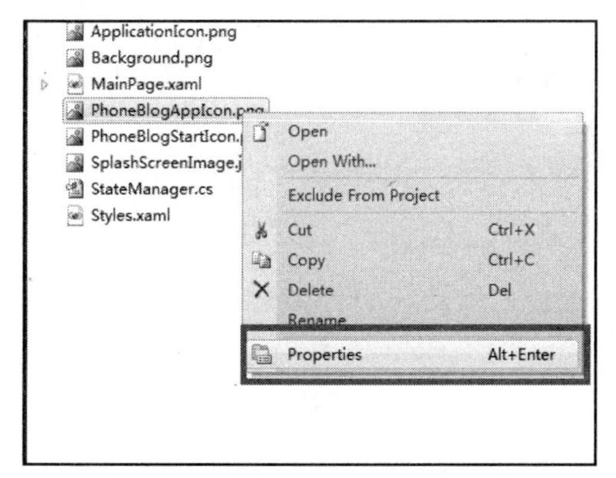

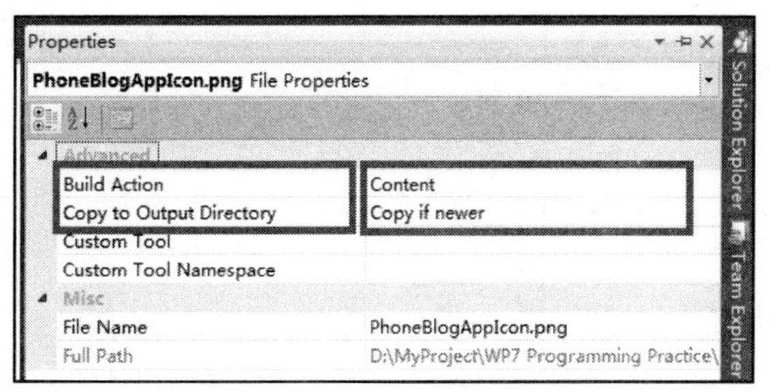

▲图 11-7　修改图标文件的属性

在[Solution Explorer]中打开位于项目 Properties 文件夹下的 WMAppManifest.xml 文件。如图 11-8 所示 WMAppManifest.xml 的位置。

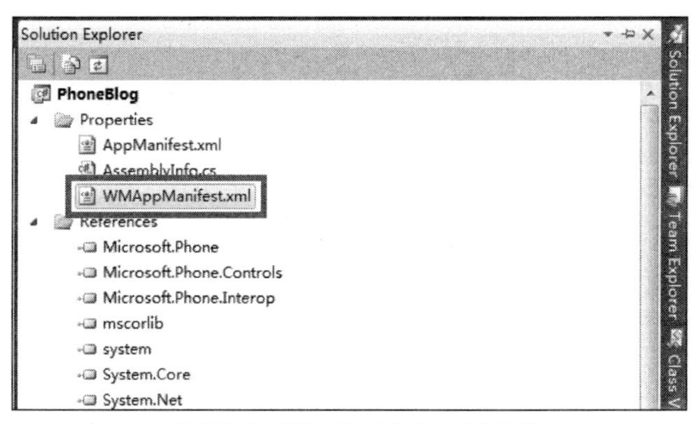

▲图 11-8　WMAppManifest.xml 的位置

修改 Deployment | App | IconPath 元素的值为 PhoneBlogAppIcon.png，这个图标显示在应用程序列表中。

修改 Deployment | App | Tokens | PrimaryToken | TemplateType5 | BackgroundImageURI 的值为 PhoneBlogStartIcon.png。当应用程序被部署到开始屏幕上时显示这个图标。

在 Assets 文件夹中找到 Styles.xaml 文件添加到工程中。

在 [Solution Explorer] 中的 [Phoneblog] 工程名称上点击右键在弹出的菜单中选择[Add]—[Existing Item…]，如图 11-9 所示。

打开 App.xaml 文件添加以下代码到 resources 部分中。

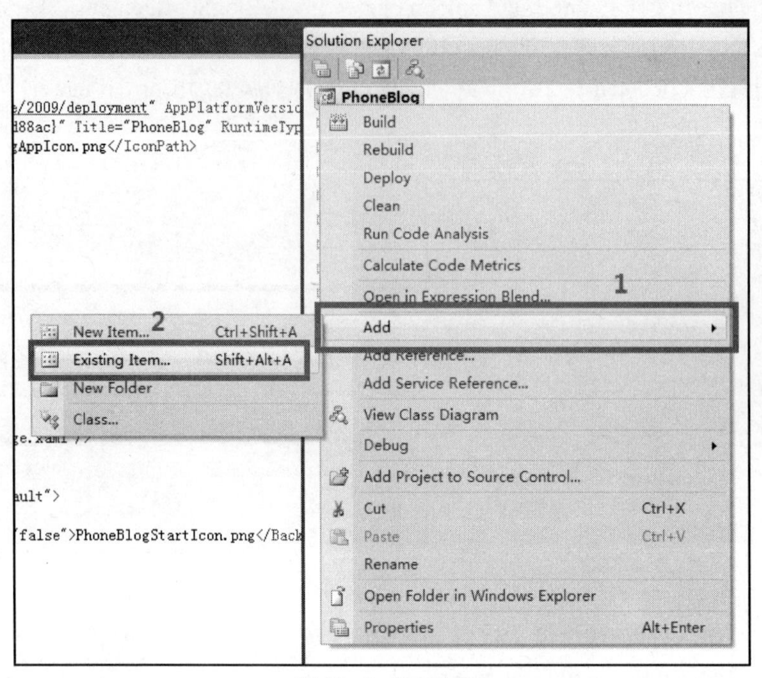

▲图 11-9 添加文件

Silverlight Project: PhoneBlog　File: App.xaml

```
<!--Application Resources-->
<Application.Resources>
     <ResourceDictionary>
        <ResourceDictionary.MergedDictionaries>
           <ResourceDictionary Source="Styles.xaml" />
        </ResourceDictionary.MergedDictionaries>
     </ResourceDictionary>
</Application.Resources>
```

在工程中添加一个文件夹 Resources。为此，在[Solution Explorer]中的[Phoneblog]工程名称上点击右键，在弹出的菜单中选择[Add]→[New Folder]，设定文件夹名称为 Resources。将 Assets\Resources 文件夹下的所有文件添加到 Phoneblog 项目的 Resources 文件夹中。

修改 Resources 文件夹中 appbar.close.rest.png、PhoneBlogLogo.png、Nepoleon.jpg 文件的[Build Action]属性为[Content]，这样做图像会添加到 XAP 文件而不是作为资源存在于 DLL 文件中。

PanoramaBG.png 文件是全景背景图文件，按照第 2 节中的重要提示，该文件的[Build Action]属性应设定为[Resource]。

11.2.2 首页画面和事件处理

我们已经完成了大部分准备工作，现在是定义应用程序的 UI，将从定义主页面的 UI 开始。打开 MainPage.xaml，找到 LayoutRoot grid，并使用以下代码替换其内容。这些代码向主页面添加了两个按钮，每个按钮指向应用程序中不同的页面。其中一个指向全景视图，另一个指向枢轴视图。全景视图的实现方法我们在本节中讲述，枢轴视图的实现方法将在枢轴（Pivot）控件介绍的章节中讲解。

Silverlight Project: PhoneBlog　File: MainPage.xaml

```
<Grid x:Name="LayoutRoot" Background="Transparent">
     <Grid.RowDefinitions>
         <RowDefinition Height="Auto"/>
         <RowDefinition Height="*"/>
     </Grid.RowDefinitions>

     <StackPanel x:Name="TitlePanel" Grid.Row="0" Margin="12,16,12,27">
         <TextBlock x:Name="ApplicationTitle" Text="WINDOWS PHONE BLOG" Style="{Static
Resource PhoneTextNormalStyle}"/>
         <TextBlock x:Name="PageTitle"  Text="Pivot Panorama" Style="{StaticResource
PhoneTextTitle1Style}" FontSize="60"/>
     </StackPanel>

     <Grid x:Name="ContentPanel" Margin="12,135,12,54" Grid.RowSpan="2">
         <StackPanel Margin="0,180,0,190" Height="250">
           <Image Height="80" Source="/Resources/PhoneBlogLogo.png" Stretch="None" Margin=
"0" HorizontalAlignment="Center"/>
             <Button x:Name="BtnPivotBlog" Content="Pivot Windows Phone Blog" Click=
"BtnPivotBlog_Click" />
            <Button x:Name="BtnPanoramaBlog" Content="Panorama Windows Phone Blog" Click=
"BtnPanoramaBlog_Click" />
            </StackPanel>
     </Grid>
</Grid>
```

打开 MainPage.xaml.cs 文件，在 MainPage 类的构造函数中添加事件处理函数。

Silverlight Project: PhoneBlog　File: MainPage.xaml

```
private void BtnPanoramaBlog_Click(object sender, RoutedEventArgs e)
{
     NavigationService.Navigate(new Uri("/Views/BlogPage.xaml", UriKind.Relative));
}
private void BtnPivotBlog_Click(object sender, RoutedEventArgs e)
{
     NavigationService.Navigate(new Uri("/Views/PivotBlogPage.xaml", UriKind.Relative));
}
```

编译并运行应用程序，主页面的效果如图 11-10 所示。

▲图 11-10 主页面

11.2.3 添加引用和服务

在[Solution Explorer]中右键点击[References]，在弹出的菜单中，选择[Add Reference…]，如图 11-11 所示为添加引用。

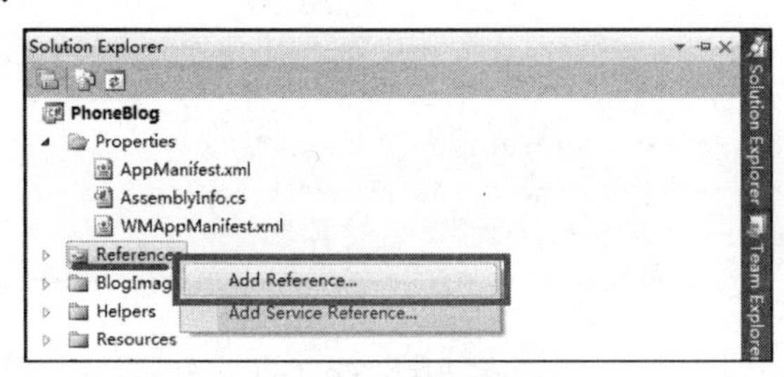

▲图 11-11 添加引用

添加到 System.Runtime.Serialization 组件的引用（从.NET 选项卡），如图 11-12。

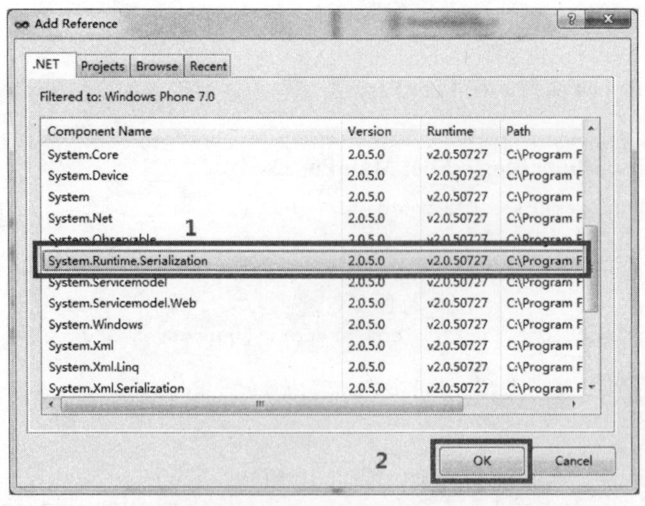

▲图 11-12 添加到 System.Runtime.Serialization 组件的引用

添加 System.ServiceModel.Syndication.dll 组件的引用，该文件所在的位置为[系统盘]\Program Files\Microsoft SDKs\Silverlight\v4.0\Libraries\Client，如图 11-13 所示添加 System.ServiceModel.Syndication.dll 组件的引用。

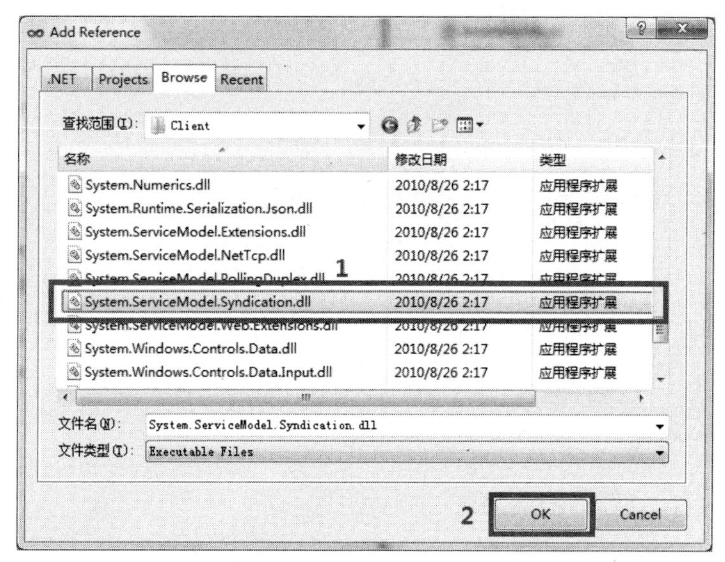

▲图 11-13　添加 **System.ServiceModel.Syndication.dll** 组件的引用

在项目中添加一个 Helpers 文件夹．在这个文件夹中将保存辅助控件。

在 Helpers 文件夹中，添加 ProgressBar 文件夹。

将 Assets\Helpers\ProgressBar 文件夹中的所有文件添加到 ProgressBar 文件夹，并将其加入到工程中。ProgressBar 文件夹包括下列文件：BooleanToVisibilityConverter.cs、ProgressBarWithText.xaml、ProgressBarWithText.xaml.cs 和 RelativeAnimatingContentControl.cs。这些文件封装一个进度条，拥有和 Windows Phone 使用的进度条类似的 UI。

添加一个新类 StateManager，在[Solution Explorer]上右键点击[PhoneBlog]，在弹出的菜单中选择[Add]→[Class...]。这个类在应用程序退出时，为保存和加载状态信息提供辅助功能。当导航出页面时，保存变量信息到状态对象；当导航返回页面时，从状态对象加载变量信息。

使用以下代码替换掉 StateManager.cs 文件的内容。

Silverlight Project: PhoneBlog　File: StateManager.cs

```
using System;
using Microsoft.Phone.Controls;

namespace PhoneBlog
{
    /// <summary>
    /// State Manager
    /// </summary>
    public static class StateManager
```

```
    {
        /// <summary>
        /// Saves a key-value pair into the state object
        /// </summary>
        /// <param name="phoneApplicationPage">The phone application page.</param>
        /// <param name="key">The key.</param>
        /// <param name="value">The value.</param>
        public static void SaveState(this PhoneApplicationPage phoneApplicationPage,
string key, object value)
        {
            if (phoneApplicationPage.State.ContainsKey(key))
            {
                phoneApplicationPage.State.Remove(key);
            }

            phoneApplicationPage.State.Add(key, value);
        }

        /// <summary>
        /// Loads value from the state object, according to the key.
        /// </summary>
        /// <typeparam name="T"></typeparam>
        /// <param name="phoneApplicationPage">The phone application page.</param>
        /// <param name="key">The key.</param>
        /// <returns>The loaded value</returns>
        public static T LoadState<T>(this PhoneApplicationPage phoneApplicationPage,
string key)
            where T : class
        {
            if (phoneApplicationPage.State.ContainsKey(key))
            {
                return (T)phoneApplicationPage.State[key];
            }

            return default(T);
        }
    }
}
```

11.2.4 设计制作全景视图及其事件处理

在工程中添加一个名为 BlogImages 的文件夹。为此，在[Solution Explorer]上右键点击[PhoneBlog]选择[Add]→[New Folder]。

将 Assets\BlogImages 文件夹下的所有文件添加到 BlogImages 目录，选择 BlogImages 文件夹中的所有文件并修改[Build Action]属性为[Content]。

在工程中添加一个名为 Views 的文件夹。在 Views 文件夹添加一个全景视图。为此，在[Views]文件夹上点击右键，然后选择[Add]->[New Item…]，选择[Windows Phone Panorama Page]并命名为 BlogPage.xaml。如图 11-14 全景视图。

添加 Windows Phone Blog 服务用到的工具类，把位于 Assets\Services 文件夹中的下列文件加入到工程[PhoneBlog]的[Services]中：BlogService.cs、ImageItem.cs、ImageService.cs 和 RssItem.cs。

打开文件 BlogPage.xaml，在[phone:PhoneApplicationPage]元素中加入以下 XML 命名空间定义。

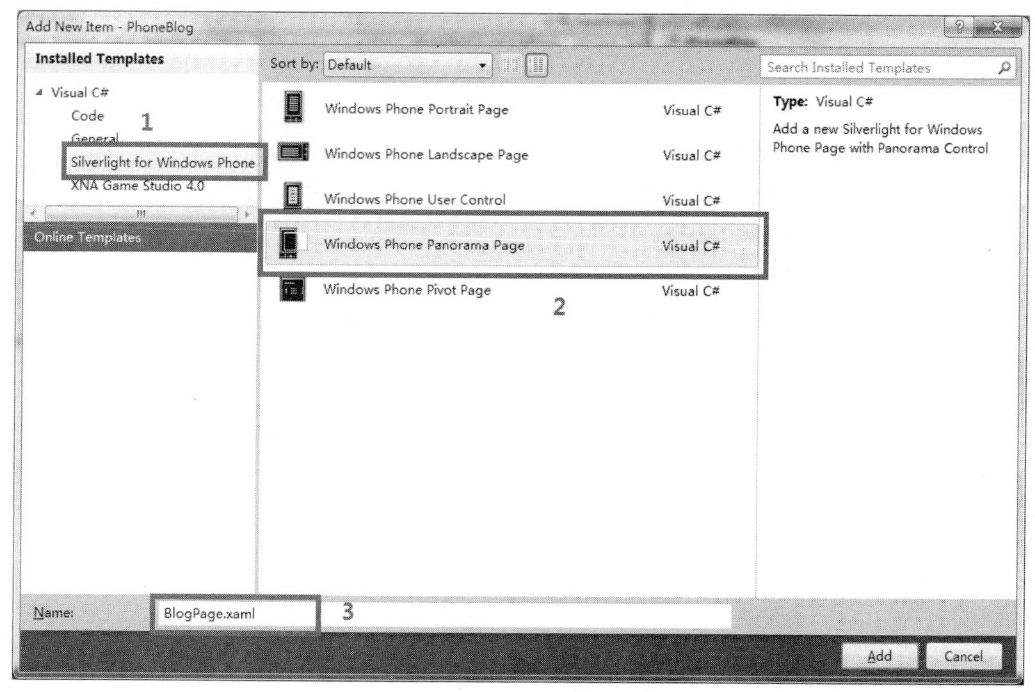

▲图 11-14　全景视图

Silverlight Project: PhoneBlog　File: BlogPage.xaml

```
xmlns:localHelpers="clr-namespace:PhoneBlog.Helpers"
xmlns:localWindowsControls="clr-namespace:System.Windows.Controls"
```

设置 BlogPage 的 DataContext 属性为 BlogPage 自己，需要加入下面一行到 phone:PhoneApplication Page 元素。

Silverlight Project: PhoneBlog　File: BlogPage.xaml

```
DataContext="{Binding RelativeSource={RelativeSource Self}}"
```

现在将为 blog 页面定义 UI。找到 LayoutRoot grid 并用以下代码替换其内容。Blog 页面只包含一个控件——显示 4 个不同子页的 Panorama 控件。在 Panorama 控件中首先定义背景图片。这个背景图片会扩展到 Panorama 控件的所有子页，给人的感觉就像是一个宽大的水平画面。Panorama 控件的 4 个子页的设计：

- 第一个子页显示最近的 5 个 blog 公告；
- 第二个子页显示 blog 的所有公告；
- 第三个子页显示 blog 中的所有评论；
- 第四个子页显示 phone 图像列表。

我们在每个子页中使用的 DataTemplates 将在下一步定义。

Silverlight Project: PhoneBlog File: BlogPage.xaml

```
<Grid x:Name="LayoutRoot">
    <controls:Panorama x:Name="PanoramaControl" Title="windows phone blog">
        <controls:Panorama.Background>
            <ImageBrush ImageSource="../Resources/PanoramaBG.png"/>
        </controls:Panorama.Background>

        <controls:PanoramaItem Header="last 5 posts">
            <Grid>
                <ListBox
                    ItemsSource="{Binding LastPosts}"
                    ItemTemplate="{StaticResource PostLargeTemplate}"
                    />
                <localHelpers:ProgressBarWithText Text="Loading Posts..." ShowProgress=
"{Binding IsPostsLoading}" />
            </Grid>
        </controls:PanoramaItem>

        <controls:PanoramaItem Header="all posts">
            <Grid>
                <ListBox
                    ItemsSource="{Binding Posts}"
                    ItemTemplate="{StaticResource PostSmallTemplate}"
                    />
                <localHelpers:ProgressBarWithText Text="Loading Posts" ShowProgress=
"{Binding IsPostsLoading}" />
            </Grid>
        </controls:PanoramaItem>

        <controls:PanoramaItem Header="comments" Orientation="Horizontal">
            <Grid>

                <ListBox
                    ItemsSource="{Binding Comments}"
                    ItemTemplate="{StaticResource CommentTemplate}"
                    />
                <localHelpers:ProgressBarWithText Text="Loading Comments" ShowProgress=
"{Binding IsCommentsLoading}" />
            </Grid>
        </controls:PanoramaItem>

        <controls:PanoramaItem Header="images">
            <Grid>
                <ListBox
                    ItemsSource="{Binding Images}"
                    ItemTemplate="{StaticResource ImageTemplate}"
                    >
                    <ListBox.ItemsPanel>
                        <ItemsPanelTemplate>
                            <localWindowsControls:WrapPanel />
                        </ItemsPanelTemplate>
                    </ListBox.ItemsPanel>
                </ListBox>
```

```
            </Grid>
        </controls:PanoramaItem>

    </controls:Panorama>
</Grid>
```

定义 **DataTemplate**：

◆ PostLargeTemplate 定义了一个用于最近 5 个公告子页的 DataTemplate。它将 RssItem 对象转换成包含 post 标题的 HyperlinkButton 控件，点击时还可以跳到下一个公告。

◆ PostSmallTemplate 定义用于“所有公告”子页的 DataTemplate。它将 RssItem 对象转换成包含 post 标题的 HyperlinkButton 控件，点击时还可以跳到下一个公告。

◆ CommentTemplate 定义了一个用于“评论”子页的 DataTemplate。它将 RssItem 对象转换成包含评论标题的 HyperlinkButton 控件，点击时可以转向评论的公告。

◆ ImageTemplate 定义了用于 Images 子页的 DataTemplate。它将 ImageItem 对象转换成 Image 控件和一 TextBlock，前者用来显示加载的图像，后者则用来显示图像名称。

Silverlight Project: PhoneBlog　File: BlogPage.xaml

```
<phone:PhoneApplicationPage.Resources>
    <DataTemplate x:Key="PostLargeTemplate">
        <Grid Margin="12,0,12,40">
            <Grid.RowDefinitions>
                <RowDefinition Height="Auto" />
                <RowDefinition Height="Auto" />
            </Grid.RowDefinitions>
            <HyperlinkButton
                Content="{Binding Title}"
                NavigateUri="{Binding Url}"
                TargetName="_blank" FontSize="29.333" Margin="0,0,0,3"
                HorizontalContentAlignment="Left"
                MaxHeight="75"
                Style="{StaticResource WrappedHyperlinkButtonStyle}"
                />
            <TextBlock
                Grid.Row="1"
                Text="{Binding PlainSummary}"
                MaxHeight="80"
                TextWrapping="Wrap" Margin="0"
                Foreground="White"
                />
        </Grid>
    </DataTemplate>
    <DataTemplate x:Key="PostSmallTemplate">
        <Grid Margin="12,0,12,40">
            <Grid.RowDefinitions>
                <RowDefinition Height="Auto" />
                <RowDefinition Height="Auto" />
            </Grid.RowDefinitions>
            <HyperlinkButton
                Content="{Binding Title}"
                NavigateUri="{Binding Url}"
```

```
                TargetName="_blank"
                HorizontalContentAlignment="Left"
                FontSize="24"
                MaxHeight="60"
                Style="{StaticResource WrappedHyperlinkButtonStyle}" Margin="0,0,0,3"
                />
            <TextBlock
                Grid.Row="1"
                Text="{Binding PlainSummary}"
                FontSize="20"
                MaxHeight="50"
                TextWrapping="Wrap" Margin="0"
                Foreground="White"
                />
        </Grid>
    </DataTemplate>
    <DataTemplate x:Key="CommentTemplate">
        <Grid Margin="12,0,12,40">
            <Grid.RowDefinitions>
                <RowDefinition Height="Auto" />
                <RowDefinition Height="Auto" />
            </Grid.RowDefinitions>
            <HyperlinkButton
                Content="{Binding Title}"
                NavigateUri="{Binding Url}"
                TargetName="_blank"
                HorizontalContentAlignment="Left"
                FontSize="20"
                MaxHeight="60"
                Style="{StaticResource WrappedHyperlinkButtonStyle}" Margin="0,0,0,2"
                />
            <TextBlock
                Grid.Row="1"
                Text="{Binding PlainSummary}"
                FontSize="20"
                MaxHeight="30"
                TextWrapping="Wrap" Margin="0"
                Foreground="White"
                />
        </Grid>
    </DataTemplate>
    <DataTemplate x:Key="ImageTemplate">
        <StackPanel Margin="0,3,20,12">
            <Border Background="#19FFFFFF" BorderBrush="#FFFFC425" BorderThickness="1"
Margin="0">
                <Image
                    Source="{Binding FileName}"
                    Stretch="None"
                Height="173" Width="173"
                />
            </Border>
            <TextBlock Text="{Binding Name}" HorizontalAlignment="Left" Margin="0,0,0,3"
Foreground="White" />
        </StackPanel>
    </DataTemplate>
</phone:PhoneApplicationPage.Resources>
```

为 BlogPage 添加应用程序栏，设置应用程序栏透明度为 0.5，即半透明状态。在 LayoutRoot grid 之后，加入以下代码。

Silverlight Project: PhoneBlog　File: BlogPage.xaml

```
<phone:PhoneApplicationPage.ApplicationBar>
     <shell:ApplicationBar IsVisible="True" IsMenuEnabled="False" Opacity="0.5">
        <shell:ApplicationBarIconButton x:Name="mainPageBtn" IconUri="/Resources/appbar.
close.rest.png" Text="Close" Click="mainPageBtn_Click"/>
     </shell:ApplicationBar>
</phone:PhoneApplicationPage.ApplicationBar>
```

打开文件 BlogPage.xaml.cs，使用以下代码片段替换 BlogPage 类的 using 部分。

Silverlight Project: PhoneBlog　File: BlogPage.xaml.cs

```
using System;
using System.Collections.Generic;
using System.Collections.ObjectModel;
using System.Windows;
using Microsoft.Phone.Controls;
using PhoneBlog.Services;
```

在 BlogPage 类中添加以下 dependency 属性。

- LastPosts，类型为 ObservableCollection<RssItem>，用来保存最后 5 个公告的集合。
- Posts，类型为 ObservableCollection<RssItem>，用来保存公告集合。
- Comments，类型为 ObservableCollection<RssItem>，用来保存评论集合。
- Images，类型为 ObservableCollection<ImageItem>，用来保存图片集合。
- IsPostsLoading，类型为 bool，用来指示 posts 加载是否正在进行。
- IsCommentsLoading，类型为 bool，用来指示 comments 加载是否正在进行。

Silverlight Project: PhoneBlog　File: BlogPage.xaml.cs

```
#region LastPosts
/// <summary>
/// LastPosts Dependency Property
/// </summary>
public static readonly DependencyProperty LastPostsProperty =
     DependencyProperty.Register("LastPosts",   typeof(ObservableCollection<RssItem>),
typeof(BlogPage),
         new PropertyMetadata((ObservableCollection<RssItem>)null));
/// <summary>
/// Gets or sets the LastPosts property. This dependency property
/// indicates what are the last posts.
/// </summary>
public ObservableCollection<RssItem> LastPosts
{
     get { return (ObservableCollection<RssItem>)GetValue(LastPostsProperty); }
     set { SetValue(LastPostsProperty, value); }
}
#endregion
```

```
#region Posts
/// <summary>
/// Posts Dependency Property
/// </summary>
public static readonly DependencyProperty PostsProperty =
    DependencyProperty.Register("Posts", typeof(ObservableCollection<RssItem>),
typeof(BlogPage),
        new PropertyMetadata((ObservableCollection<RssItem>)null));
/// <summary>
/// Gets or sets the Posts property. This dependency property
/// indicates what are all the posts.
/// </summary>
public ObservableCollection<RssItem> Posts
{
    get { return (ObservableCollection<RssItem>)GetValue(PostsProperty); }
    set { SetValue(PostsProperty, value); }
}
#endregion
#region Comments
/// <summary>
/// Comments Dependency Property
/// </summary>
public static readonly DependencyProperty CommentsProperty =
    DependencyProperty.Register("Comments", typeof(ObservableCollection<RssItem>), typeof
(BlogPage),
        new PropertyMetadata((ObservableCollection<RssItem>)null));
/// <summary>
/// Gets or sets the Comments property. This dependency property
/// indicates what are the posts comments.
/// </summary>
public ObservableCollection<RssItem> Comments
{
    get { return (ObservableCollection<RssItem>)GetValue(CommentsProperty); }
    set { SetValue(CommentsProperty, value); }
}
#endregion
#region Images
/// <summary>
/// Images Dependency Property
/// </summary>
public static readonly DependencyProperty ImagesProperty =
    DependencyProperty.Register("Images", typeof(ObservableCollection<ImageItem>), typeof
(BlogPage),
        new PropertyMetadata((ObservableCollection<ImageItem>)null));
/// <summary>
/// Gets or sets the Images property. This dependency property
/// indicates what are the images.
/// </summary>
public ObservableCollection<ImageItem> Images
{
    get { return (ObservableCollection<ImageItem>)GetValue(ImagesProperty); }
    set { SetValue(ImagesProperty, value); }
}
#endregion
#region IsPostsLoading
```

```
/// <summary>
/// IsPostsLoading Dependency Property
/// </summary>
public static readonly DependencyProperty IsPostsLoadingProperty =
     DependencyProperty.Register("IsPostsLoading", typeof(bool), typeof(BlogPage),
        new PropertyMetadata((bool)false));
/// <summary>
/// Gets or sets the IsPostsLoading property. This dependency property
/// indicates whether we are currently loading posts.
/// </summary>
public bool IsPostsLoading
{
     get { return (bool)GetValue(IsPostsLoadingProperty); }
     set { SetValue(IsPostsLoadingProperty, value); }
}
#endregion
#region IsCommentsLoading
/// <summary>
/// IsCommentsLoading Dependency Property
/// </summary>
public static readonly DependencyProperty IsCommentsLoadingProperty =
     DependencyProperty.Register("IsCommentsLoading", typeof(bool), typeof(BlogPage),
        new PropertyMetadata((bool)false));
/// <summary>
/// Gets or sets the IsCommentsLoading property. This dependency property
/// indicates whether we are currently loading comments.
/// </summary>
public bool IsCommentsLoading
{
     get { return (bool)GetValue(IsCommentsLoadingProperty); }
     set { SetValue(IsCommentsLoadingProperty, value); }
}
#endregion
```

重写页面的 OnNavigateTo 和 OnNavigateFrom 函数，应用程序从逻辑删除状态重新激活时，恢复页面休眠前的状态，此部分内容很重要，在应用程序生命周期的章节中将做详细的讲述。如果当前页面发生变化，使用 StateManager 类来保存和加载页面状态。OnNavigateTo 函数中，我们首先尝试从状态对象中加载值，然后检查 LastPosts 是否有值；如果没有，我们使用 BlogService 和 ImageService 功能加载数据。BlogService.GetBlogPosts 函数在搜索完成时调用一个回调函数，在搜索失败时调用另一个回调函数。BlogService.GetBlogComments 的功能与其类似。ImageService.GetImages 功能返回一个 ImageItem 对象列表，用来展示图片。

Silverlight Project: PhoneBlog　File: BlogPage.xaml.cs

```
private const string LastPostsKey = "LastPostsKey";
private const string PostsKey = "PostsKey";
private const string CommentsKey = "CommentsKey";
private const string ImagesKey = "ImagesKey";
protected override void OnNavigatedFrom(System.Windows.Navigation.NavigationEventArgs e)
{
     this.SaveState(LastPostsKey, LastPosts);
     this.SaveState(PostsKey, Posts);
```

```
        this.SaveState(CommentsKey, Comments);
        this.SaveState(ImagesKey, Images);
    }
    protected override void OnNavigatedTo(System.Windows.Navigation.NavigationEventArgs e)
    {
        // try to load data from state object
        LastPosts = this.LoadState<ObservableCollection<RssItem>>(LastPostsKey);
        Posts = this.LoadState<ObservableCollection<RssItem>>(PostsKey);
        Comments = this.LoadState<ObservableCollection<RssItem>>(CommentsKey);
        Images = this.LoadState<ObservableCollection<ImageItem>>(ImagesKey);

        if (LastPosts != null)
        {
            return;
        }

        // if data wasn't loaded we get it from the blog service
        IsPostsLoading = true;
        BlogService.GetBlogPosts(
            delegate(IEnumerable<RssItem> rssItems)
            {
                const int NumberOfLastPosts = 5;

                LastPosts = new ObservableCollection<RssItem>();
                Posts = new ObservableCollection<RssItem>();

                foreach (RssItem rssItem in rssItems)
                {
                    IsPostsLoading = false;

                    Posts.Add(rssItem);

                    if (LastPosts.Count < NumberOfLastPosts)
                    {
                        LastPosts.Add(rssItem);
                    }
                }
            },
            delegate(Exception exception)
            {
                IsPostsLoading = false;
                System.Diagnostics.Debug.WriteLine(exception);
            });

        IsCommentsLoading = true;
        BlogService.GetBlogComments(
            delegate(IEnumerable<RssItem> rssItems)
            {
                IsCommentsLoading = false;

                Comments = new ObservableCollection<RssItem>();
```

```
            foreach (RssItem rssItem in rssItems)
            {
                Comments.Add(rssItem);
            }
        },
        delegate(Exception exception)
        {
            IsCommentsLoading = false;
            System.Diagnostics.Debug.WriteLine(exception);
        });

    // load images from somewhere
    Images = new ObservableCollection<ImageItem>();
    IEnumerable<ImageItem> images = ImageService.GetImages();
    foreach (ImageItem imageItem in images)
    {
        Images.Add(imageItem);
    }
}
```

BlogPage 类中添加应用程序栏按钮事件处理函数。点击应用程序栏的按钮调用 Navigation Service 导航到主页面。

Silverlight Project: PhoneBlog　File: BlogPage.xaml.cs

```
private void mainPageBtn_Click(object sender, EventArgs e)
{
    NavigationService.Navigate(new Uri("/MainPage.xaml", UriKind.Relative));
}
```

11.2.5　程序运行结果

编译此程序，部署到 Windows Phone 模拟器中运行，点击主页上[Panorama Windows Phone Blog]按钮，进入全景视图画面。如图 11-15 所示为运行结果。

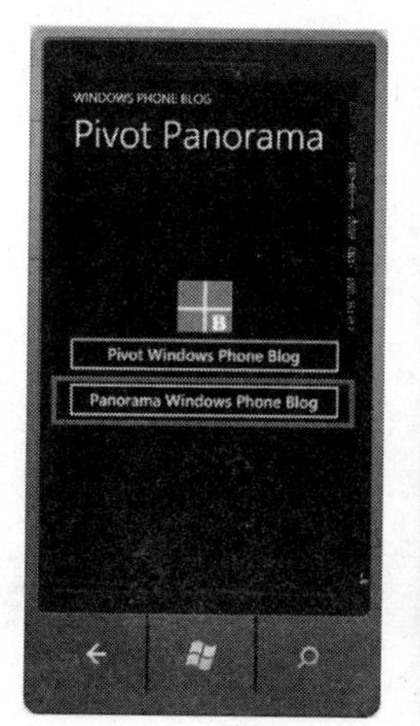

▲图 11-15　运行结果

11.3 枢轴（Pivot）控件介绍

11.3.1 枢轴的外观和感觉

枢轴（Pivot）控件提供一个快速的方式来管理应用程序内的显示或页面功能。这个控件可以用来过滤大量的数据集、查看多个数据集、或是切换应用程序的显示。这个控件提供独立的水平显示，可以管理左右两侧的相关页面。枢轴（Pivot）功能支持水平循环页面，可以通过手指滑动或是拖曳来操控。如图 11-16 所示为枢轴控件。

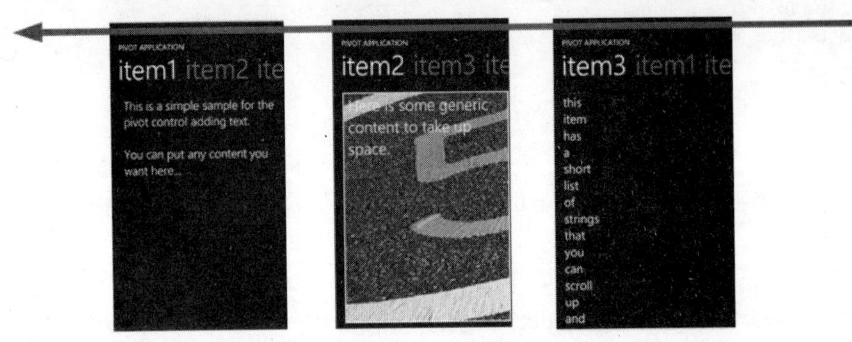

▲图 11-16　枢轴控件

11.3.2 枢轴控件构成

枢轴控件由枢轴标题（Pivot Headers）和 Pivot Item 构成。枢轴标题的类型为 PivotHeadersControl，显示枢轴的标题元素，且突出显示当前页的标题；Pivot Item 是标准的 Silverlight ItemsPresenter 控件，显示枢轴单页所要展示的内容。如图 11-17 所示为枢轴控件构成。

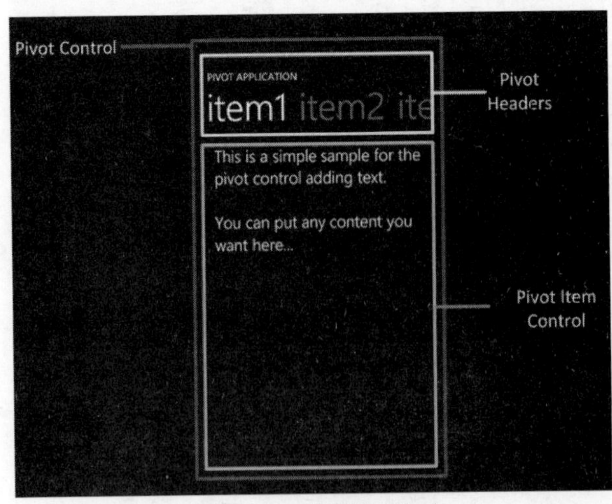

▲图 11-17　枢轴控件构成

11.3.3　枢轴最佳实践

为达到最佳的性能效果，尽量减少枢轴控件的分页，建议最多 7 个分页。

为提高枢轴空间的加载速度，建议将 PivotItem 中的每个控件的内容转换为 UserControls，订阅枢轴控件的 LoadingPivotItem 事件。在 LoadingPivotItem 事件处理中将 UserControls 实例化，获取并处理在 PivotItem 中展示的数据、文字和图片。

枢轴控件适合于显示类型相似的数据，也适合对同一类数据源进行分类过滤呈现。

11.4　动手实践——Windows Phone 官方博文客户端（Pivot 版）

本节中我们使用枢轴（Pivot）控件实现 Windows Phone Blog Client 的展示，以此来比较全景控件与枢轴控件的异同点。

在 PhoneBlog 工程 Views 文件夹中添加枢轴视图。为此，在[Views]文件夹上点击右键，然后选择[Add]->[New Item…]项，选择[Windows Phone Pivot Page]并命名为 PivotBlogPage.xaml。

打开文件 PivotBlogPage.xaml，在[phone:PhoneApplicationPage]元素中加入以下 XML 命名空间定义。

Silverlight Project: PhoneBlog　File: PivotBlogPage.xaml

```
xmlns:localHelpers="clr-namespace:PhoneBlog.Helpers"
xmlns:localWindowsControls="clr-namespace:System.Windows.Controls"
```

设置 PivotBlogPage 的 DataContext 属性为 PivotBlogPage 自己，需要加入下面一行到 phone:PhoneApplicationPage 元素。

Silverlight Project: PhoneBlog　File: PivotBlogPage.xaml

```
DataContext="{Binding RelativeSource={RelativeSource Self}}"
```

现在我们将为 PivotBlogPage 页面定义 UI。找到 LayoutRoot grid，并用以下代码替换其内容。PivotBlogPage 页面包含 4 个不同 PivotItem 控件，每个 PivotItem 显示一个分页。在 Pivot 控件中我们首先定义背景图片。

Pivot 控件的 4 个子页的设计。

- 第一个子页显示最近的 5 个 blog 公告。
- 第二个子页显示 blog 的所有公告。
- 第三个子页显示 blog 中的所有评论。
- 第四个子页显示 phone 图像列表。

我们在每个子页中使用的 DataTemplates 将在下一步定义。

Silverlight Project: PhoneBlog　File: PivotBlogPage.xaml

```
<Grid x:Name="LayoutRoot" Background="Transparent">
    <!--Pivot Control-->
```

```
    <controls:Pivot Title="WINDOWS PHONE BLOG">
        <controls:Pivot.Background>
            <ImageBrush ImageSource="/PhoneBlog;component/Resources/PanoramaBG.png"
Stretch="UniformToFill" />
        </controls:Pivot.Background>
        <!--Pivot item one-->
        <controls:PivotItem Header="last 5 posts">
            <Grid>
                <ListBox
                    ItemsSource="{Binding LastPosts}"
                    ItemTemplate="{StaticResource PostLargeTemplate}"
                    />
                <localHelpers:ProgressBarWithText Text="Loading Posts..." ShowProgress=
"{Binding IsPostsLoading}" />
            </Grid>
        </controls:PivotItem>

        <!--Pivot item two-->
        <controls:PivotItem Header="all posts">
            <Grid>
                <ListBox
                    ItemsSource="{Binding Posts}"
                    ItemTemplate="{StaticResource PostSmallTemplate}"
                    />
                <localHelpers:ProgressBarWithText Text="Loading Posts" ShowProgress=
"{Binding IsPostsLoading}" />
            </Grid>
        </controls:PivotItem>

        <!--Pivot item three-->
        <controls:PivotItem Header="comment">
            <Grid>
                <Image
                Source="/Resources/Nepoleon.jpg"
                Stretch="UniformToFill"/>
                <ListBox
                    ItemsSource="{Binding Comments}"
                    ItemTemplate="{StaticResource CommentTemplate}"
                    />
                <localHelpers:ProgressBarWithText Text="Loading Comments" ShowProgress=
"{Binding IsCommentsLoading}" />
            </Grid>
        </controls:PivotItem>

        <!--Pivot item four-->
        <controls:PivotItem Header="images">
            <Grid>
                <ListBox
                    ItemsSource="{Binding Images}"
                    ItemTemplate="{StaticResource ImageTemplate}"
                    >
                    <ListBox.ItemsPanel>
                        <ItemsPanelTemplate>
                            <localWindowsControls:WrapPanel />
                        </ItemsPanelTemplate>
```

```
                    </ListBox.ItemsPanel>
                </ListBox>
            </Grid>
        </controls:PivotItem>
    </controls:Pivot>
</Grid>
```

定义与全景控件相同的 DataTemplate。然后为 PivotBlogPage 添加应用程序栏，设置应用程序栏透明度为 0.5，即半透明状态。在 LayoutRoot grid 之后，加入以下代码。

Silverlight Project: PhoneBlog　File: PivotBlogPage.xaml

```
<phone:PhoneApplicationPage.ApplicationBar>
     <shell:ApplicationBar IsVisible="True" IsMenuEnabled="False" Opacity="0.5">
         <shell:ApplicationBarIconButton x:Name="mainPageBtn" IconUri="/Resources/
appbar.close.rest.png" Text="Close" Click="mainPageBtn_Click"/>
     </shell:ApplicationBar>
</phone:PhoneApplicationPage.ApplicationBar>
```

打开文件 PivotBlogPage.xaml.cs，使用以下代码片段替换 PivotBlogPage 类的 using 部分。

Silverlight Project: PhoneBlog　File: PivotBlogPage.xaml.cs

```
using System;
using System.Collections.Generic;
using System.Collections.ObjectModel;
using System.Windows;
using Microsoft.Phone.Controls;
using PhoneBlog.Services;
```

在 PivotBlogPage 类中添加以下 dependency 属性。

- LastPosts，类型为 ObservableCollection<RssItem>；用来保存最后 5 个公告的集合。
- Posts，类型为 ObservableCollection<RssItem>；用来保存公告集合。
- Comments，类型为 ObservableCollection<RssItem>；用来保存评论集合。
- Images，类型为 ObservableCollection<ImageItem>；用来保存图片集合。
- IsPostsLoading，类型为 bool；用来指示 posts 加载是否正在进行。
- IsCommentsLoading，类型为 bool；用来指示 comments 加载是否正在进行。

Silverlight Project: PhoneBlog　File: PivotBlogPage.xaml.cs

```
#region LastPosts
/// <summary>
/// LastPosts Dependency Property
/// </summary>
public static readonly DependencyProperty LastPostsProperty =
     DependencyProperty.Register("LastPosts",  typeof(ObservableCollection<RssItem>),
typeof(PivotBlogPage),
         new PropertyMetadata((ObservableCollection<RssItem>)null));

/// <summary>
/// Gets or sets the LastPosts property. This dependency property
/// indicates what are the last posts.
```

```
/// </summary>
public ObservableCollection<RssItem> LastPosts
{
     get { return (ObservableCollection<RssItem>)GetValue(LastPostsProperty); }
     set { SetValue(LastPostsProperty, value); }
}

#endregion

#region Posts

/// <summary>
/// Posts Dependency Property
/// </summary>
public static readonly DependencyProperty PostsProperty =
     DependencyProperty.Register("Posts", typeof(ObservableCollection<RssItem>), typeof
(PivotBlogPage),
         new PropertyMetadata((ObservableCollection<RssItem>)null));

/// <summary>
/// Gets or sets the Posts property. This dependency property
/// indicates what are all the posts.
/// </summary>
public ObservableCollection<RssItem> Posts
{
     get { return (ObservableCollection<RssItem>)GetValue(PostsProperty); }
     set { SetValue(PostsProperty, value); }
}

#endregion

#region Comments

/// <summary>
/// Comments Dependency Property
/// </summary>
public static readonly DependencyProperty CommentsProperty =
     DependencyProperty.Register("Comments", typeof(ObservableCollection<RssItem>), typeof
(PivotBlogPage),
         new PropertyMetadata((ObservableCollection<RssItem>)null));
public ObservableCollection<RssItem> Comments
{
     get { return (ObservableCollection<RssItem>)GetValue(CommentsProperty); }
     set { SetValue(CommentsProperty, value); }
}

#endregion

#region Images
public static readonly DependencyProperty ImagesProperty =
     DependencyProperty.Register("Images", typeof(ObservableCollection<ImageItem>), typeof
(PivotBlogPage),
         new PropertyMetadata((ObservableCollection<ImageItem>)null));
public ObservableCollection<ImageItem> Images
{
```

```
        get { return (ObservableCollection<ImageItem>)GetValue(ImagesProperty); }
        set { SetValue(ImagesProperty, value); }
    }

    #endregion

    #region IsPostsLoading

    public static readonly DependencyProperty IsPostsLoadingProperty =
        DependencyProperty.Register("IsPostsLoading", typeof(bool), typeof(PivotBlogPage),
            new PropertyMetadata((bool)false));

    public bool IsPostsLoading
    {
        get { return (bool)GetValue(IsPostsLoadingProperty); }
        set { SetValue(IsPostsLoadingProperty, value); }
    }

    #endregion

    #region IsCommentsLoading

    public static readonly DependencyProperty IsCommentsLoadingProperty =
        DependencyProperty.Register("IsCommentsLoading", typeof(bool), typeof(PivotBlogPage),
            new PropertyMetadata((bool)false));

    public bool IsCommentsLoading
    {
        get { return (bool)GetValue(IsCommentsLoadingProperty); }
        set { SetValue(IsCommentsLoadingProperty, value); }
    }

    #endregion
```

重写页面的 OnNavigateTo 和 OnNavigateFrom 函数。代码与全景控件实现的代码相同。

PivotBlogPage 类中添加应用程序栏按钮事件处理函数。点击应用程序栏的按钮调用 Navigation Service 导航到主页面。

Silverlight Project: PhoneBlog　File: PivotBlogPage.xaml.cs

```
private void mainPageBtn_Click(object sender, EventArgs e)
{
    NavigationService.Navigate(new Uri("/MainPage.xaml", UriKind.Relative));
}
```

编译程序，部署到 Windows Phone 模拟器中运行，点击主页上[Pivot Windows Phone Blog]按钮，进入枢轴画面。如图 11-18 所示为运行启动画面。在启动时页面中央显示“Loading Posts...”，此时加载最新的博文。

滑动手指可上下滚动，并在页面切换时还有动画效果。如图 11-19 所示为运行效果。

▲图 11-18 运行启动画面

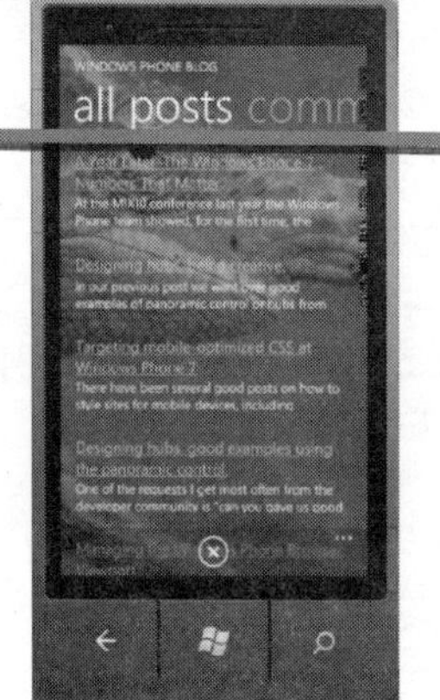

▲图 11-19 运行效果

11.5 全景控件和枢轴控件的比较

从动手实践—Windows Phone Blog Client 微软官方博文客户端的展现来看，全景和枢轴控件都是继承自 ItemsControl，且呈现的方式也相似。但也有其不同之处。

- 全景控件支持横向视图，即显示的内容超出手机屏幕的范围，而枢轴则不能。
- 枢轴控件可以在 PivotItem 中设置单独的背景图片，以区别于其他的 PivotItem，而全景控件所有的 PanoramaItem 使用同一张背景图以达到最佳的视觉效果。
- 枢轴控件建议支持的 items 最多可达到 7 个，而全景控件建议最多 4 个。
- 全景控件建议不要使用应用程序栏，以免影响视觉效果，而枢轴控件则可以使用应用程序栏。

那么我们在开发应用程序时是选用全景还是枢轴？在决定之前请在熟悉全景控件和枢轴控件的最佳实践基础之上，再根据应用程序的最终期望达到的效果做出判断。全景控件已经大量的应用到了 Windows Phone 里面，比如 people、music + videos，还有 Office Hub 中，而枢轴则更适合于展现类型相似的数据，或者对数据源进行过滤显示。

请注意不要在全景控件（Panorama）中存放枢轴控件（Pivot），也不要在枢轴控件（Pivot）中存放全景控件（Panorama)。正如《周易》中所述："日往则月来，月往则日来，日月相推，而明生焉。寒往则暑来，暑往则寒来，寒暑相推，而岁成焉。"是故，全景控件和枢轴控件的关系犹如日与月、寒与暑。全景往则枢轴来，枢轴往则全景来，全景与枢轴相推，而最佳的用户体验成就焉。

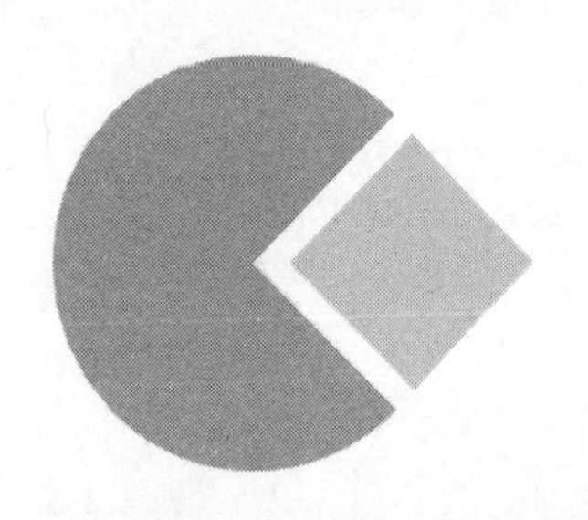

第 12 章　启动器和选择器

12.1 启动器与选择器概述

本章参考和引用了 Windows Phone 官方教程和开发培训包，以及 MSDN Windows Phone 开发文档。

Windows Phone 应用程序模型将每个应用分离成各自独立的沙盒，包括运行时（包括内存的隔离）和文件存储。为了适应需要通用任务的场景，Windows Phone 公布了一套启动器和选择器的 API，允许应用程序间接的访问常用的手机功能。启动器和选择器框架使得 Windows Phone 应用程序能够向用户提供一套通用的任务，例如，打电话、发送电子邮件和拍照片。启动器和选择器的 API 调用独立的内置应用程序，取代当前运行的应用程序。那么如何理解启动器和选择器呢？

启动器类似于三十六计中的走为上计。启动器调用一个内置的应用程序完成特定的任务，不返回任何数据就轻轻地走了。PhoneCallTask 就是一个例子，应用程序使用启动器调用通话应用程序，并传递电话号码和显示名称等参数。当用户关掉通话应用程序后，调用它的应用程序通常会被重新激活，但是通话应用程序不会返回任何数据或者用户操作结果。即当应用程序调用启动器时，它不会得到返回值。

选择器应用程序无法直接获得的数据或者任务，利用第三方即通过选择器来获得或者完成。

选择器调用内置的应用程序完成特定的任务，并向调用它的应用程序返回某种类型的数据。例如，选择器调用“联系人”应用程序，允许你搜索到一个特定联系人。搜索成功之后，联系人信息将被返回。另外一个例子是 PhotoChooserTask，应用程序可以使用这个选择器来显示选择照片应用程序。用户可以选择照片或取消选择照片。通常发生这种情况时，调用应用程序被重新激活并获取选择器的结果。

> **注意**　在某些情况下，主调应用程序可能永远不会被激活，并且选择器的结果可能永远不会被返回。例如，选取电子邮件地址或者选择照片。选择器启动照片应用程序，此时如果用户可以按下开始按钮（Start），选择另一个应用程序，那么原主调应用程序可能永远不会被激活，并且选择器的结果可能永远不会被返回。

Windows Phone 支持的启动器和选择器任务如表 12-1 和表 12-2 所示。

表 12-1　启动器任务

任　务	描　述
EmailComposeTask	允许应用程序启动电子邮件应用程序并创建一条新消息，以此来让用户从应用程序发送电子邮件
MarketplaceDetailTask	允许应用程序启动 Windows Phone Market 客户端应用程序并显示指定产品的详细信息页面
MarketplaceHubTask	允许应用程序启动 WindowsPhone Market 的客户端应用程序
MarketplaceReviewTask	允许应用程序启动 Windows Phone Market 客户端应用程序并显示指定产品的评论信息页面
MarketplaceSearchTask	允许应用程序启动 Windows Phone Market 客户端应用程序并显示指定搜索条件的检索结果
MediaPlayerLauncher	允许应用程序启动媒体播放器
PhoneCallTask	允许应用程序启动电话应用程序，使得用户能够在应用程序中开始打电话
SaveEmailAddressTask	允许应用程序启动联系人应用程序，以此允许用户从应用程序中保存电子邮件地址到一个新的或现有的联系人
SavePhoneNumberTask	允许应用程序启动联系人应用程序，以此允许用户从应用程序中保存电话号码到一个新的或现有的联系人
SearchTask	允许应用程序启动 Web 搜索应用程序
SmsComposeTask	允许应用程序启动 SMS 应用程序
WebBrowserTask	允许应用程序启动 Web 浏览器应用程序

表 12-2　选择器任务

任　务	描　述
EmailAddressChooserTask	允许应用程序启动联系人应用程序，使用它来获取用户选定的联系人的电子邮件地址
CaptureCameraTask	允许应用程序启动照相机应用程序，使用户能够从你的应用中拍照片
PhoneNumberChooserTask	允许应用程序启动联系人应用程序，使用它来获取用户选定的联系人的电话号码
PhotoChooserTask	允许应用程序启动照片选择应用程序，使用它来让用户选择照片

启动器和选择器的使用要注意应用程序生命周期，关于应用程序生命周期的讲述，请参考下一章节的介绍。

下面的任务被调用时，应用程序不会自动触发逻辑删除机制：

PhotoChooserTask PhotoChooserTask

CameraCaptureTask CameraCaptureTask

MediaPlayerLauncher MediaPlayerLauncher

EmailAddressChooserTask EmailAddressChooserTask

PhoneNumberChooserTask PhoneNumberChooserTask

在以下的情况下，后台的应用程序将立即被执行逻辑删除：

- 用户启动另一个应用程序的导航，例如，用户按下启动键；
- 应用程序调用的启动器和选择器不在上面的列表中；
- 系统需要更多的资源来执行前台活动。

12.2 Windows Phone 模拟器对启动器和选择器的支持

表 12-3 显示了 Windows Phone 模拟器对于启动器和选择器的支持。

表 12-3　　Windows Phone 模拟器对于启动器和选择器的支持

类　名　称	Windows Phone 模拟器
CameraCaptureTask	因为 Windows Phone 模拟器没有相机，所以 Windows Phone 模拟器返回一个默认的图像应用程序
EmailAddressChooserTask	目前与 Windows Phone 真机没有差异
EmailComposeTask	这不是 Windows Phone 模拟器的功能，也不能在 Windows Phone 模拟器中创建电子邮件账户
MarketplaceDetailTask	目前与 Windows Phone 真机没有差异
MarketplaceHubTask	目前与 Windows Phone 真机没有差异
MarketplaceReviewTask	因为没有 Windows Live ID 的缘故，所以打开产品的打分和评论页面时会显示错误
MarketplaceSearchTask	目前与 Windows Phone 真机没有差异
MediaPlayerLauncher	应用程序可以启动媒体播放器，用户可以播放音乐，但视频不显示
PhoneCallTask	Windows Phone 模拟器使用假 GSM 和总有虚假的 SIM 卡，电话连接状态是通过模拟器模拟的
PhoneNumberChooserTask	目前与 Windows Phone 真机没有差异
PhotoChooserTask	目前与 Windows Phone 真机没有差异
SaveEmailAddressTask	目前与 Windows Phone 真机没有差异
SavePhoneNumberTask	目前与 Windows Phone 真机没有差异
SearchTask SearchTask	目前与 Windows Phone 真机没有差异
SmsComposeTask	Windows Phone 模拟器启动电话号码和填充消息 SMS 客户端，不返回任何状态或错误到应用程序，且总是出现在 SMS 消息发送成功
WebBrowserTask	目前与 Windows Phone 真机没有差异

12.3 动手实践——启动器和选择器的应用

本例中使用全景控件的 MVVM 模式展示启动器（Launcher）和选择器（chooser）调用任务的功能，如图 12-1 所示的是启动器和选择器。

1. 全景控件的 MVVM 模式

从开始|所有程序| Microsoft Visual Studio 2010 Express | Microsoft Visual Studio 2010 Express for Windows Phone 中打开 Microsoft Visual Studio 2010 Express for Windows Phone。或者从开始 | 所有程序| Microsoft Visual Studio 2010 打开 Visual Studio 2010。

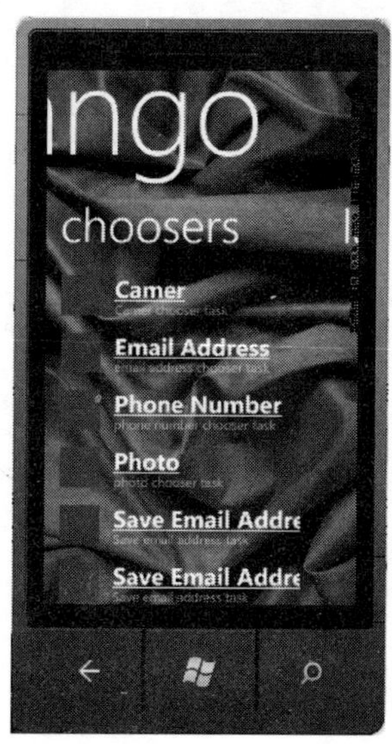

▲图 12-1　启动器和选择器

在 File 菜单中，选择 Project/Solution，导航到 Part 2\chapter 12\LaunchersChoosers_Begin 文件夹，选择 LaunchersChoosers.sln，然后点击 OK。

本例中全景控件采用 Model-View-ViewModel（MVVM）模式绑定为设计模式数据和运行模式数据。设计模式的数据定义在 DesignData\MainViewModelSampleData.xaml，运行模式定义在 View Models\MainViewModels.cs 中的 MainViewModel 类的 LoadData()。

设计模式的 DataContext 定义方法，在 MainPage.xaml 文件的头部定义设计模式下显示的数据源文件。

Silverlight Project: LaunchersChoosers　File: MainPage.xaml

```
d:DataContext="{d:DesignData DesignData/MainViewModelSampleData.xaml}"
```

运行模式下 MainViewModel 类的数据加载代码。

Silverlight Project: LaunchersChoosers　File: ViewModels\MainViewModels.cs

```
/// <summary>
/// Creates and adds a few ItemViewModel objects into the Items collection.
/// </summary>
public void LoadData()
{
     this.Items.Add(new ItemViewModel() { LineOne="EmailCompose", LineTwo="Email Compose
Task", LineThree="/Launchers/EmailCompose.xaml" });
     this.Items.Add(new ItemViewModel() { LineOne="PhoneCallTask", LineTwo="Phone Call
Task", LineThree="/Launchers//PhoneCall.xaml" });
     this.Items.Add(new  ItemViewModel()  {  LineOne="Search",  LineTwo="Search  Task",
LineThree="/Launchers//Search.xaml" });
     this.Items.Add(new  ItemViewModel()  {  LineOne="Smscompose",  LineTwo="Smscompose
```

```
Task", LineThree="/Launchers/Smscompose.xaml" });
    this.Items.Add(new ItemViewModel() { LineOne="WebBrowser", LineTwo="Web Browser
Task", LineThree="/Launchers/WebBrowser.xaml" });
    this.Items.Add(new ItemViewModel() { LineOne="MediaPlayer", LineTwo="Media Player
Launcher", LineThree="/Launchers/MediaLauncher.xaml" });
    this.Items.Add(new ItemViewModel() { LineOne="Marketplace", LineTwo="MarketPlace
Detail Task and MarketplaceHub Task", LineThree="/Launchers/MarketPlace.xaml" });

    this.ChoosersItems.Add(new ItemViewModel() { ChoosersLineOne = "Camer", Choosers
LineTwo = "Camer chooser task", ChoosersLineThree = "/Choosers/CamerChooser.xaml" });
    this.ChoosersItems.Add(new ItemViewModel() { ChoosersLineOne="Email Address",
ChoosersLineTwo="email address chooser task", ChoosersLineThree="/Choosers/Email
AddressChooser.xaml" });
    this.ChoosersItems.Add(new ItemViewModel() { ChoosersLineOne="Phone Number",
ChoosersLineTwo="phone number chooser task", ChoosersLineThree="/Choosers//Phone
NumberChooser.xaml" });
    this.ChoosersItems.Add(new ItemViewModel() { ChoosersLineOne="Photo", Choosers
LineTwo="photo chooser task", ChoosersLineThree="/Choosers/PhotoChooser.xaml" });
    this.ChoosersItems.Add(new ItemViewModel() { ChoosersLineOne="Save Email Address",
ChoosersLineTwo="Save email address task", ChoosersLineThree="/Choosers/SaveEmail
Address.xaml" });
    this.ChoosersItems.Add(new ItemViewModel() { ChoosersLineOne="Save Email Address",
ChoosersLineTwo="Save email address task", ChoosersLineThree="/Choosers/SaveEmail
Address.xaml" });
    this.ChoosersItems.Add(new ItemViewModel() { ChoosersLineOne="Save Phone number",
ChoosersLineTwo="Save Phone number task", ChoosersLineThree="/Choosers/SavePhoneN
umber.xaml" });

    this.IsDataLoaded = true;
}
```

全景控件的 Launchers 选项将 ItemsSource 绑定为 MainViewModel 类的 Items，Choosers 选项将 ItemsSource 绑定为 MainViewModel 类的 Choosers Items。Launchers 选项和 Choosers 选项都在 ListBox 控件中采用数据绑定的方式显示 HyperlinkButton 的内容和链接地址的数据源。修改全景控件的代码如下所示。

Silverlight Project: LaunchersChoosers File: MainPage.xaml

```
<!--Panorama control-->
<controls:Panorama Title="Mango">
    <controls:Panorama.Background>
        <ImageBrush ImageSource="PanoramaBackground.png"/>
    </controls:Panorama.Background>

    <!--Panorama item one-->
    <controls:PanoramaItem Header="launchers">
        <ListBox Margin="0,0,-12,0" ItemsSource="{Binding Items}" FontWeight="Black">
            <ListBox.ItemTemplate>
                <DataTemplate>
                    <StackPanel Margin="0,0,0,17" Width="432">
                        <HyperlinkButton
                            Content="{Binding LineOne}"
                            HorizontalAlignment="Left"
```

```
                                HorizontalContentAlignment="Left"
                                NavigateUri="{Binding LineThree}"
                                FontSize="36" FontWeight="Black">
                            </HyperlinkButton>
                            <TextBlock Text="{Binding LineTwo}" TextWrapping="Wrap" Margin=
"12,-6,12,0" Style="{StaticResource PhoneTextSubtleStyle}"/>
                        </StackPanel>
                    </DataTemplate>
                </ListBox.ItemTemplate>
            </ListBox>
        </controls:PanoramaItem>

        <!--Panorama item two-->
        <controls:PanoramaItem Header="choosers">
            <ListBox Margin="0,0,-12,0" ItemsSource="{Binding ChoosersItems}">
                <ListBox.ItemTemplate>
                    <DataTemplate>
                        <StackPanel Orientation="Horizontal" Margin="0,0,0,17">
                        <Rectangle Height="60" Width="60" Fill="#FFE5001b" Margin="12,0,9,0"/>
                          <StackPanel Width="311">
                              <HyperlinkButton
                              Content="{Binding ChoosersLineOne}"
                              HorizontalAlignment="Left"
                              HorizontalContentAlignment="Left"
                              NavigateUri="{Binding ChoosersLineThree}"
                              FontSize="36" FontWeight="Black">
                              </HyperlinkButton>
                             <TextBlock Text="{Binding ChoosersLineTwo}" TextWrapping="Wrap"
Margin="12,-6,12,0" Style="{StaticResource PhoneTextSubtleStyle}"/>
                          </StackPanel>
                      </StackPanel>
                  </DataTemplate>
              </ListBox.ItemTemplate>
          </ListBox>
      </controls:PanoramaItem>
</controls:Panorama>
```

2. 添加调用启动器任务的代码文件

在 LaunchersChoosers 工程中，加入启动器调用任务的代码文件。右键点击 Launchers 文件夹，选择“Add”—“Existing Item...”，加入 Launchers 文件夹下的所有文件。如图 12-2 所示的添加代码文件。

3. 添加调用选择器的代码文件

选择器调用内置的应用程序完成特定的任务，并向调用它的应用程序返回某种类型的数据。例如，一张图片、一个联络人信息等。使用 Chooser 要先引入 Microsoft.Phone.Task 的命名空间。

在 LaunchersChoosers 工程中，加入启动器调用任务的代码文件。右键点击 Choosers 文件夹，选择“Add”—“Existing Item...”，加入 Choosers 文件夹下的所有代码文件。如图 12-3 所示的添加代码文件。

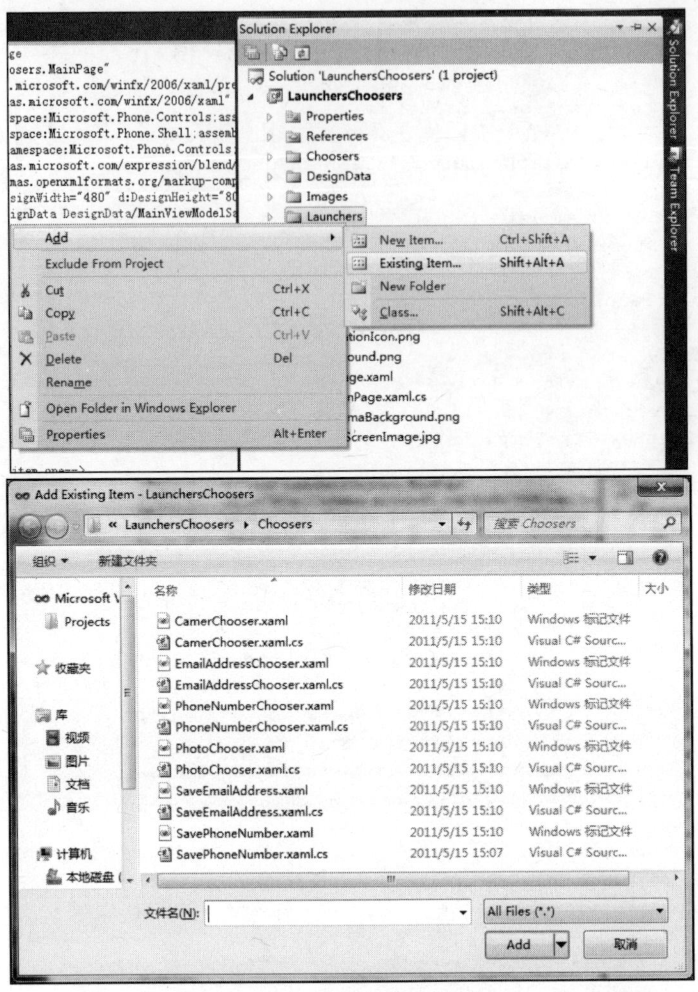

▲图 12-2　添加代码文件

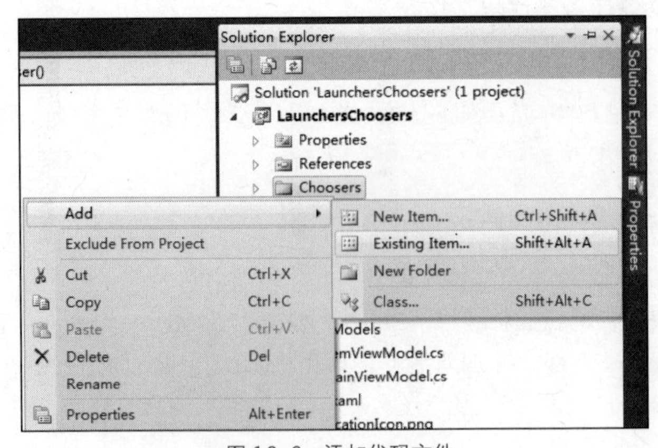

▲图 12-3　添加代码文件

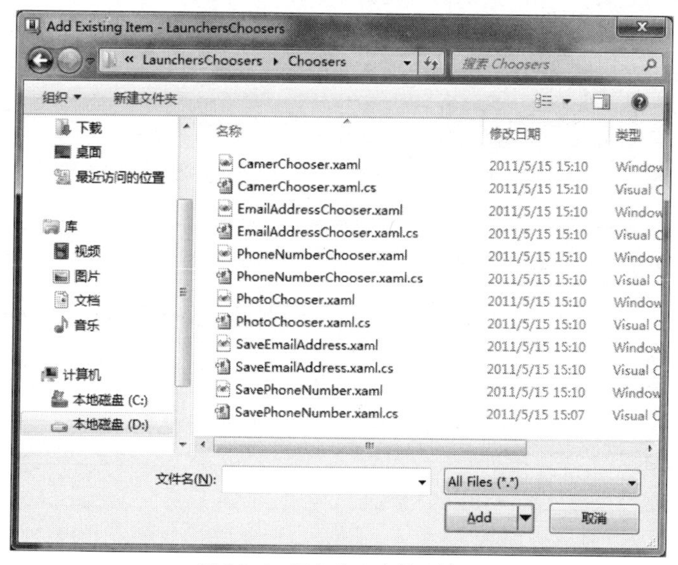

▲图 12-3　添加代码文件（续）

12.3.1　启动器之 EmailComposeTask（Email 发送功能）

EmailComposeTask 调用系统默认的 Email 发送功能，允许设定收件人和邮件正文等内容。笔者做了以下的接口，在模拟器执行的时候会出现右图的错误提示，这是因为内建的开发用仿真器没有设定 Email 相关的账号，因此无法做寄送 Email 的动作，如图 12-4 所示。可以将应用程序部署到真实的 Windows Phone 手机上做实际的测试。

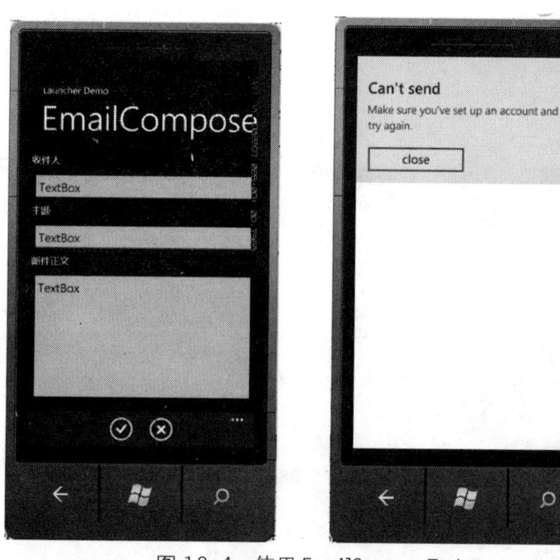

▲图 12-4　使用 EmailComposeTask

从 EmailCompose.xaml 中读取 Email 收件人、邮件主题和邮件正文内容，设置 EmailComposeTask 的 To、Subject 和 Body 属性。调用 Show 方法。

Silverlight Project: LaunchersChoosers　File: Launchers/EmailCompose.xaml.cs

```
EmailComposeTask ect = new EmailComposeTask();
ect.To = txtEmailAddress.Text;
ect.Subject = txtSubject.Text;
ect.Body = txtMailBody.Text;
ect.Show();
```

表 12-4 是 EmailComposeTask 的属性介绍。

表 12-4　EmailComposeTask 属性介绍

属　性	描　述
Body	邮件正文
Cc	抄送地址
Subject	主题
To	收件人

注意　在输入 Email 的时候可以搭配选择器 EmailAddressChooserTask 来使用会更加人性化。

12.3.2　启动器之 PhoneCallTask（拨打电话）

PhoneCallTask 是能够让您在应用程序中去执行拨打电话的功能。执行 PhoneCallTask 时，需要先指定电话号码以及显示在画面上的名称（DisplayName），然后呼叫 Show 的方法。呼叫 Show 方法之后，首先会请使用者确认是否要拨打电话之后才会进行拨打电话的动作。如果在通话过程中切换了页面，如图 12-5 所示的最右侧的图所示，将在 Windows Phone 屏幕的最上端显示通过事件，轻触它就可展开通话的页面。

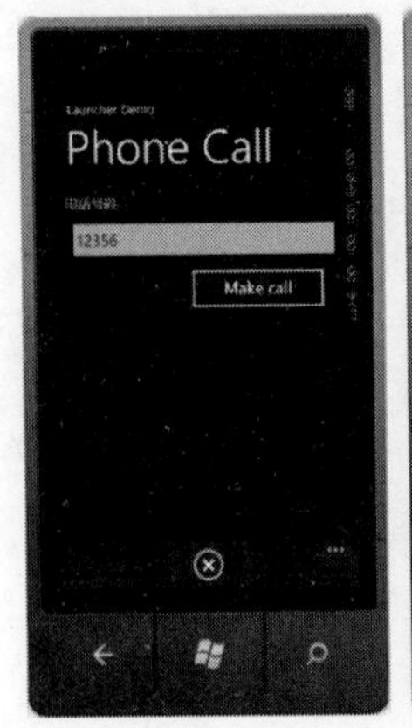

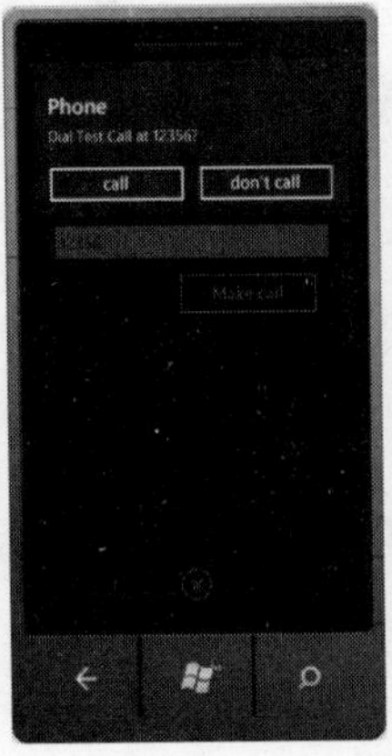

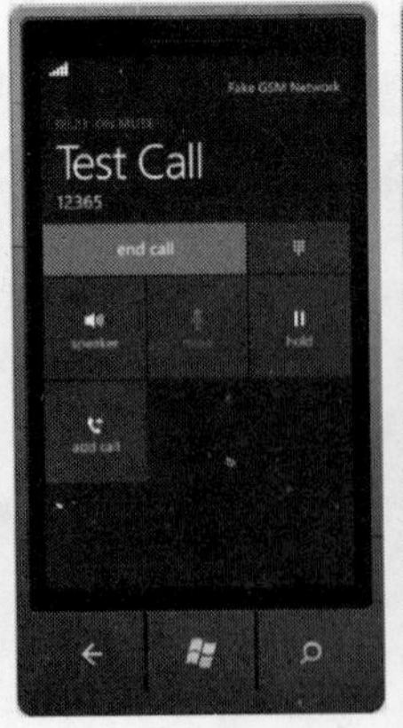

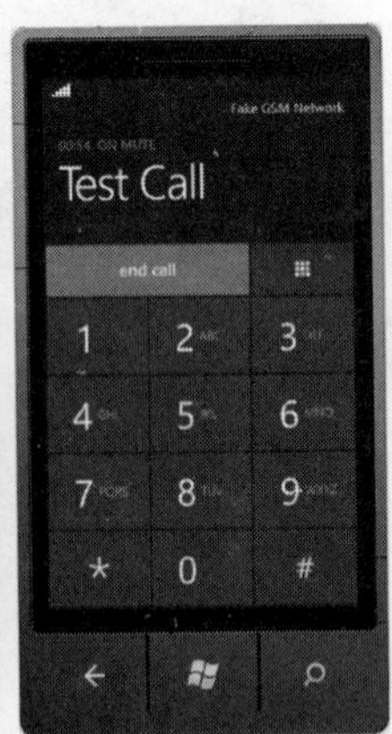

▲图 12-5　使用 PhoneCallTask

实现调用启动器 PhoneCallTask 任务，执行电话呼叫的代码如下，其中电话呼叫的号码为文本框 txtPhoneNo 中输入的号码。

Silverlight Project: LaunchersChoosers　File: Launchers/PhoneCall.xaml.cs

```
PhoneCallTask pct = new PhoneCallTask();
pct.DisplayName = "Test Call";
pct.PhoneNumber = txtPhoneNo.Text;
pct.Show();
```

12.3.3　启动器之 SerachTask（查询关键词）

SearchTask 能够让应用程序指定查询的关键词，并且启动系统默认的查询功能。当第一次启动 SearchTask 时，系统会询问使用者是否允许装置利用 GPS/AGPS 等方式取得目前所在位置的一些相关信息，确认之后显示搜索结果，如图 12-6 所示。

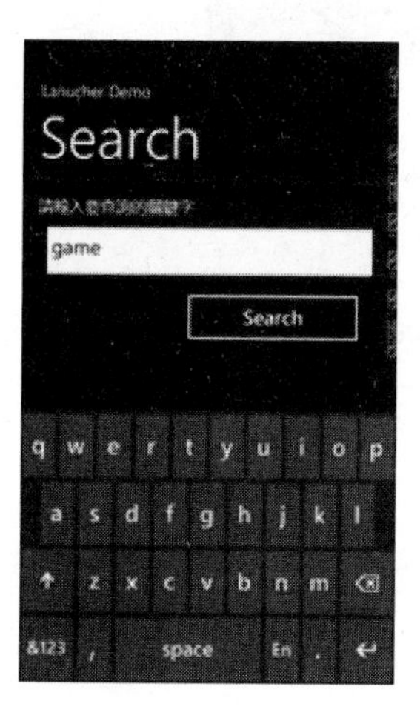

▲图 12-6　使用 SearchTask

实现的程序如下所示。

Silverlight Project: LaunchersChoosers　File: Launchers/Search.xaml.cs

```
SearchTask searchTask = new SearchTask();
searchTask.SearchQuery = txtInput.Text;
searchTask.Show();
```

12.3.4　启动器之 SmscomposeTask（短信发送功能）

SmscomposeTask 允许应用程序呼叫系统的短信发送功能。使用的方式与 EmailComposeTask 相似，只要设定接收端的号码以及 SMS 内容之后，就可以启动系统默认的短信发送接口，如图 12-7 所示。

添加 Microsoft.Phone.Tasks 的引用。

Silverlight Project: LaunchersChoosers　File: Launchers/Smscompose.xaml.cs

```
using Microsoft.Phone.Tasks;
```

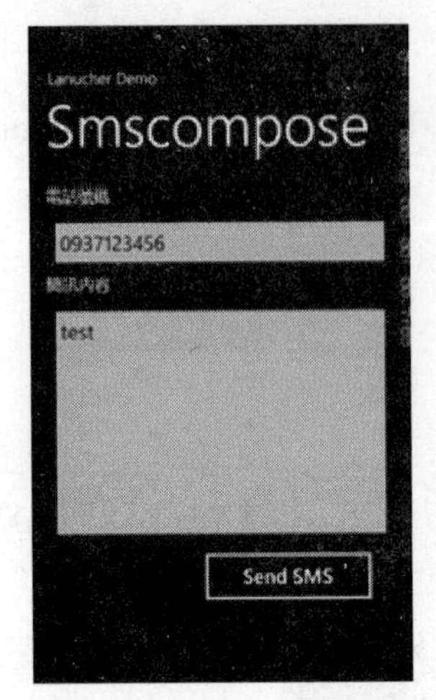

▲图 12-7　短信发送

SmscomposeTask 调用代码如下。

Silverlight Project: LaunchersChoosers　File: Launchers/Smscompose.xaml.cs

```
SmsComposeTask sct = new SmsComposeTask();
sct.To = txtPhoneNo.Text;
sct.Body = txtMessage.Text;
sct.Show();
```

12.3.5 启动器之 Web Search Task（浏览器）

WebBrowserTask 具有启动浏览器的功能，如图 12-8 所示。

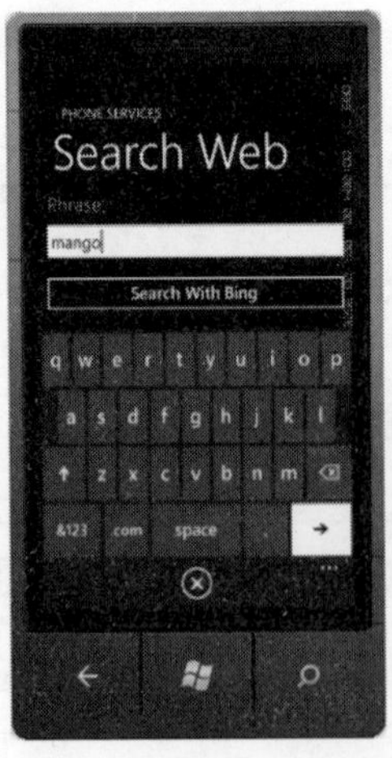

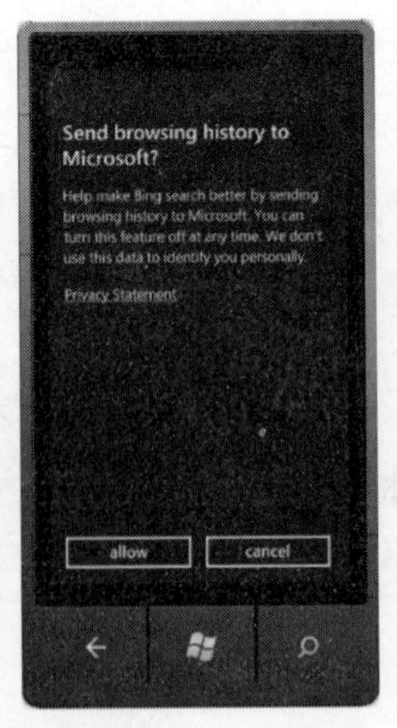

▲图 12-8　使用 WebSearch

添加引用如下。

Silverlight Project: LaunchersChoosers　File: Launchers/WebBrowser.xaml.cs

```
using Microsoft.Phone.Tasks;
using System.Diagnostics;
using System.Windows.Navigation;
```

读取 TextBox 的关键词，指定 WebBrowserTask 的 Uri 为 Bing 搜索，调用 WebBrowserTask 的 Show 方法显示搜索的结果，代码如下所示。

Silverlight Project: LaunchersChoosers　File: Launchers/WebBrowser.xaml.cs

```
WebBrowserTask webBrowserTask = new WebBrowserTask();
const string url = "http://m.bing.com/search?q={0}&a=results";
webBrowserTask.Uri = new Uri(string.Format(url, txtInput.Text));
webBrowserTask.Show();
```

在页面的 OnNavigatedFrom 事件中处理页面瞬态数据，将页面瞬态数据保存至 PhoneApplication Page.State 中。在 OnNavigatedTo 事件中，从 PhoneApplicationPage.State 中恢复页面瞬态数据。

```
const string inputStateKey = "input";

protected override void OnNavigatedFrom(NavigationEventArgs e)
{
     Debug.WriteLine("***\t In OnNavigatedFrom function of WebSearchPage\t ***");

     if (State.ContainsKey(inputStateKey))
        State.Remove(inputStateKey);

     State.Add(inputStateKey, txtInput.Text);

     base.OnNavigatedFrom(e);
}

protected override void OnNavigatedTo(NavigationEventArgs e)
{
     Debug.WriteLine("***\t In OnNavigatedTo function of WebSearchPage\t ***");

     if (State.ContainsKey(inputStateKey))
     {
        string input = (string)State[inputStateKey];
        txtInput.Text = input;
        State.Remove(inputStateKey);
     }

     base.OnNavigatedTo(e);
}
```

12.3.6 启动器之 MediaPlayerLanucher（媒体播放器）

MediaPlayerLanucher 顾名思义就是启动 MediaPlayer 播放影音视频。MediaPlayerLauncher 启动应用程序和媒体播放器播放指定的媒体文件。媒体文件可以是存储在独立存储空间中的，也可以是绑定在应用程序中的，因此，在播放时应使用 MediaLocationType 枚举类型指定媒体文件存放的位置。MediaPlayerLanucher 允许指定一个或多个媒体播放器的控件，指定方法是使用按位或的方式设定 MediaPlaybackControls 值，MediaPlayLanucher 的属性如表 12-5 所示。

表 12-5　　MediaPlayerLanucher 的属性

属　性	说　明
Controls	设置应用程序调用的播放器控件
Location	媒体文件的存储位置 MediaLocationType 枚举用于指定存储位置为独立存储空间或应用程序的安装文件夹 MediaLocationType.Install 表示文件位于应用程序安装文件夹中 MediaLocationType.Data 表示文件位于独立存储空间中
Media	以 Uri 的方式来表示文件

添加 Media 文件夹下的影音文件 mymovie.wmv。右键点击“Media”文件夹，选择“Add”—“Existing Item…”。如图 12-9 所示为添加 Media 文件。

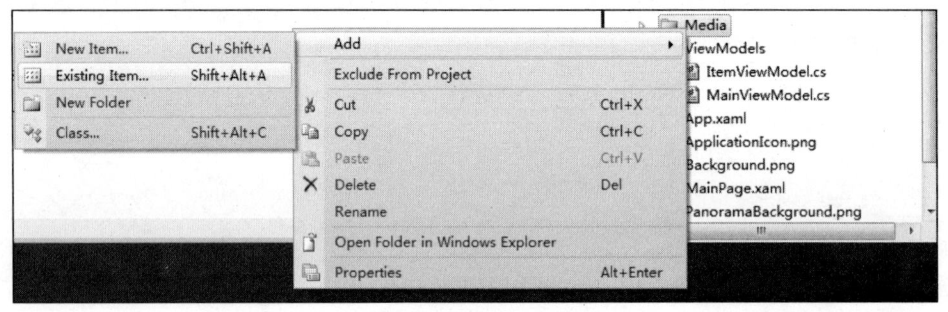

▲图 12-9　添加 Media 文件

设置影音文件 mymovie.wmv 的属性，右键点击影音文件 mymovie.wmv，选择属性“Properties”。如图 12-10 所示为选择属性。

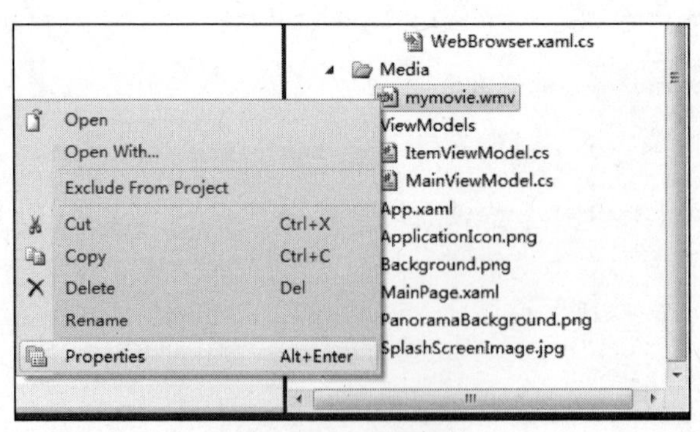

▲图 12-10　选择属性

将“Build Action”属性设定成“Content”，“copy to output directory”属性设定为“copy if newer”。

打开 Launchers/MediaLauncher.xaml，我们设置了一个 CheckBox 来选择播放影音文件的源。在运行时选择 CheckBox，则播放 Channel9 网络视频文件 WPMetroDesignOverivew，否则播放应用程序中的视频文件 mymovie.wmv。

Silverlight Project: LaunchersChoosers　File: Launchers/ MediaLauncher.xaml

```
<StackPanel Grid.Row="0" Orientation="Horizontal">
     <CheckBox x:Name="chkUseExternalMedia"
Content="Channel9 WPMetroDesignOverivew"/>
</StackPanel>

<StackPanel Grid.Row="2" Orientation="Vertical">
     <Button Content="Play Video" x:Name="btnPlayVideo" Click="btnPlayVideo_Click"/>
</StackPanel>
```

MediaPlayerLauncher 的 Location 属性设置为 Install，则播放应用程序安装文件夹中的影音文件。

Silverlight Project: LaunchersChoosers　File: Launchers/MediaLauncher.xaml.cs

```
MediaPlayerLauncher mediaPlayerLauncher = new MediaPlayerLauncher();
if (chkUseExternalMedia.IsChecked.Value)
{
     mediaPlayerLauncher.Media = new Uri("http://ecn.channel9.msdn.com/o9/ch9/4/1/9/7
/4/5/WPMetroDesignOverivew_ch9.wmv", UriKind.Absolute);
}
else
{
     //means is a resource of the app, otherwise it will try to resolve it in Data
(IsolatedStorage) for application
     mediaPlayerLauncher.Location = MediaLocationType.Install;

     mediaPlayerLauncher.Media = new Uri("Media/mymovie.wmv", UriKind.Relative);
}
mediaPlayerLauncher.Show();
```

运行效果如图 12-11 所示。

▲图 12-11　播放影音文件

▲图 12-11　播放影音文件（续）

12.3.7　启动器之 MarketPlaceDetailTask（启动 MarketPlace 应用）

MarketPlaceDetailTask 启动系统内建的 MarketPlace 应用程序，并且可以指定要浏览的应用程序 ID。MarketPlaceDetailTask 的重要属性如表 12-6 所示。

表 12-6　　MarketPlaceDetailTask 属性

属　性	说　明
ContentIdentifier	指定应用程序 ID（是一个 GUID 值），如果没有指定（也就是 null），便会以目前执行的应用程序为目标
ContentType	指定应用程序的类型，目前只能指定为 Applications

Silverlight Project: LaunchersChoosers　File: Launchers/MarketPlace.xaml.cs

```
MarketplaceDetailTask mdt = new MarketplaceDetailTask();
//ContentType 设定为 Applcation
mdt.ContentType = MarketplaceContentType.Applications;
mdt.ContentIdentifier = "Application ID";
mdt.Show();
```

12.3.8　启动器之 MarketplaceHubTask（联机到 Marketplace）

MarketlaceHubTask 主要的功用是启动后便会带领使用者直接联机到 Marketplace，要注意的是 ContentType 属性，可以设定为 Application 与 Music。

图 12-12 中间画面是当 ContentType 设定为 Music 时的画面，最右边则是设定为 Application 时的界面。

Silverlight Project: LaunchersChoosers　File: Launchers/MarketPlace.xaml.cs

```
MarketplaceHubTask mht = new MarketplaceHubTask();
//mht.ContentType = MarketplaceContentType.Applications;
mht.ContentType = MarketplaceContentType.Music;
```

```
mht.Show();
```

▲图 12-12　使用 MarketPlaceHubTask

12.3.9　启动器之 MarketplaceReviewTask（连到 Marketplace 页面）

MarketplcaeReviewTask 的用途是在启动之后会连到 Marketplace 的页面，并直接为应用程序做评分、建议等动作。

Silverlight Project: LaunchersChoosers　File: Launchers/MarketPlace.xaml.cs

```
MarketplaceReviewTask mrt = new MarketplaceReviewTask();
mrt.Show();
```

12.3.10　启动器之 MarketPlaceSearchTask（搜寻 Marketplace 上的应用）

MarketplaceSearchTask 可以让您搜寻 Marketplace 上的应用程序或是音乐（通过设定 ContentType 的属性），另外 SearchTerms 可以指定关键词，如图 12-13 所示。

▲图 12-13　使用 Marketplace SearchTask

Silverlight Project: LaunchersChoosers　File: Launchers/MarketPlace.xaml.cs

```
MarketplaceSearchTask mst = new MarketplaceSearchTask();
//可以将 ContentType 属性设定为 Muisc，也可以是 Applications
//mst.ContentType = MarketplaceContentType.Music;
mst.ContentType = MarketplaceContentType.Applications;
mst.SearchTerms = txtSearchTerms.Text;
mst.Show();
```

12.3.11　选择器之 CameraCaptureTask（拍照）

CameraCaptureTask 调用 Windows Phone 的拍照任务，图 12-14 右上角的◎图案就是拍照的按钮。

▲图 12-14　CameraCaptureTask

引入 Microsoft.Phone.Tasks 的命名空间。

Silverlight Project: LaunchersChoosers　File: Choosers/ CamerChooser.xaml.cs

```
using Microsoft.Phone.Tasks;
using System.Windows.Media.Imaging;
```

初始化时加载拍照事件处理函数。

Silverlight Project: LaunchersChoosers　File: Choosers/ CamerChooser.xaml.cs

```
CameraCaptureTask cct ;

public CamerChooser()
{
    InitializeComponent();
    //建议在初始化完成之后就加载事件处理函数,这与 application lift cycle 有关
    cct = new CameraCaptureTask();
    cct.Completed += new EventHandler<PhotoResult>(cct_Completed);
}
```

在 CamerChooser.xaml 中的 Image 控件显示拍照后的图片，Button 控件的 Click 事件处理函数中调用 CameraCaptureTask。

Silverlight Project: LaunchersChoosers　File: Choosers/ CamerChooser.xaml

```
<Grid x:Name="ContentGrid" Grid.Row="1">
        <Image  Height="489"  HorizontalAlignment="Left"  Margin="21,19,0,0"  Name="image1"
Stretch="Fill" VerticalAlignment="Top" Width="447" />
<Button Content="Take a photo" Height="82" HorizontalAlignment="Left" Margin="191,535,0,0"
Name="btnShot" VerticalAlignment="Top" Width="283" Click="btnShot_Click" />
</Grid>
```

Button 控件的 Click 事件处理函数 btnShot_Click 中通过 CameraCaptureTask 的 Show 方法调用选择器。

Silverlight Project: LaunchersChoosers　File: Choosers/ CamerChooser.xaml.cs

```
private void btnShot_Click(object sender, RoutedEventArgs e)
{
     //呼叫 Chooser
     cct.Show();
}
```

在选择器的使用上，最主要的就是处理拍照的 Completed 事件：将照片显示在 Image 控件中。

Silverlight Project: LaunchersChoosers　File: Choosers/ CamerChooser.xaml.cs

```
void cct_Completed(object sender, PhotoResult e)
{
     //判定结果是否成功
     if (e.TaskResult == TaskResult.OK)
     {
        BitmapImage bmpSource = new BitmapImage();
        bmpSource.SetSource(e.ChosenPhoto);
        image1.Source = bmpSource;
     }
     else
     {
        image1.Source = null;
     }
}
```

在处理 Completed 的事件当中，必须要先判断 TaskResult 属性，在这个属性当中，可以取得拍照动作的结果，例如，当使用者按下确定（Accept）的按钮时，会响应 OK，而如果使用者按下返回键呢？这时候回传的就会是 Cancel 的状态了。

怎么取得拍摄的照片呢？主要是利用 PhotoResult 事件的 ChoosenPhoto 属性，ChoosenPhoto 属性指向实体照片位置的数据流。拍照后的图片是不会直接储存到应用程序所属的隔离储存空间中的，因为不同应用程序之间是不能去交叉存取隔离储存空间中的文件。

12.3.12　选择器之 EmailAddressChooserTask（取得 Email 数据）

EmailAddressChooserTask 主要是用来取得联络人的 Email 数据，此任务可与 EmailComposeTask 结合使用完成邮件客户端应用程序的功能，如图 12-15 所示。

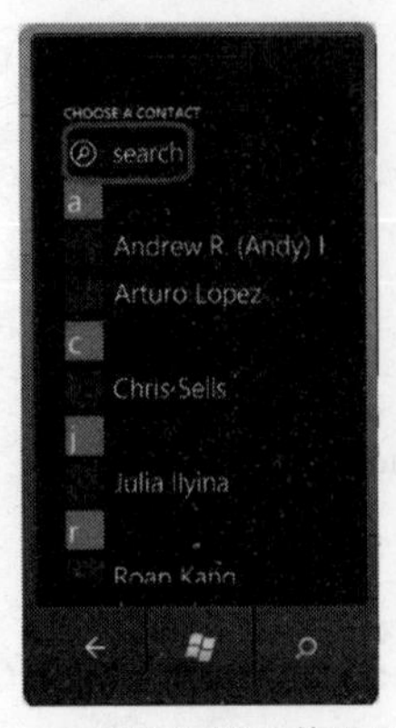

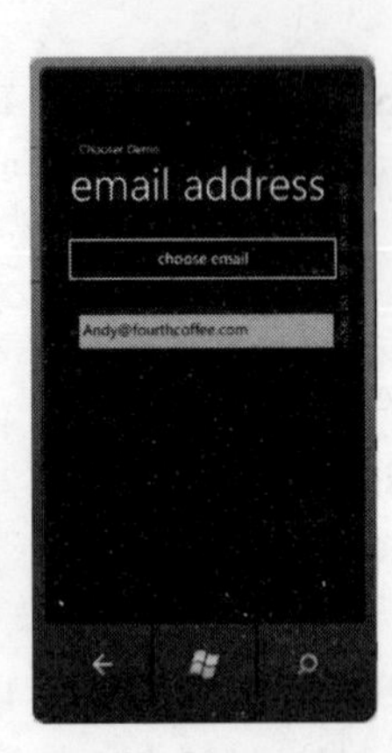

▲图 12-15　使用 EmailAddressChooserTask

与 CameraCaptureTask 调用方法相似。在初始化时加载 EmailAddressChooserTask 的 Completed 事件处理函数。

Silverlight Project: LaunchersChoosers　File: Choosers/ EmailAddressChooser.xaml.cs

```
EmailAddressChooserTask eac;

public EmailAddressChooser()
{
     InitializeComponent();

     eac = new EmailAddressChooserTask();
     eac.Completed += new EventHandler<EmailResult>(eac_Completed);
}
```

使用 EmailAddressChooserTask 的 Show 方法调用选择器。

Silverlight Project: LaunchersChoosers　File: Choosers/ EmailAddressChooser.xaml.cs

```
private void btnEmailaddress_Click(object sender, RoutedEventArgs e)
{
     eac.Show();
}
```

EmailAddressChooserTask 的 Completed 事件处理函数 eac_Completed。将选择器返回的 Email 信息赋值给 TextBox 控件显示。

Silverlight Project: LaunchersChoosers　File: Choosers/ EmailAddressChooser.xaml.cs

```
void eac_Completed(object sender, EmailResult e)
{
     if (e.TaskResult == TaskResult.OK)
     {
        textBox1.Text = e.Email;
     }
}
```

12.3.13　选择器之 PhoneNumberChooserTask（选择电话号码）

PhoneNumberChooserTask 主要是用来选择联络人的电话号码，如图 12-16 所示。

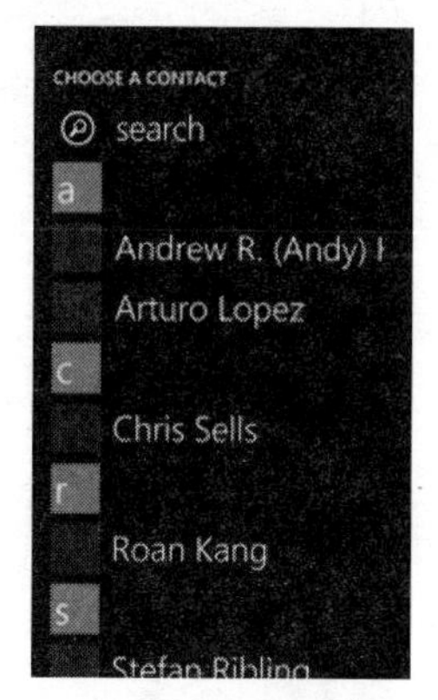

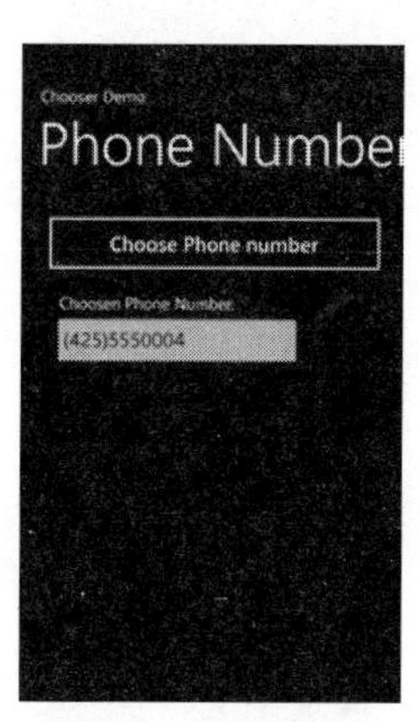

▲图 12-16　使用 PhoneNumberChooserTask

Silverlight Project: LaunchersChoosers　File: Choosers/ PhoneNumberChooser.xaml.cs

```
PhoneNumberChooserTask pnc;

public PhoneNumberChooser()
{
InitializeComponent();
        pnc = new PhoneNumberChooserTask();
        pnc.Completed += new EventHandler<PhoneNumberResult>(pnc_Completed);
}
```

使用 PhoneNumberChooserTask 的 Show 方法调用选择器。

Silverlight Project: LaunchersChoosers　File: Choosers/ PhoneNumberChooser.xaml.cs

```
private void button1_Click(object sender, RoutedEventArgs e)
{
    pnc.Show();
}
```

PhoneNumberChooserTask 的 Completed 事件处理函数 pnc_Completed。将选择器返回的 Email 信息赋值给 TextBox 控件显示。

Silverlight Project: LaunchersChoosers　File: Choosers/ EmailAddressChooser.xaml.cs

```
void pnc_Completed(object sender, PhoneNumberResult e)
{
    if (e.TaskResult == TaskResult.OK)
    {
        textBox1.Text = e.PhoneNumber;
    }
}
```

12.3.14 选择器之 PhotoChooserTask（选择图片）

PhotoChooserTask 是用来选择图片。PhotoChooser 具有 ShowCamera 的属性，ShowCamera 的属性是一个 boolean 型态，当设定为 true 时，在选择图片的画面下方中会出现拍照的按钮，让用户将相机拍照的图片作为数据源，如图 12-17 所示。

▲图 12-17　使用 PhotoChooserTask

通过设置 PhotoChooser 的 PixelHeight 和 PixelWidth 的属性，可以实现对原始图像裁剪的功能。比如说，现在应用程序要让用户设定大头贴，大头贴的尺寸只需要 100*10，此时需要处理图片的尺寸。通过设定 PixelHeight 和 PixelWidth 的属性之后，当用户选定照片会出现裁切的矩形方框，矩形方框会依照您设定的长、宽比例自动调整，如图 12-18 所示。

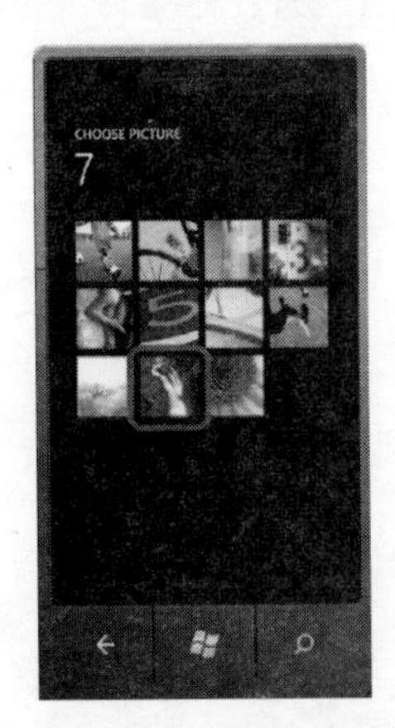

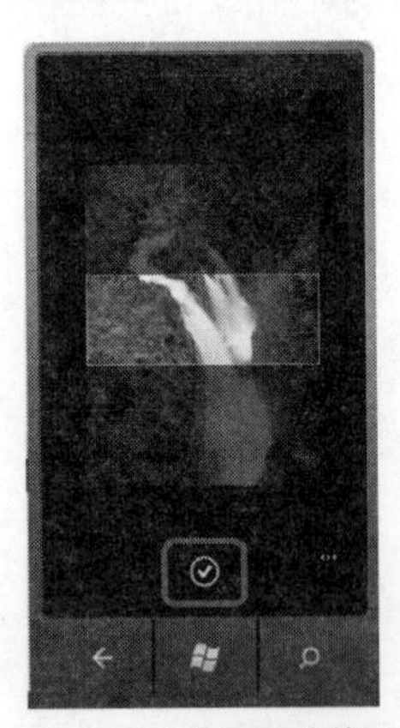

▲图 12-18　裁切原始的图像

在初始化时加载 PhotoChooserTask 的 Completed 事件处理函数。

Silverlight Project: LaunchersChoosers　File: Choosers/ PhotoChooser.xaml.cs

```
PhotoChooserTask pc;
```

```
public PhotoChooser()
{
     InitializeComponent();
     pc = new PhotoChooserTask();
     pc.Completed += new EventHandler<PhotoResult>(pc_Completed);
}
```

通过 PhotoChooserTask 的 Show 方法调用选择器，设定裁剪相片后的最大高度和宽度，以及将显示 Camera 的属性设置为 True。

Silverlight Project: LaunchersChoosers　File: Choosers/ PhotoChooser.xaml.cs

```
private void button1_Click(object sender, RoutedEventArgs e)
{
     //是否裁剪相片，并设定裁剪相片后的最大高度和宽度
     pc.PixelHeight = 30;
     pc.PixelWidth = 80;

     //设定是否出现拍照的按钮（位于 Application Bar)
     pc.ShowCamera = true;

     pc.Show();
}
```

PhotoChooserTask 的 Completed 事件处理函数，判断任务返回值，如果为 OK 则将图片显示在 Image 控件，将图片名称（包含文件路径）显示在 TextBox 控件。

Silverlight Project: LaunchersChoosers　File: Choosers/ PhotoChooser.xaml.cs

```
void pc_Completed(object sender, PhotoResult e)
{
     if (e.TaskResult == TaskResult.OK)
     {
         BitmapImage bmpSource = new BitmapImage();
         bmpSource.SetSource(e.ChosenPhoto);
         image1.Source = bmpSource;
         textBlock1.Text = e.OriginalFileName;
     }
     else
     {
         image1.Source = null;
     }
}
```

12.3.15　选择器之 SaveEmailAddressTask（储存 Email 信息）

SaveEmailAddressTask 用来储存联络人中 Email 的信息。

初始化 SaveEmailAddressTask，并加载 Completed 事件处理函数；设置 Email 地址输入框，显示手机键盘，输入 Email 地址。

Silverlight Project: LaunchersChoosers　File: Choosers/ SaveEmailAddress.xaml.cs

```
SaveEmailAddressTask sea;

public SaveEmailAddress()
{
    InitializeComponent();
    txtEmail.InputScope = new InputScope()
    {
        Names = { new InputScopeName() { NameValue = InputScopeNameValue.EmailNameOr
Address } }
    };

    sea = new SaveEmailAddressTask();
    sea.Completed += new EventHandler<TaskEventArgs>(sea_Completed);
}
```

通过 SaveEmailAddressTask 的 Show 方法调用选择器。

Silverlight Project: LaunchersChoosers　File: Choosers/ SaveEmailAddress.xaml.cs

```
private void button1_Click(object sender, RoutedEventArgs e)
{
    sea.Email = txtEmail.Text;
    sea.Show();
}
```

SaveEmailAddressTask 的 Completed 事件处理函数。

Silverlight Project: LaunchersChoosers　File: Choosers/ SaveEmailAddress.xaml.cs

```
void sea_Completed(object sender, TaskEventArgs e)
{
    if (e.TaskResult == TaskResult.OK)
    {
        //Success
        MessageBox.Show("保存成功!");
    }
    else
    {
        MessageBox.Show("保存失败!");
    }
}
```

12.3.16　选择器之 SavePhoneNumberTask（储存电话号码）

SavePhoneNumberTask 则是用来储存联络人的电话号码。

初始化 SavePhoneNumberTask，并加载 Completed 事件处理函数；设置电话号码输入框，显示手机键盘，输入电话号码。

Silverlight Project: LaunchersChoosers　File: Choosers/ SavePhoneNumber.xaml.cs

```
SavePhoneNumberTask spn;

public SavePhoneNumber()
{
      InitializeComponent();
      txtPhoneNo.InputScope = new InputScope()
      {
         Names = { new InputScopeName() { NameValue = InputScopeNameValue.Telephone
Number } }
      };

      spn = new SavePhoneNumberTask();
      spn.Completed += new EventHandler<TaskEventArgs>(spn_Completed);
}
```

通过 SavePhoneNumberTask 的 Show 方法调用选择器。

Silverlight Project: LaunchersChoosers　File: Choosers/ SavePhoneNumber.xaml.cs

```
private void button1_Click(object sender, RoutedEventArgs e)
{
      spn.PhoneNumber = txtPhoneNo.Text;
      spn.Show();
}
```

SavePhoneNumberTask 的 Completed 事件处理函数。

Silverlight Project: LaunchersChoosers　File: Choosers/ SavePhoneNumber.xaml.cs

```
void spn_Completed(object sender, TaskEventArgs e)
{
      if (e.TaskResult == TaskResult.OK)
      {
         MessageBox.Show("保存成功!");
      }
      else
      {
         MessageBox.Show("保存失败!");
      }
}
```

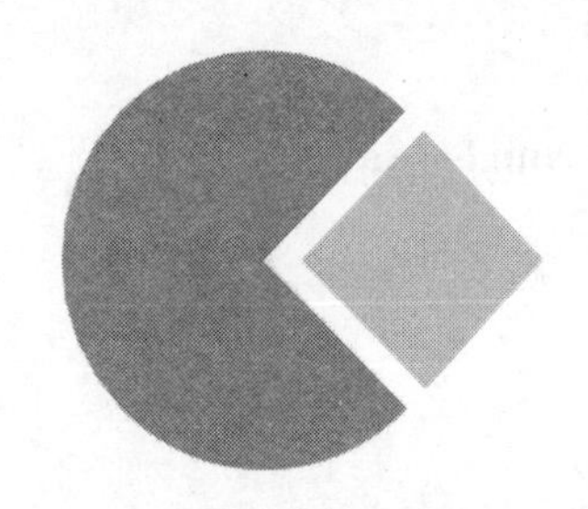

第 13 章　应用程序生命周期（Application Lifecycle）

13.1 应用程序生命周期

13.1.1　程序生命周期概述

Windows Phone 执行模型的设计初衷是提供一个快速反应的用户体验，为此，Windows Phone 仅仅允许在前台运行一个应用程序，即与用户进行交互的、可见的当前运行的应用程序。如果应用程序不在前台运行，那么操作系统将其休眠。如果操作系统为前台应用程序提供系统资源不足，那么操作系统将终止被休眠的应用，终止的顺序按照休眠的先后顺序。因此，必须在停用（deactivated）和激活（reactivated）时管理应用程序的运行状态，这有助于为用户提供良好的使用体验。

Windows Phone 执行模型还设计了应用程序之间的导航体验。在 Windows Phone 中，用户可以从软件安装列表中启动应用程序，也可以在启动屏幕（Start）通过 Tile 启动应用程序，比如手指触控 Toast 通知则启动与此关联的应用程序。在应用程序中提供的后退按钮可以返回前一页面，也可以通过硬件的后退按键（Back）实现向后导航。Windows Phone Mango 还提供按住硬件的后退按键（Back）实现应用程序快速切换。

众所周知，Windows Phone 的开发可以采用 Silverlight 和 XNA 框架，或者 Silverlight 和 XNA 混合模式。在开发 XNA 游戏时，操作系统对应用程序的中断有特殊的处理。具体的内容我们在本章的 XNA Game Studio 逻辑删除中讲解。

13.1.2　应用程序生命周期相关的术语

本章所涉及的应用程序生命周期相关的术语如表 13-1 所示。

表 13-1　　生命周期相关术语

名　称	详 细 说 明
应用程序状态（Application State）	应用程序状态数据是在应用中的所有页面中使用的数据。比如从 Web 服务获得的数据结构，在每个页面上所显示的数据内容或者形式也许不同，但应用程序状态数据是属于应用程序级的数据，是应用程序整体中的一部分
页面状态（Page State）	应用程序页面当前的可视状态。比如用户通过搜索键离开应用程序，而在应用程序的页面中包含用户输入的数据或者字符串，当用户通过后退键重新回到应用程序时，用户最期望的是页面显示的数据与离开前保持一致。应用程序保存页面状态，并在页面加载时恢复保存的数据，使用户体验到始终一致的应用程序

续表

名　　称	详 细 说 明
应用程序事件（Application Events）	关于应用程序状态管理的 4 主要事件：启动（Launching）、停用（Deactivated）、激活（Activated）和关闭（Closing）。这些事件的处理程序是包含在应用程序对象中，是作为 Windows Phone 应用程序的 Visual Studio 项目模板的一部分。开发者需要做的就是在事件处理函数中编写代码来管理应用程序的状态
页面事件（Page Events）	重载 Windows Phone 中的 PhoneApplicationPage 对象的 OnNavigatedTo（NavigationEventArgs）和 OnNavigatedFrom（NavigationEventArgs）方法，管理页面状态
逻辑删除（Tombstoning）	应用程序被终止的过程，但应用程序的状态数据却被保留。保存的数据包括应用程序当前页面和历史页面的堆栈。如果用户导航回一个逻辑删除的应用程序，应用程序将被重新激活，恢复当前页面和历史页面的数据
状态字典（State Dictionaries）	Windows Phone 应用程序提供字典（Dictionary）对象，以键和值成对的形式保存和查询数据。应用程序逻辑删除时，在字典中保存数据，当应用程序重新激活时，查询字典恢复原先的状态。请注意，字典的所有数据必须是可序列化的

13.1.3　应用程序生命周期模型

本节讨论 Windows Phone 应用程序生命周期的所有元素，并重点讲述在生命周期的每一过程应采取的行动。本节提供有关操作系统和用户触发应用程序状态变化的背景，以及应用程序应执行的事件处理方法。

有关应用程序生命周期模型如图 13-1 所示。

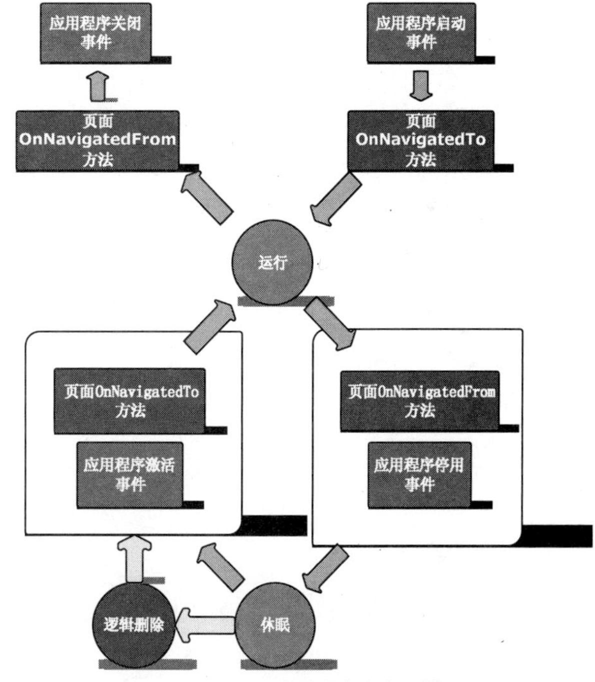

▲图 13-1　应用程序生命周期

1. 启动事件

启动事件是应用程序从安装列表或者从启动屏幕（Start）的 Tile 启动，比如手指触控与应用程序相关联的 toast 通知而创建新的实例时运行的事件。当执行启动事件时，应用程序将创建新的实例，而不是延续以前的实例。为了确保应用程序快速加载，在此事件的处理函数中应尽可能减少代码和处理逻辑，尤其是文件和网络操作等的资源操作密集型任务。为了使应用程序获得最佳的用户体验，应在后台线程上执行这些任务。

2. 运行

应用程序启动后进入运行状态，直到应用程序终止在前台运行的激活状态。当手机自动锁屏时，应用程序也会离开运行状态，除非在应用程序设置应用程序空闲监测无效禁止自动锁屏。

3. OnNavigatedFrom 方法

当离开应用程序时 OnNavigatedFrom（NavigationEventArgs）方法将被调用。当应用程序停用（deactivated）时也会调用 OnNavigatedFrom（NavigationEventArgs）方法保存页面状态，以便在返回该页面时恢复原先的状态。唯一的例外是向后导航，NavigationMode 属性可以判断出是否是向后导航，如果是则没有必要保存状态，因为下次访问时页面会被重建。

4. 停用事件

当用户向前导航离开应用程序或者按下“启动”的物理键启动另一个应用程序时，停用（Deactivated）事件将被调用。当应用程序启动选择器任务或者手机自动锁屏时，停用（Deactivated）事件也会被调用。如果禁止应用程序的空闲监测，那么手机自动锁屏将不会执行。

在处理停用事件时，应用程序应保存所有的运行状态数据，以便随后的恢复时使用。Windows Phone 应用程序提供 State 对象，在状态字典里保存应用程序的状态。当应用程序逻辑删除后被重新激活时，状态字典中的数据将被赋值。因为状态字典里的数据是保存在内存中，所以保存的状态不应包含资源密集的文件操作。

有可能应用程序在停用后被彻底终止，如果应用程序终止，状态字典将不会被保留。鉴于此，应在停用事件中将所有的状态数据保存到独立存储空间。

5. 休眠

当应用程序向前导航离开应用程序，在停用事件被调用后，应用程序将进入休眠状态。在这种状态下，应用程序的所有线程被停止，但是应用程序仍然完整地保留在内存中。如果应用程序被重新激活，应用程序不需要重新创建任何状态，因为所有的状态一直保留在内存中。

如果新的应用程序启动后需要更多的内存资源，以保证良好的用户体验，操作系统将逻辑删除休眠的应用程序释放内存。

6. 逻辑删除

逻辑删除的应用程序被终止，但是有关导航状态和状态字典在停用事件的处理过程中可以被保留。智能设备同时管理 5 个最新的逻辑删除信息。如果用户导航进入逻辑删除的应用程序，应用程序将重新启动并且使用保存的数据和状态信息。除非应用程序被简单终止没有任何数据被保存下来。

7. 激活事件

当应用程序从休眠或者逻辑删除状态返回时，将调用激活事件（Activated Event）。操作系统检查应用程序的 IsApplicationInstancePreserved 属性，以确定应用程序从休眠状态还是从逻辑删除状态返回。如果 IsApplicationInstancePreserved 为 true 表示应用程序处于休眠状态，操作系统从内存中恢复应用程序的状态。如果 IsApplicationInstancePreserved 为 false 表示应用程序处于逻辑删除状态，应用程序将使用状态字典恢复逻辑删除前的状态。请注意不要在激活事件中执行资源密集型的任务，比如从独立存储空间或者网络加载资源，这些无疑都增加了应用程序重新恢复所消耗的时间，最佳的做法是在应用程序启动后在后台线程上执行这类操作。

8. OnNavigatedTo 方法

当用户导航到页面时调用页面的 OnNavigatedTo（NavigationEventArgs）方法，包括应用程序第一次启动，或者应用程序从休眠、逻辑删除状态被重新加载。在此方法中，应检查页面是否是新的实例，如果不是则需重新加载状态数据。如果是新的实例，则从页面的状态字典中读取数据，恢复页面的 UI 状态。

9. 关闭事件

当用户向后导航直至离开应用程序的第一个页面时，关闭事件（Closing Event）将被调用，随后应用程序将被终止。在关闭事件的处理函数中，应保存应用程序中实例的数据。在保存所有应用程序数据和页面导航事件时，有一个 10 秒钟限制。如果保存时间超出 10 秒，应用程序将被强制终止。为此，软件设计时应考虑在整个生命周期中随时保存重要的数据，避免在关闭事件中处理大量的文件 I/O 操作。

13.2 逻辑删除

当应用程序被用户切换由前台至后台，或者应用程序受到外部入侵时，应用程序的状态将由运行状态改变为休眠状态，并有可能导致应用程序处于逻辑删除（tombstoning）状态。导致应用程序进入逻辑删除的外部事件包括电话呼叫事件、屏幕锁定事件等。当用户切换回应用程序，它将被重新激活。这样做就解除了用户在其移动终端设备后台上运行多个应用程序而导致的程序间竞争有限的系统资源，从而使用户的移动终端设备性能和电量得到优化。

此外，应用程序进入停用状态后，有可能会从内存中完全删除，比如操作系统检测到设备运行的资源不足时。在这种情况下，当用户返回到应用程序时，它会重新启动。因此，当应用程序被停用时，必须确保已经保留了所有的状态信息。这意味着，如果你想让应用程序重新激活时保持退出前的状态（包括页面和控件状态），必须自行处理数据的保存，如设置的文本框内容，选定的日期等。

虽然逻辑删除对于移动终端的设备性能可以得到提升，但是对于开发者而言，必须了解逻辑删除的负面作用，就是需要开发者手工编写代码存储应用程序的状态信息，而且要了解临时数据保存和永久数据保存的区别和方法。这样才能开发出用户粘度强的应用程序。

应用程序逻辑删除后，用户可能不会返回到应用程序中。因此，应用程序在停用事件和关闭事件处理程序中将永久状态数据保存到独立存储空间。为避免代码重复，可能创建单独的存储方法，将永久数据保存到独立存储空间，并在这两个事件处理程序中调用此方法。请注意，在存储数据至独立存储空间的耗时控制在 10 秒钟之内，建议在运行过程中随时保存重要数据，在停用和关闭事件处理程序中将保存的数量降至最低。

如果应用程序依赖于独立存储空间的数据，不应该在启动事件或者激活事件处理程序中加载数据，最佳的做法是在应用程序启动后，数据从独立存储空间异步加载的方法。因为在应用程序启动时，读取独立存储空间存储的数据需要等待较长的时间。

注意　不能保证所有的应用程序被停用（即 Deactivated）后都能被重新激活（即 Activated），因此，应该保存重要的状态信息于独立存储空间或远程服务之中。

13.2.1　导致逻辑删除发生的操作

本节列出所有可能导致应用程序进入逻辑删除处于停用状态的操作。

1. 用户操作

下列用户操作可能导致应用程序逻辑删除。

- 用户按下开始按钮（Start）。
- 用户停止与应用程序交互，手机自动进入锁屏状态。当然，应用程序也可以设计为当手机锁屏状态时仍然在后台运行，比如导航程序就需要具备此功能。

2. 事件和任务

为了提高性能，以下的启动器和选择器通常不会导致应用程序进入逻辑删除状态。但是，也不能排除没有这种可能。因此应用程序应设计处理发生的可能。

- PhotoChooserTask
- CameraCaptureTask
- MediaPlayerLauncher
- EmailAddressChooserTask
- PhoneNumberChooserTask
- Multiplayer Game Invite (XNA)
- Gamer You Card (XNA)

注意　在一般情况下调用应用程序并不会被逻辑删除，但是当操作系统开启一个体验的时候发现需要比当前可用资源更多的资源时，那么应用程序就可能被逻辑删除。

13.2.2　10 秒钟原则

尤其需要注意的是这 4 个事件的处理时间不能超过 10 秒，即 10 秒原则。10 秒钟原则正是软件开发中针对用户体验所应采取的规避，具体如表 13-2 所示。

表 13-2　　10 秒钟原则

操　作	限　制	详　情
启动（Startup）	10 秒	应用程序启动，Page 的 OnNavigatedTo 事件处理完毕
退出（Exit）	10 秒	用户按下后退键，Closing 事件处理完毕

续表

操　作	限　制	详　情
返回应用程序（Return to application）	10 秒	返回到先前启动应用程序［如按下后退键］，页面的 OnNavigatedTo 事件处理完毕
离开应用程序（Leaving an application）	10 秒	应用程序退出前台［如按下启动键，屏幕锁定事件］，Deactivated 事件处理完毕

13.3 XNA Game Studio 逻辑删除

13.3.1　概述

为了提供一个流畅的用户体验和良好的性能，同时节省宝贵的电池电量，Windows Phone 中在前台的应用程序是完全运行，而其他应用程序将被关闭或停用。正因为如此，了解哪些类型的事件可能会导致你的游戏逻辑删除或者关闭，以及如何保存和载入游戏状态是非常重要的。只有这样，才能为游戏者提供一个无缝的和令人愉快的体验。

本节重点介绍了可能会导致游戏中断的条件，以及如何检测和响应中断事件。

Windows Phone 的游戏可中断主要有两种方式。

（1）游戏被停用（*deactivated*），随后进入逻辑删除状态，在游戏运行过程中信号暂时中断。造成停用的原因可能是来自系统顶级的通信中断，比如接收到电话呼叫请求、短信、警告和日历事件。也可能是以下几个原因：

- 在玩游戏时用户按下搜索键；
- 屏幕被锁定时系统超时；
- 用户按下并释放电源键。

（2）游戏终止（*closed*）。在游戏运行过程中信号完全中断，发生的条件是：

- 用户结束游戏；
- 游戏处于停用状态时间超时；
- Windows Phone 关机或者重新启动；
- 系统释放内存，停止游戏的执行。

13.3.2　与 Silverligh 逻辑删除的区别

XNA Game Studio 和 Windows Phone 提供的多种方法检测和响应停用、激活、关闭和启动事件。

- XNA Game Studio 提供 Game 类的 OnDeactivation、OnActivation、OnExiting 和 Initialize 方法管理应用程序生命周期的事件；Windows Phone 的 Silverlight API 提供 PhoneApplicationService 类的 Deactivated、Activated、Closing 和 Launching 事件。

虽然 XNA 的 OnDeactivation 和 OnActivation 方法与 Windows Phone 的 Deactivated 和 Activated 方法类似，但是二者还是存在明显的区别。如表 13-3Xna.Framework.Game 方法和表 13-4Microsoft.Phone.Shell.PhoneApplicationService 事件所示。

表 13-3 Xna.Framework.Game 方法

	Initialize	OnActivation	OnDeactivation	Exiting
Game launches	X	X		
Game is deactivated (tombstoned)			X	
Game is reactivated	X	X		
Guide dialog is up			X	
Guide dialog is dismissed		X		
Game shuts down			X	X

表 13-4 Microsoft.Phone.Shell.PhoneApplicationService 事件

	Launching	Activated	Deactivated	Closing
Game launches	X			
Game is deactivated (tombstoned)			X	
Game is reactivated		X		
Guide dialog is up				
Guide dialog is dismissed				
Game shuts down				X

由于游戏启动时就调用 Game.OnActivation 和 OnDeactivation 方法，因此，这些方法本身对于游戏逻辑删除后重新激活时恢复数据是没有使用价值的。此时，调用 PhoneApplicationService 类恢复数据是有必要的。

注意

在使用 PhoneApplicationService 类的方法之前，需要在 XNA Game Studio 中添加 Microsoft.Phone 工具集。操作方法是在 Visual Studio 的[Solution Explorer]—[References]上点击右键，在弹出的菜单中选择[Add Reference…]，选中 Microsoft.Phone 添加入工程中。并在代码文件的头部，增加 Microsoft.Phone.Shell 的引用。

13.3.3 判断重新激活的方法

逻辑删除发生之后检测应用程序重新激活的方法之一就是使用 PhoneApplicationService. StartupMode 属性判断。PhoneApplicationService.StartupMode 属性在游戏创建前被赋值，所以，可以通过检测该属性值判断应用程序是启动还是从逻辑删除状态恢复。当应用程序从逻辑删除状态恢复时，StartupMode 属性被赋值为 Activate；当应用程序启动时，StartupMode 属性被赋值为 Launch，实现程序如下。

```
protected override void Initialize()
{
    if (PhoneApplicationService.Current.StartupMode == StartupMode.Activate)
    {
        // game is resuming from tombstoning. Restore any transient data that was saved.
    }
}
```

注意　该技术不能应用于检测游戏停用的问题，无法判断是游戏退出还是逻辑删除事件。要解决此问题需要使用 PhoneApplicationService.Deactivated 的事件处理程序。

13.3.4　区别游戏停用或者重新激活的事件

使用 PhoneApplicationService.Deactivated 和 Activated 事件处理区别游戏停用还是从逻辑删除状态重新激活，避免使用前面提及的 Game.OnActivation 和 OnDeactivation 处理逻辑删除事件。

使用 PhoneApplicationService 事件响应逻辑删除的步骤。

（1）在游戏类的构造函数中创建 PhoneApplicationService.Deactivated 和 PhoneApplicationService.Activated 事件处理程序。

（2）使用事件处理程序来存储和恢复瞬态和持久的数据，以便逻辑删除状态返回时重新加载瞬态和永久数据。.

13.3.5　保存和加载瞬态数据

游戏应用程序停用时 PhoneApplicationService.Current 对象管理瞬态数据。正因如此，PhoneApplicationService.State 属性被用来保存游戏的瞬态数据，该属性是 System.Collections.Generic.IDictionary 对象，关键词和值是一一对应的。

比如，在 PhoneApplicationService.Deactivated 事件处理程序中，保存瞬态数据的方法如下代码所示。

```
void GameDeactivated(object sender, DeactivatedEventArgs e)
{
     PhoneApplicationService.Current.State["BugPos"] = bug.Position;
     PhoneApplicationService.Current.State["BugRot"] = bug.Rotation;
     PhoneApplicationService.Current.State["BugTarget"] = bug.Target;
     PhoneApplicationService.Current.State["BugMoving"] = bug.Moving;
     PhoneApplicationService.Current.State["foodLocations"] = foodLocations;
}
```

在 PhoneApplicationService.Activated 事件处理程序中，瞬态数据被重新加载。

```
void GameActivated(object sender, ActivatedEventArgs e)
{
     bug.Position = (Vector2)(PhoneApplicationService.Current.State["BugPos"]);
     bug.Rotation = (float)(PhoneApplicationService.Current.State["BugRot"]);
     bug.Target = (Vector2)(PhoneApplicationService.Current.State["BugTarget"]);
     bug.Moving = (bool)(PhoneApplicationService.Current.State["BugMoving"]);
     foodLocations =
        (List<Vector2>)(PhoneApplicationService.Current.State["foodLocations"]);
     gameIsPaused = true;
}
```

注意　PhoneApplicationService.State 的状态字典在停用事件之后和激活事件之前将不能被修改，因此，在使用激活和停用的事件处理程序来修改游戏的状态数据是可行的方法。

13.3.6　保存和加载持久数据

当游戏结束时，PhoneApplicationService 对象将被删除，所以不能使用其保存任何持久的数据。

相反，应使用游戏的独立存储空间保存持久数据，比如游戏的最高分和玩家游戏记录。不同应用程序的独立存储空间是不能互相访问的，所以独立存储空间是最好的保存持久数据的地方。

使用独立存储空间，需要在代码文件的头部添加 System.IO.IsolatedStorage 的引用，调用独立存储空间的步骤如下。

（1）调用 IsolatedStorageFile.GetUserStoreForApplication 方法获得 IsolatedStorageFile 对象。

（2）使用 IsolatedStorageFile.OpenFile 打开文件，模式为 FileMode.Create，应用程序将返回 IsolatedStorageFileStream 对象。

（3）使用 IsolatedStorageFileStream.Write 方法向文件中写入数据。

实现程序如下所示。

```
// Save the game state (in this case, the high score).
IsolatedStorageFile savegameStorage = IsolatedStorageFile.GetUserStoreForApplication();

// open isolated storage, and write to the file.
IsolatedStorageFileStream fs = null;
using (fs = savegameStorage.CreateFile(SAVEFILENAME))
{
    if (fs != null)
    {
          // just overwrite the existing info for this example.
          byte[] bytes = System.BitConverter.GetBytes(highScore);
          fs.Write(bytes, 0, bytes.Length);
    }
}
```

当应用程序重新启动时，加载数据的步骤如下。

（1）调用 IsolatedStorageFile.GetUserStoreForApplication 方法获得 IsolatedStorageFile 对象。

（2）使用 IsolatedStorageFile.OpenFile 打开文件，模式为 FileMode.Open，应用程序将返回 IsolatedStorageFileStream 对象。

（3）使用 IsolatedStorageFileStream.Read 方法读取文件中的数据。

实现程序如下所示。

```
using (IsolatedStorageFile savegameStorage =
    IsolatedStorageFile.GetUserStoreForApplication())
{
    if (savegameStorage.FileExists(SAVEFILENAME))
    {
         using (IsolatedStorageFileStream fs =
              savegameStorage.OpenFile(SAVEFILENAME, System.IO.FileMode.Open))
         {
              if (fs != null)
              {
                   // Reload the saved high-score data.
                   byte[] saveBytes = new byte[4];
                   int count = fs.Read(saveBytes, 0, 4);
                   if (count > 0)
                   {
                        highScore = System.BitConverter.ToInt32(saveBytes, 0);
                   }
```

```
                }
            }
        }
    }
```

13.3.7　在 Windows Phone 模拟器中调试

测试游戏的启动、停用、关闭和重新激活。

（1）在 Visual Studio 工具的 XNA Game Studio Deployment Device 选项中选择 Windows Phone Emulator，如图 13-2 所示。

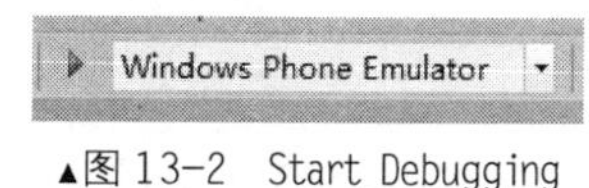

▲图 13-2　Start Debugging

（2）启动模拟器和游戏。

（3）点击“Home”按钮（Start 键）。此时游戏将被停止，模拟器中显示手机的启动屏幕。

（4）点击后退键（Back 键）。游戏被重新激活。

（5）在 Visual Studio 中选择停止调试。模拟游戏关闭事。

（6）在 Visual Studio 中选择重新启动游戏应用程序的调试。模拟游戏启动。

13.4　动手实践——快速应用切换

快速应用切换（Fast Application Switching）是 Windows Phone Mango 的新功能，允许应用程序在停用后在内存中休眠。通过判断应用程序是否从休眠而不是逻辑删除状态被激活，可以优化应用程序的恢复时间。本节重点内容是，如何使用应用程序生命周期事件 ActivatedEventArgs 参数的测试，实现快速应用切换的功能。

Windows Phone Mango 中一旦应用程序被操作系统的后台执行，应用程序的镜像其实仍然保存在内存中，只要不损害当前活动的应用程序的性能，或者当前活动的应用程序不需要更多的系统资源。如果重新启动应用程序，用户将体验到应用程序镜像从内存中瞬间恢复的快速操作。这种新机制被称为快速应用切换（Fast Application Switching –FAS）。

13.4.1　检测快速应用切换（FAS）

从内存还原镜像的方法很简单，Windows Phone Mango 的 ActivatedEventArgs 事件中包含 IsApplicationInstancePreserved 属性，由此属性的值可以知道应用程序的镜像是否保存在内存中。IsApplicationInstancePreserved 属性值为 true，表示应用程序的镜像可以从内存中读取；如果值为 false，则表示逻辑删除已经发生。

打开 Part 2\chapter 13\ExecutionModelSample\ExecutionModelSample.sln，在 ExecutionModelSample 工程中打开 App.xaml.cs 文件。

Silverlight Project: ExecutionModelSample　File: App.xaml.cs

```
// Code to execute when the application is activated (brought to foreground)
// This code will not execute when the application is first launched
private void Application_Activated(object sender, ActivatedEventArgs e)
{
```

```
    if (e.IsApplicationInstancePreserved)
    {
        WasTombstoned = false;
        ApplicationDataStatus = "application instance preserved.";
        return;
    }
    else
    {
        WasTombstoned = true;
    }

    // Check to see if the key for the application state data is in the State dictionary.
    if (PhoneApplicationService.Current.State.ContainsKey("ApplicationDataObject"))
    {
        // If it exists, assign the data to the application member variable.
        ApplicationDataStatus = "data from preserved state.";
        ApplicationDataObject = PhoneApplicationService.Current.State["Application
DataObject"] as string;
    }
}
```

注意

上面的代码中，应用程序从内存中恢复保留的镜像，并没有执行进一步的初始化操作。但并非总是如此，比如应用程序使用套接字（Widows Phone Mango 的新功能），不管逻辑删除是否发生，在应用程序休眠时套接字连接都会终止。一旦应用程序被重新激活，套接字的连接需要重新连接。

13.4.2 强制逻辑删除

Windows Phone Mango 的应用程序生命周期管理器默认在内存中保留应用程序的镜像。假定应用程序实现逻辑删除过程过于复杂使得调试起来很麻烦，比如要使系统内存不足才能让操作系统删除应用程序的镜像，这样调试时才会进入逻辑删除逻辑代码。幸运的是，新的开发工具，使我们能够强制应用程序执行逻辑删除。现在，我们将了解如何强制操作系统执行应用程序逻辑删除。

打开 ExecutionModelSample 项目的属性，然后导航到[Debug]选项卡。选中[Tombstone upon deactivation while debugging]选项。在调试期间应用程序停用后将强制执行逻辑删除。清除该选项，应用程序将执行快速应用切换（FAS），如图 13-3 所示。

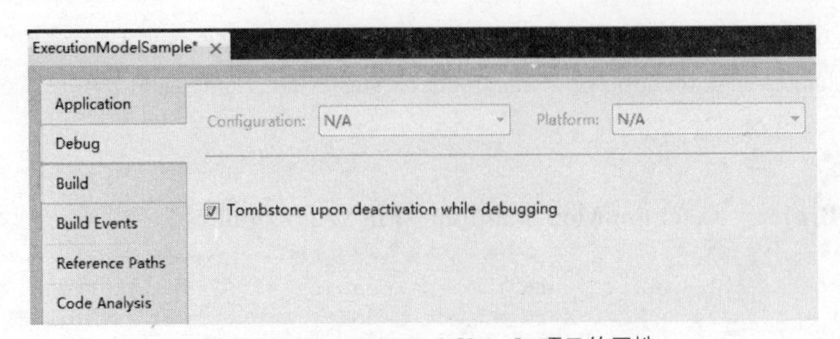

▲图 13-3 ExecutionModelSample 项目的属性

13.5 动手实践——应用程序“足迹”

应用程序“足迹”借鉴于 Windows Phone 开发培训包 Silverlight 实验室的应用程序生命周期的代码，在此基础上将日期选择控件更改为 Silverlight for Windows Phone Toolkit 的 DatePicker 控件，并使用 Page Transitions 组件实现日期选择的动画效果。Silverlight for Windows Phone Toolkit（http://silverlight.codeplex.com/）上面有很多有趣的控件，比如 GestureService/GestureListener、Page Transitions、PerformanceProgressBar，这些组件会让我们的应用程序体验出 Windows Phone 独特的 Metro 风格。

13.5.1 开发前提

安装 Silverlight for Windows Phone Toolkit，下载地址 http://silverlight.codeplex.com/，如图 13-4 所示的 Silverlight for Windows Phone Toolkit。

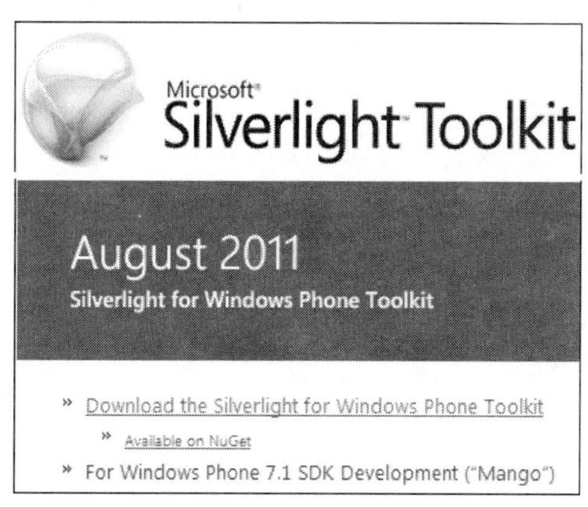

▲图 13-4　Silverlight for Windows Phone Toolkit

13.5.2 创建用户界面

创建“足迹”的 Windows Phone 7 应用程序，通过这个简单的应用程序，理解 Windows Phone 应用程序生命周期和逻辑删除。

打开 Visual Studio 2010 或者 Visual Studio 2010 Express，新建 Silverlight for Windows Phone 工程，类型为 Windows Phone Application，工程名称为[ApplicationLifecycle]，如图 13-5 所示为新建 Windows Phone 应用程序。

为创建的工程添加一个新的工程文件夹并命名为 Misc。在工程名称（ApplicationLifecycle）上右键单击，在弹出的菜单中选择 Add，然后选择 New Folder，如图 13-6 所示的创建一个新的工程文件夹。

把\Asset\Misc 文件夹中系统提供的辅助类 TravelReportInfo 和 Utils 添加到 Misc 文件夹。为此，需要在 Misc 上右键单击，在弹出的菜单中选择 Add，然后从右面扩展菜单中选择 Existing Item，如图 13-7 所示。

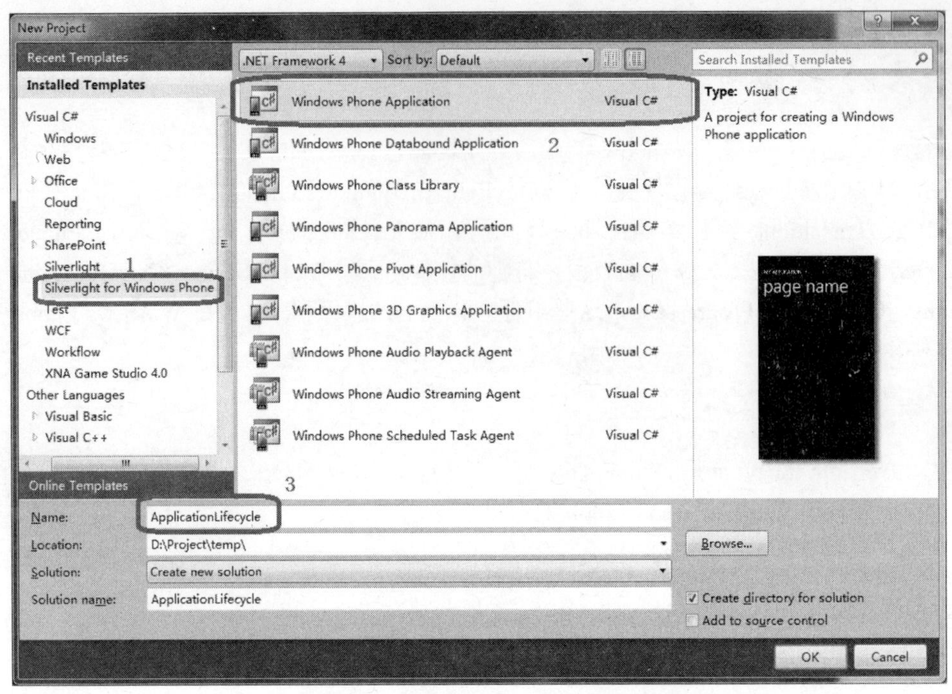

▲图 13-5　新建 Windows Phone 应用程序

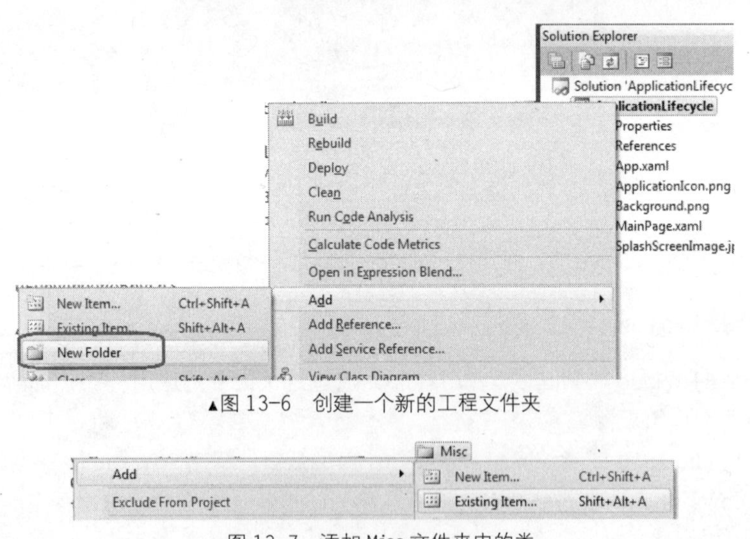

▲图 13-6　创建一个新的工程文件夹

▲图 13-7　添加 Misc 文件夹中的类

在“Add Existing Item”对话框中，转到\Asset\Misc\文件夹的所在路径，然后选择所有的源文件 TravelReportInfo.cs 和 Utils.cs，点击 Add 键。

- TravelReportInfo 是一个模型类，用来表示一个旅程。它包含了描述旅行的数据域。
- Utils 正如它的命名一样，是一个泛型类，它被整个工程中各种各样的函数广泛使用。

在工程的引用中添加一个针对 System.Xml.Serialization 的引用程序集和针对 Microsoft.Controls.Toolkit

的应用程序集。在工程 References 文件夹上右键单击，在弹出的菜单中选择 Add Reference，如图 13-8 所示的右键选择添加引用。

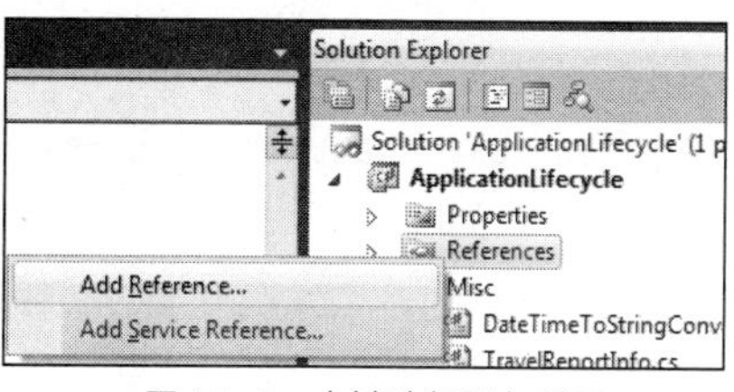

▲图 13-8　右键选择添加引用

在 Add Reference 对话框中的组件列表中选择 System. Xml. Serialization，然后单击 OK 按钮，如图 13-9 所示的添加引用。

设计 MainPage 的显示样式为“目的地”和“心情”栏目使用控件 TextBox，“起始”和“结束”时间使用控件 DatePicker，如图 13-10 所示的 MainPage 样式。

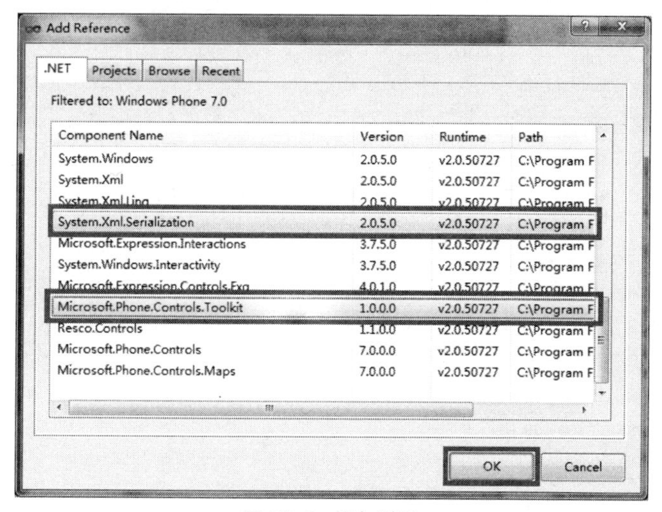

▲图 13-9　添加引用

▲图 13-10　MainPage 样式

实现的程序如下所示。

Silverlight Project: ApplicationLifecycle　File: MainPage.xaml

```
<Grid x:Name="ContentPanel" Grid.Row="1" Margin="12,0,12,0">
     <Grid.ColumnDefinitions>
         <ColumnDefinition Width="254*" />
         <ColumnDefinition Width="202*" />
     </Grid.ColumnDefinitions>
     <Grid.RowDefinitions>
         <RowDefinition Height="80"/>
         <RowDefinition Height="80"/>
         <RowDefinition Height="80"/>
         <RowDefinition/>
         <RowDefinition/>
     </Grid.RowDefinitions>
     <StackPanel Orientation="Horizontal" Grid.ColumnSpan="2">
         <TextBlock Text="目的地" Style="{StaticResource PhoneTextLargeStyle}" Vertical
Alignment="Center" Width="100" />
          <TextBox x:Name="txtDestination" Text="{Binding Destination, Mode=TwoWay}"
Width="350" InputScope="AddressCity"/>
```

```
    </StackPanel>
    <StackPanel Grid.Row="1" Orientation="Horizontal" Grid.ColumnSpan="2">
        <TextBlock Text="起始" Style="{StaticResource PhoneTextLargeStyle}" Vertical
Alignment="Center" Width="100" />
        <toolkit:DatePicker x:Name="txtFromDate" Width="350" DataContext="{Binding
ElementName=txtFromDate}" ValueChanged="txtFromDate_ValueChanged" />
    </StackPanel>
    <StackPanel Grid.Row="2" Orientation="Horizontal" Grid.ColumnSpan="2">
        <TextBlock Text="结束" Style="{StaticResource PhoneTextLargeStyle}" Vertical
Alignment="Center" Width="100" />
        <toolkit:DatePicker x:Name="txtToDate" Width="350" DataContext="{Binding Element
Name=txtToDate}" ValueChanged="txtToDate_ValueChanged" />
    </StackPanel>
    <StackPanel Grid.Row="3" Grid.ColumnSpan="2">
        <TextBlock Text="心情" Style="{StaticResource PhoneTextLargeStyle}"/>
        <TextBox x:Name="txtJustification" Text="{Binding Justification, Mode=TwoWay}"
AcceptsReturn="True" Height="200" VerticalScrollBarVisibility="Auto"/>
    </StackPanel>
</Grid>
</Grid>
```

在 MainPage.xaml 的开始位置加入以下的代码。

Silverlight Project: ApplicationLifecycle   File: MainPage.xaml

```
xmlns:toolkit="clr-namespace:Microsoft.Phone.Controls;assembly=Microsoft.Phone.Contro
ls.Toolkit"
```

添加调用 DatePicker 日期选择控件的动画效果。

Silverlight Project: ApplicationLifecycle   File: MainPage.xaml

```
<toolkit:TransitionService.NavigationInTransition>
    <toolkit:NavigationInTransition>
        <toolkit:NavigationInTransition.Backward>
            <toolkit:TurnstileTransition Mode="BackwardIn"/>
        </toolkit:NavigationInTransition.Backward>
        <toolkit:NavigationInTransition.Forward>
            <toolkit:TurnstileTransition Mode="ForwardIn"/>
        </toolkit:NavigationInTransition.Forward>
    </toolkit:NavigationInTransition>
</toolkit:TransitionService.NavigationInTransition>
<toolkit:TransitionService.NavigationOutTransition>
    <toolkit:NavigationOutTransition>
        <toolkit:NavigationOutTransition.Backward>
            <toolkit:TurnstileTransition Mode="BackwardOut"/>
        </toolkit:NavigationOutTransition.Backward>
        <toolkit:NavigationOutTransition.Forward>
            <toolkit:TurnstileTransition Mode="ForwardOut"/>
        </toolkit:NavigationOutTransition.Forward>
    </toolkit:NavigationOutTransition>
</toolkit:TransitionService.NavigationOutTransition>
```

添加调用 DatePicker 日期选择控件的事件响应函数。在本例中，DatePicker 日期选择控件的数据绑定的处理方法与其他 TextBox 控件的处理方法不同，下一节的内容将详细讲述在逻辑删除中 DatePicker 日期选择控件的数据绑定处理方法。

Silverlight Project: ApplicationLifecycle　File: MainPage.xaml.cs

```
private void txtToDate_ValueChanged(object sender, DateTimeValueChangedEventArgs e)
{
}

private void txtFromDate_ValueChanged(object sender, DateTimeValueChangedEventArgs e)
{
}
```

添加应用程序栏 ApplicationBar，设置 3 个按钮“Next”、“Save”和“Cancel”，实现程序如下。

Silverlight Project: ApplicationLifecycle　File: MainPage.xaml

```
<phone:PhoneApplicationPage.ApplicationBar>
     <shell:ApplicationBar IsVisible="True" IsMenuEnabled="False" Opacity="1">
        <shell:ApplicationBarIconButton   IconUri="/Toolkit.Content/appbar.next.rest.png"
Text="Next" Click="ApplicationBarNext_Click" />
         <shell:ApplicationBarIconButton
IconUri="/Toolkit.Content/ApplicationBar.Check.png" Text="Save" Click="ApplicationBarSave_
Click" />
         <shell:ApplicationBarIconButton
IconUri="/Toolkit.Content/ApplicationBar.Cancel.png" Text="Cancel" Click="ApplicationBar
Cancel_Click" />
     </shell:ApplicationBar>
</phone:PhoneApplicationPage.ApplicationBar>
```

添加应用程序栏的事件响应代码。

Silverlight Project: ApplicationLifecycle　File: MainPage.xaml.cs

```
private void ApplicationBarCancel_Click(object sender, EventArgs e)
{
     Utils.ClearTravelReport(((App.Current.RootVisual as
PhoneApplicationFrame).DataContext as TravelReportInfo));
}

private void ApplicationBarNext_Click(object sender, EventArgs e)
{
     if (NavigationService.CanGoForward)
     {
        NavigationService.GoForward();
     }
     else
     {
        //Navigate to second page
        NavigationService.Navigate(new Uri("/SecondPage.xaml", UriKind.Relative));
     }
}

private void ApplicationBarSave_Click(object sender, EventArgs e)
{
     Utils.SaveTravelReport(
           (App.Current.RootVisual as PhoneApplicationFrame).DataContext as TravelReportInfo,
```

```
            "TravelReportInfo.dat",
            false);
}
```

重载 OnBackKeypress 方法，当用户正要通过导航键离开当前应用程序被问及是否要保存当前的旅行报告数据时的实现程序。

Silverlight Project: ApplicationLifecycle　File: MainPage.xaml.cs

```
protected override void OnBackKeyPress(System.ComponentModel.CancelEventArgs e)
{
     base.OnBackKeyPress(e);

     //Ask userto preserve data in persistent store
     MessageBoxResult res = MessageBox.Show("Do you want to save your work before?", "You
are exiting the application", MessageBoxButton.OKCancel);

     if (res == MessageBoxResult.OK)
        Utils.SaveTravelReport((App.Current.RootVisual as PhoneApplicationFrame).Data
Context as TravelReportInfo,
            "TravelReportInfo.dat", true);
     else
        Utils.ClearTravelReport((App.Current.RootVisual as PhoneApplicationFrame).Data
Context as TravelReportInfo);
}
```

创建第二个显示画面 SecondPage.xaml，显示效果如图 13-11 所示的 SecondPage 样式。

在应用程序名字上右键单击，在弹出的菜单中选择 Add，并在扩展菜单列表中选择 New Item，选择 *Windows Phone Portrait Page*，命名为 SecondPage，然后点击 Add，如图 13-12 所示。

▲图 13-11　SecondPage 样式

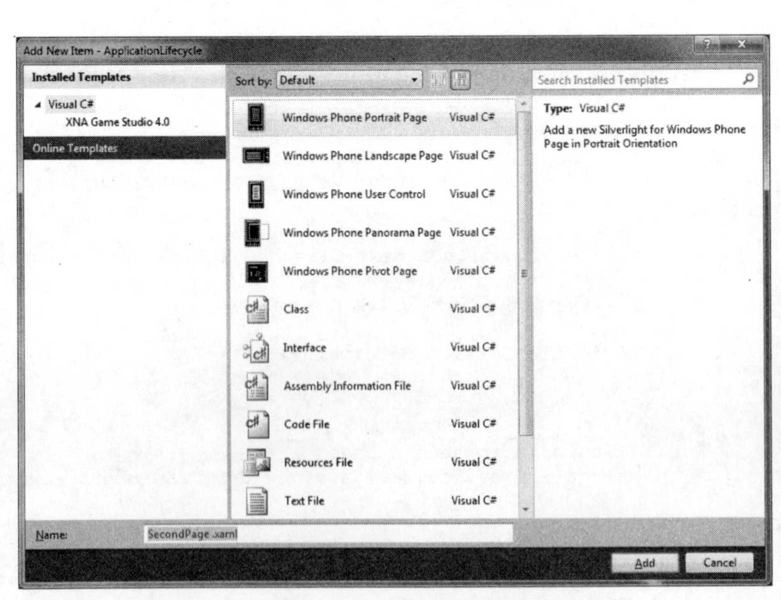

▲图 13-12　添加 SecondPage

SecondPage 显示的样式代码。

Silverlight Project: ApplicationLifecycle　File: SecondPage.xaml

```
<Grid x:Name="LayoutRoot" Background="Transparent">
     <Grid.RowDefinitions>
         <RowDefinition Height="Auto"/>
         <RowDefinition Height="*"/>
     </Grid.RowDefinitions>

     <!--TitlePanel contains the name of the application and page title-->
     <StackPanel x:Name="TitlePanel" Grid.Row="0" Margin="12,17,0,28">
         <TextBlock x:Name="ApplicationTitle" Text="行程记录" Style="{StaticResource
PhoneTextNormalStyle}"/>
         <TextBlock x:Name="PageTitle" Text="足迹" Margin="9,-7,0,0" Style="{StaticResource
PhoneTextTitle1Style}"/>
     </StackPanel>

     <!--ContentPanel - place additional content here-->
     <Grid x:Name="ContentPanel" Grid.Row="1" Margin="12,0,12,0">
         <Grid.RowDefinitions>
             <RowDefinition Height="*"/>
             <RowDefinition Height="Auto"/>
         </Grid.RowDefinitions>
         <StackPanel VerticalAlignment="Top">
             <TextBlock Text="心路历程" Style="{StaticResource PhoneTextLargeStyle}"/>
             <TextBox x:Name="txtSummary" Text="{Binding Summary, Mode=TwoWay}" Accepts
Return="True" Height="460" VerticalScrollBarVisibility="Auto"/>
         </StackPanel>
     </Grid>
</Grid>
```

添加应用程序栏的 3 个按钮，分别是“Back”回退按钮、“Save”保存按钮和“Cancel”清除数据按钮，实现程序如下所示。

Silverlight Project: ApplicationLifecycle　File: SecondPage.xaml

```
<phone:PhoneApplicationPage.ApplicationBar>
        <shell:ApplicationBar IsVisible="True" IsMenuEnabled="False" Opacity="1">
            <shell:ApplicationBarIconButton
IconUri="/Toolkit.Content/appbar.back.rest.png" Text="Back" Click="ApplicationBarGoBack_
Click" />
            <shell:ApplicationBarIconButton
IconUri="/Toolkit.Content/ApplicationBar.Check.png" Text="Save" Click="ApplicationBarSave_
Click" />
            <shell:ApplicationBarIconButton
IconUri="/Toolkit.Content/ApplicationBar.Cancel.png" Text="Cancel" Click="ApplicationBar
Cancel_Click" />
        </shell:ApplicationBar>
    </phone:PhoneApplicationPage.ApplicationBar>
```

添加应用程序栏按钮的单击处理函数，分别实现回退导航、保存和清除数据的功能。

Silverlight Project: ApplicationLifecycle　File: SecondPage.xaml.cs

```
private void ApplicationBarGoBack_Click(object sender, EventArgs e)
{
     //Navigate go back
     if (NavigationService.CanGoBack)
```

```
        {
            NavigationService.GoBack();
        }
        else
        {
            NavigationService.Navigate(new Uri("/MainPage.xaml", UriKind.Relative));
        }
    }

    private void ApplicationBarSave_Click(object sender, EventArgs e)
    {
        Utils.SaveTravelReport(
            (App.Current.RootVisual as PhoneApplicationFrame).DataContext as TravelReportInfo,
            "TravelReportInfo.dat",
            false);
    }

    private void ApplicationBarCancel_Click(object sender, EventArgs e)
    {
        Utils.ClearTravelReport(((App.Current.RootVisual as PhoneApplicationFrame).DataContext
    as TravelReportInfo));
    }
```

13.5.3 创建应用程序执行逻辑

开发人员利用逻辑删除（tombstone）事件来保存应用程序状态和页面状态。利用这些状态，开发人员可以把应用程序恢复到最后一个正确的状态。

- **应用程序状态**：是应用程序的一种状态，且并不与任何特定页面有关联。应用程序状态是在 *PhoneApplicationService* 类公开的事件中管理的。
- **页面状态**：是一种应用程序页面可见的状态。它包含了诸如 ScrollViewer 控件中滚轴的位置和 TextBox 控件中的内容等信息。页面的状态管理应该由 OnNavigatedTo 和 OnNavigatedFrom 事件处理程序来处理。

本节将通过模拟一个 Windows Phone 应用程序的整个生命周期，包括对用户操作而导致一个应用程序的状态改变的描述。在本节中所有和生命周期相关的事件（启动、运行、关闭、禁止和激活）都是 Microsoft.Phone.Shell 命名空间下 PhoneApplicationService 类的成员。

当用户操作离开某些 Windows Phone 应用程序时，这些应用程序将会处于无效的禁止状态或者是进入逻辑删除状态。本节重点突出事件处理执行模式的一些最佳实践。

注意：Windows Phone 工程模板提供了 Windows Phone 开发者工具，该工具包含存根于工程下的 App.xaml.cs 文件内的事件处理程序。

打开 App.xaml.cs 文件，在文件的开头部分替换 using 声明代码段，实现程序如下：

Silverlight Project: ApplicationLifecycle   File: App.xaml.cs

```
using System;
using System.Collections.Generic;
using System.Linq;
using System.Net;
```

```
using System.Windows;
using System.Windows.Controls;
using System.Windows.Documents;
using System.Windows.Input;
using System.Windows.Media;
using System.Windows.Media.Animation;
using System.Windows.Navigation;
using System.Windows.Shapes;
using Microsoft.Phone.Controls;
using Microsoft.Phone.Shell;
using System.IO.IsolatedStorage;
using System.Xml.Serialization;
```

启动应用程序（Application_Launching）的事件处理程序的功能：应用程序将会试图从独立的存储控件中加载以前被保存的数据（持久化数据）。如果没有数据，创建一个空的数据对象，实现程序如下。

Silverlight Project: ApplicationLifecycle　File: App.xaml.cs

```
// Code to execute when the application is launching (eg, from Start)
// This code will not execute when the application is reactivated
private void Application_Launching(object sender, LaunchingEventArgs e)
{
    //Trace the event for debug purposes
    Utils.Trace("Application Launching");

    //Create new data object variable
    TravelReportInfo travelReportInfo = null;

    //Try to load previously saved data from IsolatedStorage
    using (IsolatedStorageFile isf = IsolatedStorageFile.GetUserStoreForApplication())
    {
        //Check if file exits
        if (isf.FileExists("TravelReportInfo.dat"))
        {
            using (IsolatedStorageFileStream fs = isf.OpenFile("TravelReportInfo.dat",
System.IO.FileMode.Open))
            {
                //Read the file contents and try to deserialize it back to data object
                XmlSerializer ser = new XmlSerializer(typeof(TravelReportInfo));
                object obj = ser.Deserialize(fs);

                //If successfully deserialized, initialize data object variable with it
                if (null != obj && obj is TravelReportInfo)
                    travelReportInfo = obj as TravelReportInfo;
                else
                    travelReportInfo = new TravelReportInfo();
            }
        }
        else
            //If previous data not found, create new instance
            travelReportInfo = new TravelReportInfo();
    }
```

```
    //Set data variable (either recovered or new) as a DataContext for all the pages of
the application
    RootFrame.DataContext = travelReportInfo;
}
```

激活应用程序（Application_Activated）的事件处理程序函数。

Silverlight Project: ApplicationLifecycle   File: App.xaml.cs

```
// Code to execute when the application is activated (brought to foreground)
// This code will not execute when the application is first launched
private void Application_Activated(object sender, ActivatedEventArgs e)
{
    //Trace the event for debug purposes
    Utils.Trace("Application Activated");

    //Create new data object variable
    TravelReportInfo travelReportInfo = null;

    //Try to locate previous data in transient state of the application
    if (PhoneApplicationService.Current.State.ContainsKey("UnsavedTravelReportInfo"))
    {
        //If found, initialize the data variable and remove in from application's state
       travelReportInfo = PhoneApplicationService.Current.State["UnsavedTravelReportInfo"]
as TravelReportInfo;

        PhoneApplicationService.Current.State.Remove("UnsavedTravelReportInfo");
    }

    //If found set it as a DataContext for all the pages of the application
    //An application is not guaranteed to be activated after it has been tombstoned,
    //thus if not found create new data object
    if (null != travelReportInfo)
        RootFrame.DataContext = travelReportInfo;
    else
        RootFrame.DataContext = new TravelReportInfo();
}
```

禁止应用程序（Application_Deactivated）的事件处理程序函数。

Silverlight Project: ApplicationLifecycle   File: App.xaml.cs

```
// Code to execute when the application is deactivated (sent to background)
// This code will not execute when the application is closing
private void Application_Deactivated(object sender, DeactivatedEventArgs e)
{
    //Trace the event for debug purposes
    Utils.Trace("Application Deactivated");

    //Add current data object to Application state
    PhoneApplicationService.Current.State.Add("UnsavedTravelReportInfo",
RootFrame.DataContext as TravelReportInfo);
}
```

关闭应用程序（Application_Closing）的事件处理程序函数。

Silverlight Project: ApplicationLifecycle　File: App.xaml.cs

```
// Code to execute when the application is closing (eg, user hit Back)
// This code will not execute when the application is deactivated
private void Application_Closing(object sender, ClosingEventArgs e)
{
     //Trace the event for debug purposes
     Utils.Trace("Application Closing");
}
```

在一些情况下，开发人员在应用程序被禁止或转为无效时，力图为用户提供一个准确的用户界面。为此，设计的基础应当关注应用程序何时被恢复。对于这样的情况，使用 OnNavigatedTo 和 OnNavigatedFrom 事件来保存页面状态中所需要的数据。

在 OnNavigatedFrom 事件处理函数中保存 MainPage 的页面状态，并记录被聚焦（Focused）的控件，实现的程序如下。

Silverlight Project: ApplicationLifecycle　File: MainPage.xaml.cs

```
protected override void OnNavigatedFrom(System.Windows.Navigation.NavigationEventArgs e)
{
     //Trace the event for debug purposes
     Utils.Trace("Navigated From MainPage");

     //Remove focused element from previous time if any
     if (State.ContainsKey("FocusedElement"))
     {
        State.Remove("FocusedElement");
     }

     //If some input control is in focus, save it to the page state
     object obj = FocusManager.GetFocusedElement();
     if (null != obj)
     {
        string focusedControl = (obj as FrameworkElement).Name;
        State.Add("FocusedElement", focusedControl);
     }

     if (State.ContainsKey("txtDestination"))
        State.Remove("txtDestination");

     State.Add("txtDestination", txtDestination.Text);

     if (State.ContainsKey("txtJustification"))
        State.Remove("txtJustification");

     State.Add("txtJustification", txtJustification.Text);


     base.OnNavigatedFrom(e);
}
```

在 OnNavigatedFrom 事件处理函数中恢复 MainPage 的页面状态。

Silverlight Project: ApplicationLifecycle　File: MainPage.xaml.cs

```
protected override void OnNavigatedTo(System.Windows.Navigation.NavigationEventArgs e)
{
    //Trace the event for debug purposes
    Utils.Trace("Navigated To MainPage");

    //Check if page state has saved focus and apply it back
    if (State.ContainsKey("FocusedElement"))
    {
        focusedElement = this.FindName(State["FocusedElement"] as string) as Control;
        bFocused = true;
    }
    else
    {
        bFocused = false;
    }

    TravelReportInfo travelReportInfo = ((App.Current.RootVisual as PhoneApplicationFrame).
DataContext as TravelReportInfo);
    if (State.ContainsKey("txtDestination"))
        travelReportInfo.Destination = State["txtDestination"] as string;

    if (State.ContainsKey("txtJustification"))
    {
        travelReportInfo.Justification = State["txtJustification"] as string;
    }

    base.OnNavigatedTo(e);
}
```

上面的代码中增加了两个变量 focusedElement、bFocused 来记录聚焦（focused）控件。focusedElement 变量记录聚焦的 UI，bFocused 布尔型变量记录是否聚焦。由于在执行 OnNavigatedTo 事件处理函数时，MainPage 还未生成，因此，恢复控件的聚焦操作需要放在 PhoneApplicationPage_LayoutUpdated 事件处理中。

在 MainPage.xaml 文件的开始部分增加如下代码。

Silverlight Project: ApplicationLifecycle　File: MainPage.xaml

```
LayoutUpdated="PhoneApplicationPage_LayoutUpdated"
```

在 MainPage.xaml.cs 中增加 PhoneApplicationPage_LayoutUpdated 事件的处理函数。

Silverlight Project: ApplicationLifecycle　File: MainPage.xaml.cs

```
private void PhoneApplicationPage_LayoutUpdated(object sender, EventArgs e)
{
    try
    {
        if (bFocused && (null != focusedElement))
        {
            bFocused = false;
```

```
                focusedElement.Focus();
                focusedElement = null;
            }
        }
        catch (Exception ex)
        {
            //Trace the exception for debug purposes
            Utils.Trace(String.Format("Exception = {0}.", ex.GetType()) + "\n");
        }
}
```

在 SecondPage 中增加页面恢复时的控件聚焦操作，即 PhoneApplicationPage_LayoutUpdated 事件的处理函数。

Silverlight Project: ApplicationLifecycle　File: SecondPage.xaml

```
LayoutUpdated="PhoneApplicationPage_LayoutUpdated"
```

Silverlight Project: ApplicationLifecycle　File: SecondPage.xaml.cs

```
Control focusedElement;
bool bFocused = false;
private void PhoneApplicationPage_LayoutUpdated(object sender, EventArgs e)
{
     try
     {
          if (bFocused && (null != focusedElement))
          {
                bFocused = false;
                focusedElement.Focus();
          }
     }
     catch (Exception ex)
     {
           //Trace the exception for debug purposes
           Utils.Trace(String.Format("LayoutUpdated occur exception = {0}.", ex.GetType())
+ "\n");
     }
}
```

设定日期选择控件 DatePicker 的数据更新处理。TextBox 通过数据绑定实现了在页面恢复时自动更新保存的数据。但是对于日期选择控件 DatePicker，当用户操作 DatePicker 选择日期会打开日期选择的页面，同样会离开 MainPage 的 OnNavigatedFrom，选择完毕后返回 MainPage 更新 DatePicker 控件的值也会执行 MainPage 的 OnNavigatedTo 事件处理函数。为此，需要修改 MainPage 的 OnNavigatedTo 和 OnNavigatedFrom 事件处理函数。

设定变量判断日期选择发生的页面切换还是由于逻辑删除发生的页面切换。在 MainPage 类中声明两个变量。

Silverlight Project: ApplicationLifecycle　File: MainPage.xaml.cs

```
bool bToDateChangedNavigateTo = false;
bool bFromDateChangedNavigateTo = false;
```

实现 DatePicker 控件的数据发生改变时的事件处理程序。

Silverlight Project: ApplicationLifecycle　File: MainPage.xaml.cs

```
private void txtToDate_ValueChanged(object sender, DateTimeValueChangedEventArgs e)
{
    TravelReportInfo travelReportInfo = ((App.Current.RootVisual as PhoneApplicationFrame).
DataContext as TravelReportInfo);
    travelReportInfo.LastDay = DateTime.Parse(txtToDate.ValueString);

    bToDateChangedNavigateTo = true;
}

private void txtFromDate_ValueChanged(object sender, DateTimeValueChangedEventArgs e)
{
    TravelReportInfo travelReportInfo = ((App.Current.RootVisual as PhoneApplicationFrame).
DataContext as TravelReportInfo);
    travelReportInfo.FirstDay = DateTime.Parse(txtFromDate.ValueString);

    bFromDateChangedNavigateTo = true;
}
```

修改 OnNavigatedFrom 事件处理函数，保存日期选择控件的瞬态值。

Silverlight Project: ApplicationLifecycle　File: MainPage.xaml.cs

```
if (State.ContainsKey("txtFromDate"))
    State.Remove("txtFromDate");

State.Add("txtFromDate", txtFromDate.ValueString);

if (State.ContainsKey("txtToDate"))
    State.Remove("txtToDate");

State.Add("txtToDate", txtToDate.ValueString);
```

修改 OnNavigatedTo 事件处理函数，恢复日期选择控件的值。

Silverlight Project: ApplicationLifecycle　File: MainPage.xaml.cs

```
if (State.ContainsKey("txtToDate"))
{
    if (!bToDateChangedNavigateTo)
    {
        travelReportInfo.LastDay = DateTime.Parse(State["txtToDate"] as string);
        txtToDate.Value = travelReportInfo.LastDay;//this operation call txtFromDate_
ValueChanged event
        bToDateChangedNavigateTo = false;
    }
    else
    {
        bToDateChangedNavigateTo = false;
    }
}
else
{
    //format todata
    txtToDate.Value = travelReportInfo.LastDay;
```

```
        bToDateChangedNavigateTo = false;
    }

    if (State.ContainsKey("txtFromDate"))
    {
        if (!bFromDateChangedNavigateTo)
        {
            travelReportInfo.FirstDay = DateTime.Parse(State["txtFromDate"] as string);
            txtFromDate.Value = travelReportInfo.FirstDay; //this operation call txtFromDate_
ValueChanged event

            bFromDateChangedNavigateTo = false;
        }
        else
        {
            bFromDateChangedNavigateTo = false;
        }
    }
    else
    {
        // format fromdata
        txtFromDate.Value = travelReportInfo.FirstDay;
        bFromDateChangedNavigateTo = false;
    }
```

修改 PhoneApplicationPage_LayoutUpdated 事件处理函数，与 OnNavigatedTo 和 OnNavigatedFrom 事件处理函数共同组成了日期选择控件数据更新和绑定的逻辑。

Silverlight Project: ApplicationLifecycle　File: MainPage.xaml.cs

```
TravelReportInfo travelReportInfo = ((App.Current.RootVisual as PhoneApplicationFrame).
DataContext as TravelReportInfo);

txtFromDate.Value = travelReportInfo.FirstDay;
bFromDateChangedNavigateTo = false;

txtToDate.Value = travelReportInfo.LastDay;
bToDateChangedNavigateTo = false;
```

13.5.4　逻辑删除处理流程

设置调试时强制执行逻辑删除。打开 ApplicationLifecycle 项目的属性，如图 13-13 所示，然后导航到[Debug]选项卡。选中[Tombstone upon deactivation while debugging]选项，在调试时应用程序停用后将强制执行逻辑删除。

编译并运行程序，在输出（Output）窗口查看启动事件，如图 13-14 所示。如果输出窗口不可见，通过在 Visual Studio 菜单上点击 View|Output 或者通过按下 CTRL + W, O 快捷键来打开它，如图 13-15 所示的打开输出（Output）窗口。

（1）在第一个迭代过程中，应用程序选择“创建新的数据对象”代码路径，应用程序的日期选择控件只显示默认值，如图 13-16 所示。

（2）更改一些值，并点击返回（Back）键，应用程序关闭过程中，用户被问及是否保存程序内容。点击 OK 来保存数据，如图 13-17 所示。

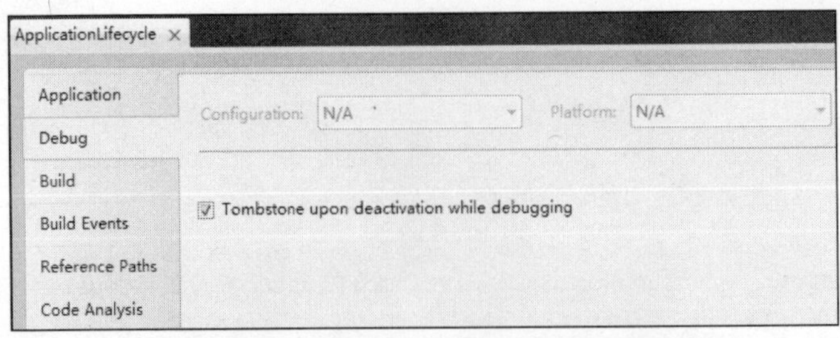

▲图 13-13 ApplicationLifecycle 项目的属性

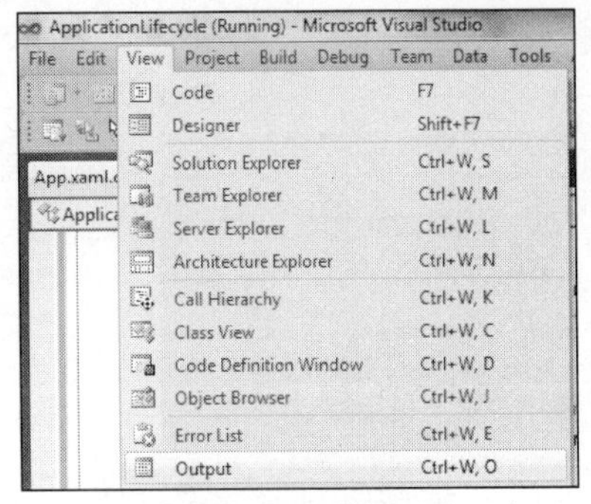

▲图 13-14 打开输出（Output）窗口

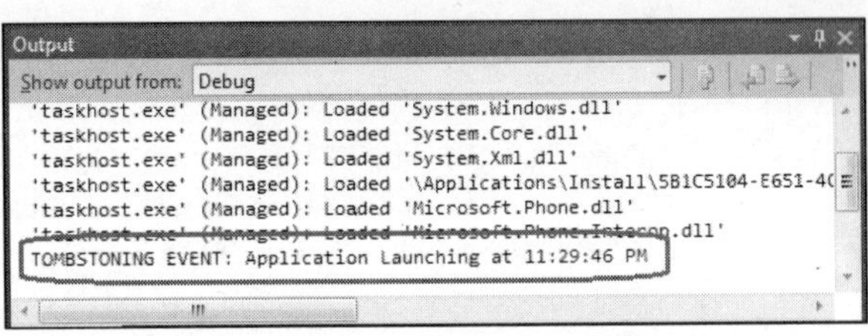

▲图 13-15 输出窗口中的启动（Launching）事件

▲图 13-16 启动画面

▲图 13-17 关闭应用程序

（3）查看输出窗口中的关闭事件信息，如图 13-18 所示。

（4）用户从程序列表中重新选择 ApplicationCycle 程序运行时，查看输出（Output）窗口的事件信息，保存在独立存储空间的数据被恢复，如图 13-19 所示。

重新启动后的画面中恢复了保存在独立存储空间中的数据，如图 13-20 所示。

（5）点击应用程序栏的 Next 按钮，跳转到第二个页面。聚焦“心路历程”控件，然后点击启动（Start）键来停用（deactivate）当前应用程序，如图 13-21 所示。

```
Output
Show output from: Debug
'taskhost.exe' (Managed): Loaded 'System.Core.dll'
'taskhost.exe' (Managed): Loaded 'System.Xml.dll'
'taskhost.exe' (Managed): Loaded '\Applications\Install\5B1C5104-E651-4(
'taskhost.exe' (Managed): Loaded 'Microsoft.Phone.dll'
'taskhost.exe' (Managed): Loaded 'Microsoft.Phone.Interop.dll'
TOMBSTONING EVENT: Application Launching at 11:29:46 PM
TOMBSTONING EVENT: Application Closing at 11:39:10 PM
```

▲图 13-18　输出窗口中的关闭（Closing）事件

```
Output
Show output from: Debug
'taskhost.exe' (Managed): Loaded 'System.Windows.dll'
'taskhost.exe' (Managed): Loaded 'System.Core.dll'
'taskhost.exe' (Managed): Loaded 'System.Xml.dll'
'taskhost.exe' (Managed): Loaded '\Applications\Install\5B1C5104-E651-4(
'taskhost.exe' (Managed): Loaded 'Microsoft.Phone.dll'
'taskhost.exe' (Managed): Loaded 'Microsoft.Phone.Interop.dll'
TOMBSTONING EVENT: Application Launching at 11:41:22 PM
```

▲图 13-19　输出窗口中的启动（Launching）事件

▲图 13-20　重新启动后的画面

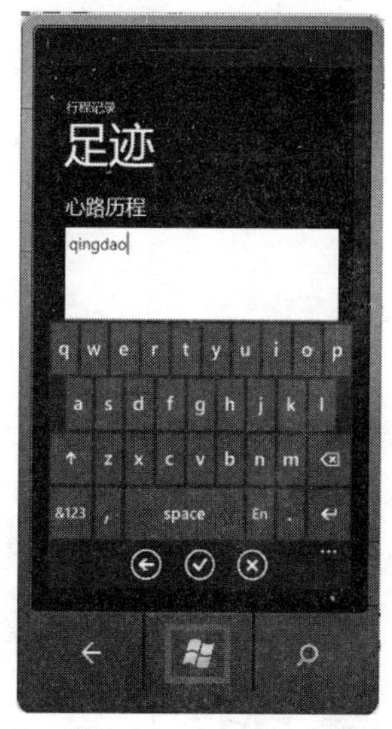

▲图 13-21　停用（Deactivating）当前应用程序

（6）点击返回（Back）按钮返回应用程序，出现带有“Resuming”和加载动画的页面。如图 13-22 所示。

（7）为了看到不同的行为，再次点击启动（Start）键，并通过点击开始页面上的右箭头从主屏幕页面跳转至应用程序列表，重新启动应用程序。此时，原先进入逻辑删除状态的应用程序将被取消，系统会重新启动该应用程序的一个新的实例，所有的瞬态数据将被清空，保存在独立存储空间中的数据将被重新加载。如图 13-23 所示的应用程序列表启动应用程序。本例中的第一个页面保存的数据被加载，而第二个页面的瞬态数据就因被丢失无法加载。

通过上面简单的例子，我们理解了应用程序生命周期的逻辑删除。下面为大家提供更加实用的，代码更优化，更能体现代码之美的保存和恢复页面瞬态数据的方法，请参考 MSDN 的 How to: Preserve and Restore Page State for Windows Phone，其提供的保存和恢复 TextBox、CheckBox、Slider、

RadioButton 等控件状态和聚焦状态的方法可以直接在应用中使用。

▲图 13-22　应用程序恢复画面

▲图 13-23　应用程序列表启动应用程序

13.6 Windows Phone OS 7.0 应用程序的生命周期

面的关系图 13-24 说明了 Windows Phone OS 7.0 应用程序的生命周期。

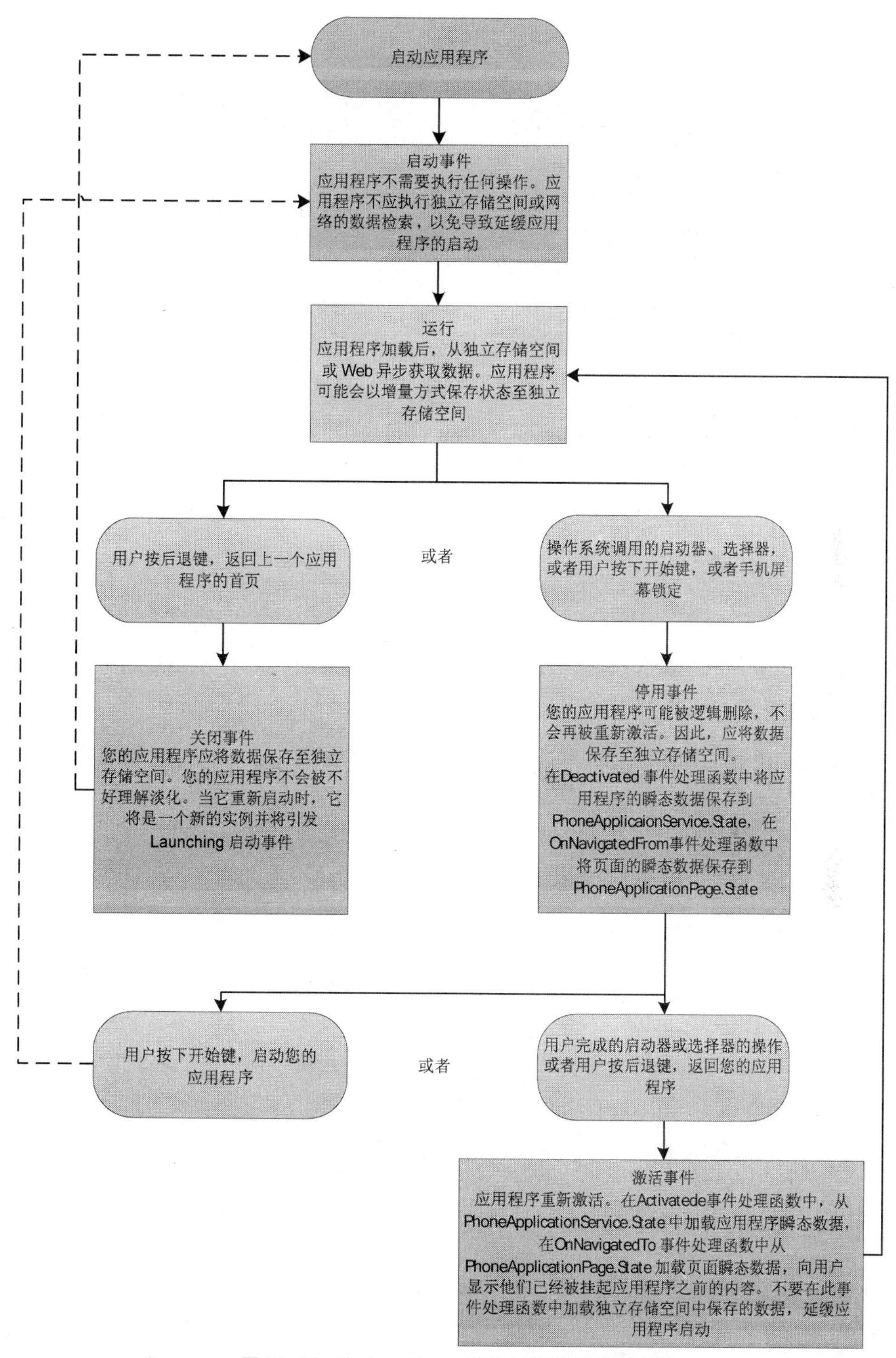

▲图 13-24　Windows Phone OS 7.0 应用程序生命周期

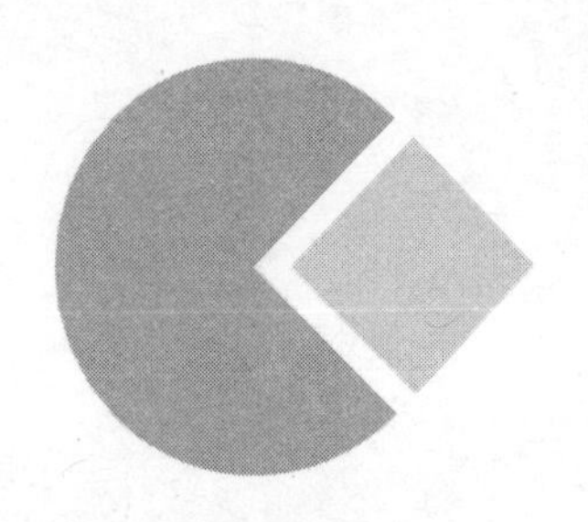

第 14 章　MVVM 设计模式的应用

14.1　MVVM 设计模式概述

本章参考和引用 Windows Phone 官方教程和开发培训包，以及 MSDN Windows Phone 开发文档。

Model-View-ViewModel (MVVM) 设计模式清晰地分离用户界面（UI）的业务逻辑和视图。分离业务逻辑和表示逻辑有助于解决许多设计问题，使应用程序更容易测试、维护和升级，可以大大提高代码重用的机会。MVVM 使得用户界面设计人员专注于界面设计，开发人员专注于代码的业务逻辑，并使得开发人员和用户界面设计人员在软件制作过程能够更容易地合作。

应用 MVVM 设计模式的开放数据协议 Open Data Protocol (OData)，使用标准的 HTTP 协议实现查询、创建、更新和删除数据的服务。关于开放数据协议 Open Data Protocol (OData) 我们在后面的章节中介绍。

在 MVVM 设计模式中，应用程序的用户界面和底层表示，以及业务逻辑被分成 3 个不同的部分：视图（View）、视图模型（ViewMode）和模型（Model）。

- 视图 View。封装了用户界面和 UI 逻辑视图模型。

视图通常是某种形式的用户界面元素，使用户与应用程序交互。每个视图由可扩展应用程序标记语言（XAML）文件和其相应的代码组成。

- 视图模型 ViewModel。封装表示逻辑和状态。

视图模型是视图和模型之间的中间层。

- 模型 Model。封装了应用程序的业务逻辑和数据。此对象模型通常不包含任何用户界面有关的信息。

图 14-1 展示了 MVVM 类及其相互作用。

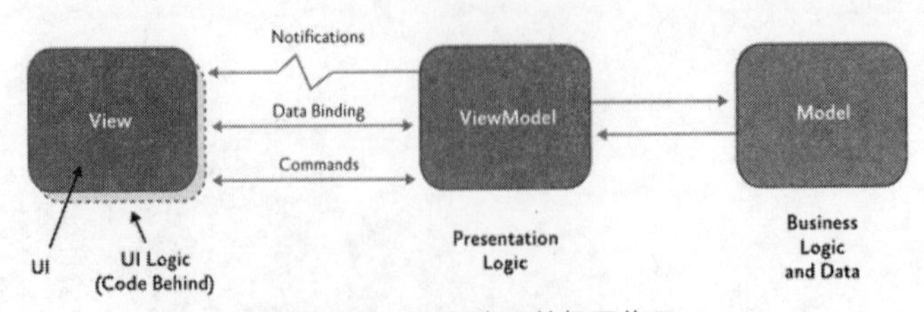

▲图 14-1　MVVM 类及其相互作用

14.2 动手实践——应用 MVVM 设计模式的数独游戏

本实例参考 Adam Miller 发表在 MSDN Magazine 的文章 Sudoku for Windows Phone 7。数独游戏（日语：数独すうどく）是一种源自 18 世纪末的瑞士，后在美国发展，并在日本得以发扬光大的数学智力拼图游戏。拼图是九宫格（即 3 格宽 × 3 格高）的正方形状，每一格又细分为一个九宫格。在每一个小九宫格中，分别填上 1～9 的数字，让整个大九宫格每一行、每一列的数字都不重复。数独游戏的玩法逻辑简单，数字排列方式千变万化，不少教育者认为数独游戏是智力锻炼的好方法，如图 14-2 所示。

▲图 14-2　数独游戏

14.2.1　创建应用程序

从开始|所有程序| Microsoft Visual Studio 2010 Express | Microsoft Visual Studio 2010 Express for Windows Phone 中打开 Microsoft Visual Studio 2010 Express for Windows Phone。或者从开始|所有程序| Microsoft Visual Studio 2010 打开 Visual Studio 2010。

首先按照常用 MVVM 模式创建两个新文件夹，即 Views 和 ViewModels。

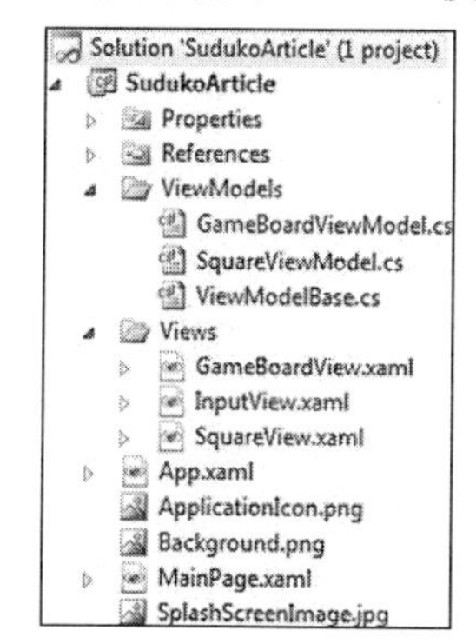

▲图 14-3　Sudoku Windows Phone 解决方案

数独游戏在概念上可分为 3 个类型：各个方格（9 × 9 游戏板中通常共有 81 个方格），容纳这些方格的整体游戏板，用于输入数字 1 到数字 9 的网格。若要创建这些项的视图，请右键单击 Views 文件夹，在弹出的菜单中选择“Add | New Item”。从对话框中选择“Windows Phone User Control”，命名为 GameBoardView.xaml。对 SquareView.xaml InputView.xaml 重复上述操作。

此时，在 ViewModel 文件夹中添加以下类：GameBoard ViewModel 和 SquareViewModel。为 ViewModels 创建一个基类以避免代码重复。向 ViewModels 文件夹添加 ViewModelBase 类。

14.2.2　ViewModelBase 类

ViewModelBase 类将需要实现在 System.ComponentModel 中的 INotifyPropertyChanged 接口。此接口允许将 ViewModels 中的公共属性绑定到视图中的控件。本例中 INotifyPropertyChanged 接口的实现只需实现 PropertyChanged 事件即可。

Silverlight Project: SudukoArticle　File: ViewModels\ViewModelBase.cs

```
namespace SudukoArticle.ViewModels
{
    public class ViewModelBase : INotifyPropertyChanged
    {
        public event PropertyChangedEventHandler PropertyChanged;

        protected void NotifyPropertyChanged(String info)
```

```
        {
            if (PropertyChanged != null)
            {
                PropertyChanged(this, new PropertyChangedEventArgs(info));
            }
        }
    }
}
```

大多数第三方 MVVM 框架将包括一个 ViewModel 基类，其中包含此样本代码。所有的 ViewModel 都将从 ViewModelBase 继承。将 UI 绑定到的 ViewModel 中的属性必须调用 setter 中的 NotifyPropertyChanged。这是允许 UI 在属性值发生更改时自动更新的设置。

14.2.3 实现各个方格

首先实现 SquareViewModel 类。将 Value、Row、Column 的公共属性添加为整数。添加 IsSelected、IsValid 和 IsEditable，设定类型为布尔值。虽然可将 UI 直接绑定到 Value 属性，但这将导致出现问题，因为将为未分配的方格显示“0”。若要解决此问题，可以实现绑定转换器或创建只读“StringValue”属性，该属性将在 Value 属性为零时返回空字符串。

实现程序如下。

Silverlight Project: SudukoArticle File: ViewModels\SquareViewModel.cs

```
public int Value
{
    get
    {
        return_value;
    }
    set
    {
        if (IsEditable)
        {
            _value = value;
            NotifyPropertyChanged("Value");
            NotifyPropertyChanged("StringValue");
            UpdateState();
        }
    }
}
public string StringValue
{
    get
    {
        string result = "";
        if (_value > 0)
            result = _value.ToString();
        return result;
    }
}
```

SquareViewModel 还负责向 UI 通知其当前状态。此应用程序中的单个方格具有 4 种状态，即“Default”（默认）、“Invalid”（无效）、“Selected”（已选定）和“UnEditable”（不可编辑）。通常，这将作为枚举实现。但 Silverlight 框架中的枚举不包含完整 Microsoft .NET Framework 的枚举所具有的几种方法。这会导致在序列化期间引发异常，因此，已将状态实现为常数，实现程序如下。

Silverlight Project: SudukoArticle　File: Utility\BoxStates.cs

```
namespace SudukoArticle.Utility
{
    public class BoxStates
    {
        public const int Default = 1;
        public const int Invalid = 2;
        public const int Selected = 3;
        public const int UnEditable = 4;
    }
}
```

此应用程序将使用与用户选定的主题匹配的颜色和字体样式。MSDN Library 上的“Theme Resources for Windows Phone”中对这些资源进行了描述。可通过转到主页屏幕，并单击箭头，选择“Settings | theme”在仿真器中选择主题，如图 14-4 所示。

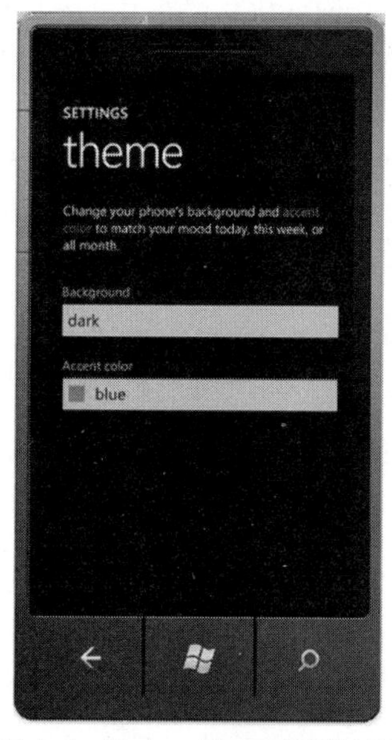

▲图 14-4　Windows Phone 主题设置屏幕

在 SquareView.xaml 中的控件使用系统提供的字体和颜色样式。在 SquareView.xaml 中的网格内，放置 Border 和 TextBlock。

Silverlight Project: SudukoArticle　File: Views\SquareView.xaml

```
<UserControl x:Class="SudukoArticle.Views.SquareView"
    xmlns="http://schemas.microsoft.com/winfx/2006/xaml/presentation"
```

```
    xmlns:x="http://schemas.microsoft.com/winfx/2006/xaml"
    xmlns:d="http://schemas.microsoft.com/expression/blend/2008"
    xmlns:mc="http://schemas.openxmlformats.org/markup-compatibility/2006"
    xmlns:utility="clr-namespace:SudukoArticle.Utility"
    mc:Ignorable="d"
    FontFamily="{StaticResource PhoneFontFamilyNormal}"
    FontSize="{StaticResource PhoneFontSizeNormal}"
    Foreground="{StaticResource PhoneForegroundBrush}"
    d:DesignHeight="40" d:DesignWidth="40">
<Grid x:Name="LayoutRoot" MouseLeftButtonDown="LayoutRoot_MouseLeftButtonDown">
    <Border x:Name="BoxGridBorder" BorderBrush="{StaticResource PhoneForegroundBrush}"
BorderThickness="{Binding Path=BorderThickness}">
        <TextBlock x:Name="MainText" VerticalAlignment="Center" Margin="0" Padding="0"
TextAlignment="Center" Text="{Binding Path=StringValue}"></TextBlock>
    </Border>
</Grid>
</UserControl>
```

14.2.4 实现 GameBoard

本节讲述 GameBoard 的视图（View）和视图模式（ViewModel）。GameBoard 视图是由 9 × 9 的网格构成。

ViewModel 包含用于在用户输入后验证游戏板的方法，用于显示答案的方法，以及用于保存和加载游戏的方法。在保存时会将游戏板序列化为 XML，并在独立存储空间保存此文件。

Silverlight Project: SudukoArticle File: ViewModels\GameBoardViewModel.cs

```
public void SaveToDisk()
{
     using (IsolatedStorageFile store = IsolatedStorageFile. GetUserStore ForApplication())
     {
          if (store.FileExists(FileName))
          {
               store.DeleteFile(FileName);
          }

          using (IsolatedStorageFileStream stream = store.CreateFile(FileName))
          {
               using (StreamWriter writer = new StreamWriter(stream))
               {
                    List<SquareViewModel> s = new List<SquareViewModel>();
                    foreach (SquareViewModel item in GameArray)
                         s.Add(item);

                    XmlSerializer serializer = new XmlSerializer(s.GetType());
                    serializer.Serialize(writer, s);
               }
          }
     }
}

public static GameBoardViewModel LoadFromDisk()
{
```

```
    GameBoardViewModel result = null;

    using (IsolatedStorageFile store = IsolatedStorageFile.GetUserStoreForApplication())
    {
        if (store.FileExists(FileName))
        {
            using (IsolatedStorageFileStream stream = store.OpenFile(FileName, FileMode.
Open))
            {
                using (StreamReader reader = new StreamReader(stream))
                {
                    List<SquareViewModel> s = new List<SquareViewModel>();
                    XmlSerializer serializer = new XmlSerializer(s.GetType());
                    s = (List<SquareViewModel>)serializer.Deserialize(new StringReader
(reader.ReadToEnd()));

                    result = new GameBoardViewModel();
                    result.GameArray = LoadFromSquareList(s);
                }
            }
        }
    }

    return result;
}
```

应用程序栏的“New Game”按钮单击事件中调用 LoadNewPuzzle 方法，用以新建游戏。

Silverlight Project: SudukoArticle　File: ViewModels\GameBoardViewModel.cs

```
public static GameBoardViewModel LoadNewPuzzle()
{
    GameBoardViewModel result = new GameBoardViewModel();

    Random random = new Random();
    string easyPuzzle=SavedBoards.EasyGames[random.Next(0,SavedBoards.EasyGames.Length-1)];
    List<SquareViewModel> squares = new List<SquareViewModel>();
    foreach (char s in easyPuzzle.ToCharArray())
    {
        SquareViewModel square = new SquareViewModel();
        if (s != '.')
        {
            square.Value = int.Parse(s.ToString());
            square.IsEditable = false;
        }
        squares.Add(square);
    }

    result.GameArray = LoadFromSquareList(squares);
    return result;
}
```

14.2.5　实现输入视图

输入视图也非常简单，它只是在面板堆栈中嵌入几个按钮，如图 14-5 所示。下面的代码公开了按钮的单击事件处理函数，当单击事件发生时向应用程序发送已单击按钮的值。

▲图 14-5　输入视图

Silverlight Project: SudukoArticle　File: Views\InputView.xaml.cs

```
public event EventHandler SendInput;

private void UserInput_Click(object sender, RoutedEventArgs e)
{
     int inputValue = int.Parse(((Button)sender).Tag.ToString());
     if (SendInput != null)
          SendInput(inputValue, null);
}
```

用于帮助使该游戏能在纵向模式或横向模式的方法。

Silverlight Project: SudukoArticle　File: Views\InputView.xaml.cs

```
public void RotateVertical()
{
     TopRow.Orientation = Orientation.Vertical;
     BottomRow.Orientation = Orientation.Vertical;
     OuterPanel.Orientation = Orientation.Horizontal;
}

public void RotateHorizontal()
{
     TopRow.Orientation = Orientation.Horizontal;
     BottomRow.Orientation = Orientation.Horizontal;
     OuterPanel.Orientation = Orientation.Vertical;
}
```

14.2.6　整合视图

将 GameBoard 输入视图集成到 MainPage.xaml 中，即将输入视图和游戏板视图置于一个网格（Grid）中。由于此应用程序需要所有可用的屏幕空间，因此，将默认的标题面板（TitlePanel）的 Visibility 属性设置为“Collapsed”。

设置应用程序栏。通过使用此应用程序栏，可使应用程序具有高集成度的用户体验，并将为数独游戏应用程序提供一个很好的接口，为用户解答、重置和开始新游戏。

Silverlight Project: SudukoArticle　File: MainPage.xaml

```
<phone:PhoneApplicationPage.ApplicationBar>
    <shell:ApplicationBar IsVisible="True" IsMenuEnabled="True" Opacity="0">
        <shell:ApplicationBarIconButton x:Name="NewGame" IconUri=" /Images/appbar. favs.rest.
png" Text="New Game" Click="NewGame_Click"></shell:ApplicationBarIconButton>
        <shell:ApplicationBarIconButton x:Name="Solve" IconUri="/Images/appbar.share.rest.
png" Text="Solve" Click="Solve_Click"></shell:ApplicationBarIconButton>
        <shell:ApplicationBarIconButton x:Name="Clear" IconUri="/Images/appbar.refresh.
rest.png" Text="Clear" Click="Clear_Click"></shell:ApplicationBarIconButton>
    </shell:ApplicationBar>
</phone:PhoneApplicationPage.ApplicationBar>
```

Windows Phone 提供默认图标，与工具一起安装到 C:\Program Files\Microsoft SDKs\Windows Phone\v7.1\Icons。这些图标确实值得选择，因为它们与手机的外观相匹配。在将图像导入项目后，选择图像属性，并将“生成操作”从“资源”更改为“内容”，然后将“复制到输出目录”从“不复制”更改为“如果较新则复制”。

在 MainPage 构造函数中，设置 SupportedOrientations 属性以允许应用程序在用户旋转手机时随之旋转。另外，处理 InputView 的 SendInput 事件，并将输入值传送到 GameBoard。

Silverlight Project: SudukoArticle　File: MainPage.xaml.cs

```
// Constructor
public MainPage()
{
    InitializeComponent();
    SupportedOrientations = SupportedPageOrientation.Portrait | SupportedPageOrientation.
Landscape;
    InputControl.SendInput += new EventHandler(InputControl_SendInput);
}

void InputControl_SendInput(object sender, EventArgs e)
{
     MainBoard.GameBoard.SendInput((int)sender);
}
```

实现 OnNavigatedTo 和 OnNavigatedFrom，以便在应用程序进入逻辑删除以及重新唤醒后，加载和保存游戏。

Silverlight Project: SudukoArticle　File: MainPage.xaml.cs

```
protected override void OnNavigatedTo(NavigationEventArgs e)
{
    GameBoardViewModel board = GameBoardViewModel.LoadFromDisk();
    if (board == null)
          board = GameBoardViewModel.LoadNewPuzzle();

    MainBoard.GameBoard = board;
    base.OnNavigatedTo(e);
}
```

```
protected override void OnNavigatedFrom(NavigationEventArgs e)
{
    MainBoard.GameBoard.SaveToDisk();
    base.OnNavigatedFrom(e);
}
```

当手机发生旋转时，应用程序将收到一个通知。InputView 会从该位置开始从游戏板下方移动到其右侧并进行旋转。

Silverlight Project: SudukoArticle　File: MainPage.xaml.cs

```
protected override void OnOrientationChanged(OrientationChangedEventArgs e)
{
    switch (e.Orientation)
    {
        case PageOrientation.Landscape:
        case PageOrientation.LandscapeLeft:
        case PageOrientation.LandscapeRight:
            TitlePanel.Visibility = Visibility.Collapsed;
            Grid.SetColumn(InputControl, 1);
            Grid.SetRow(InputControl, 0);
            InputControl.RotateVertical();
            break;
        case PageOrientation.Portrait:
        case PageOrientation.PortraitUp:
        case PageOrientation.PortraitDown:
            TitlePanel.Visibility = Visibility.Collapsed;
            Grid.SetColumn(InputControl, 0);
            Grid.SetRow(InputControl, 1);
            InputControl.RotateHorizontal();
            break;
        default:
            break;
    }
    base.OnOrientationChanged(e);
}
```

应用程序栏的新建游戏按钮、游戏解答按钮和清除游戏按钮的单击事件处理。

Silverlight Project: SudukoArticle　File: MainPage.xaml.cs

```
private void NewGame_Click(object sender, EventArgs e)
{
    MainBoard.GameBoard = GameBoardViewModel.LoadNewPuzzle();
}

private void Solve_Click(object sender, EventArgs e)
{
    MainBoard.GameBoard.Solve();
}

private void Clear_Click(object sender, EventArgs e)
{
    MainBoard.GameBoard.Clear();
}
```

此时，该游戏已完成，可以开始玩了，如图 14-6 所示。

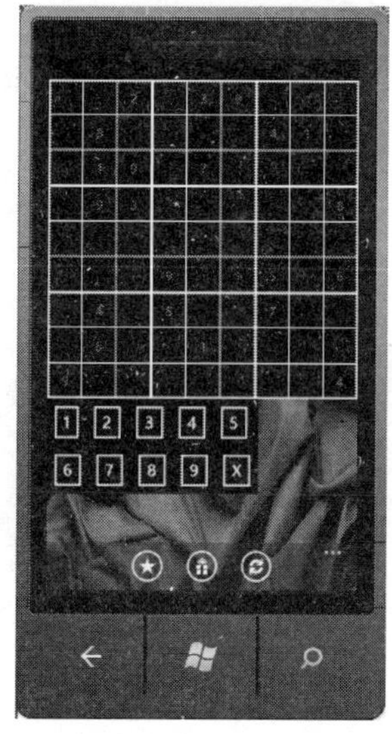

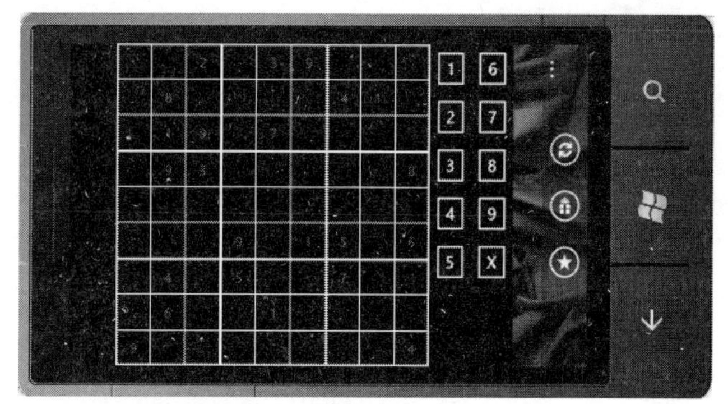

▲图 14-6 纵向模式和横向模式的数独游戏

14.3 第三方 MVVM 框架

在 www.CodePlex.com 上有许多不错的第三方 MVVM 框架可供我们借鉴，其中比较好的有 MVVM Light Toolkit、Ultra Light MVVM for Windows Phone 和 Simple MVVM Toolkit 都适合 Windows Phone 的开发。

14.3.1 MVVM Light Toolkit

MVVM Light Toolkit 是帮助人们在 Silverlight 和 WPF 中使用 MVVM 设计模式的一套组件。它是一个轻量级的、务实的框架，只包含所需的必要组成部分。

下载地址：http://mvvmlight.codeplex.com/。

1. 在 XAML 中绑定 DataContext

ViewModel 文件夹添加了两个附加的类：ViewModelLocator.cs 和 MainViewModel.cs。ViewModelLocator 声明在 App.xaml 中，可用作源的 DataContext 绑定。MainViewModel 也已添加到项目中，ViewModelLocator 作为公开属性。

> **注意** 如果在项目中不需要使用 MainViewModel，可以删除此类。

为了使用 MainViewModel 作为 MainPage.xaml 的 DataContext，需要在 MainPage.xaml 的开始标记中添加以下代码：

DataContext="{Binding Main, Source={StaticResource Locator}}"

2. 在 Blend 中绑定 DataContext

DataContext 也可以直观地在 Expression Blend 中使用以下步骤中绑定。

（1）在 Expression Blend 中打开 Windows Phone 工程。

（2）编译应用程序。

（3）打开 MainPage.xaml。

（4）在 Objects 和 Timeline panel 中选择 UserControl。

（5）在属性面板中，选择 DataContext 属性（在 Common Properties 部分），在 Advanced 属性的下拉菜单中选择数据绑定。如图 14-7 所示的 Blend 的数据绑定。

更多关于 MVVM Light Toolkit 的帮助请登录 http://www.galasoft.ch/mvvm/ getstarted。

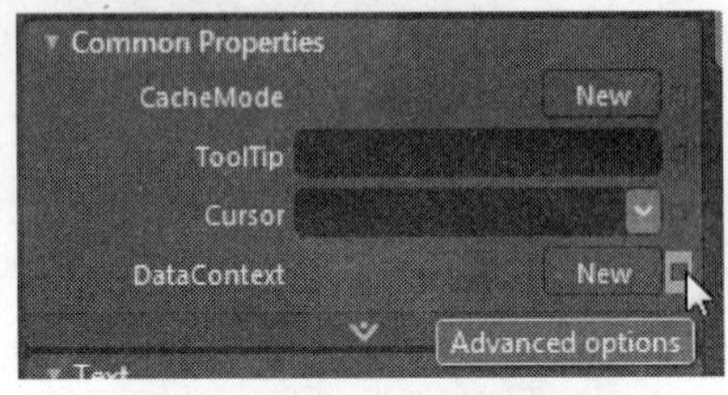

▲图 14-7　Blend 的数据绑定

14.3.2　Ultra Light MVVM for Windows Phone 7

Ultra Light MVVM 是轻量级的 MVVM Silverlight 应用程序，支持 Windows Phone 的逻辑删除（tombstoning）。Ultra Light MVVM 支持 Windows Phone 的特性。

（1）命令。

（2）命令按钮（使用参数）绑定。

（3）支持将命令绑定到应用程序栏上的按钮。

（4）对话框，通知和确认。

（5）位置服务。

（6）友好的设计时视图模式。

（7）具有逻辑删除事件控制钩的逻辑删除友好视图模型。

（8）从视图模型解耦的导航支持。

（9）从视图模型解耦的视觉状态支持。

（10）在视图模型拦截后退键。

（11）用户界面线程访问的分配器帮助。

下载地址：http://ultralightmvvm.codeplex.com/。

14.3.3　Simple MVVM Toolkit

Simple MVVM Toolkit 使开发应用 MVVM 设计模式 Widnows Phone 的应用程序变得更容易，为基于 MVVM 设计模式的应用程序提供一个简单的框架和工具集。Simple MVVM Toolkit 的特点是简单，但它包含执行 MVVM 设计模式的应用程序所需的一切。

下载地址：http://simplemvvmtoolkit.codeplex.com/。

来自 Tony Sneed 博客的 Simple MVVM Toolkit 和 MVVM Light Toolkit 的比较结果，如图 14-8 所示。

Simple MVVM Toolkit 安装后的 MVVM 应用程序如图 14-12 所示。

	Simple MVVM	MVVM Light
Platforms		
WPF	✓	✓
Silverlight	✓	✓
Windows Phone	✓	✓
Support		
Installer	✓	✗
Documentation	✓	✗
Samples	✓	✗
Usability		
Visual Studio Project Templates	✓	✓
RIA Services Project Template	✓	✗
Visual Studio Item templates	✓	✓
C# Code Snippets	✓	✓
XML Snippets (XAML)	✓	✗
Features		
Data Binding – Type Safe vs Strings	✓	✓
Commands – DelegateCommand	✓	✓
Async – Marshal to UI Thread	✓	✗
IEditableDataObject – Deep Cloning	✓	✗
Dependency Injection – Unit Testing	✓	✗
Property Association	✓	✗
Enum Conversion	✓	✗
Implementation		
Messaging	Static Class	VM Methods
Dialogs	Messenger	Events

▲图 14-8　Simple MVVM Toolkit 和 MVVM Light Toolkit 的比较

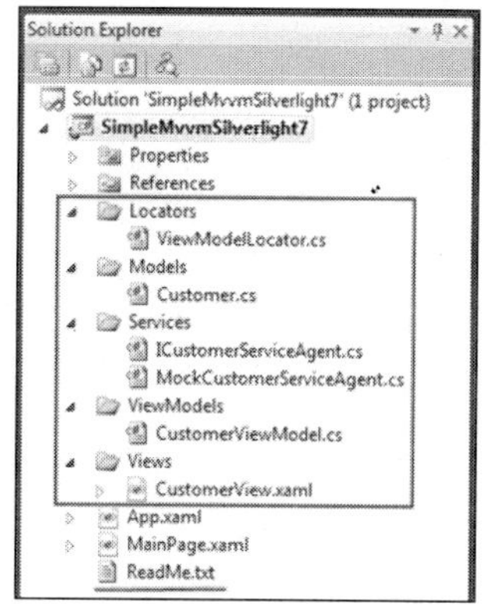

▲图 14-9　Simple MVVM Toolkit

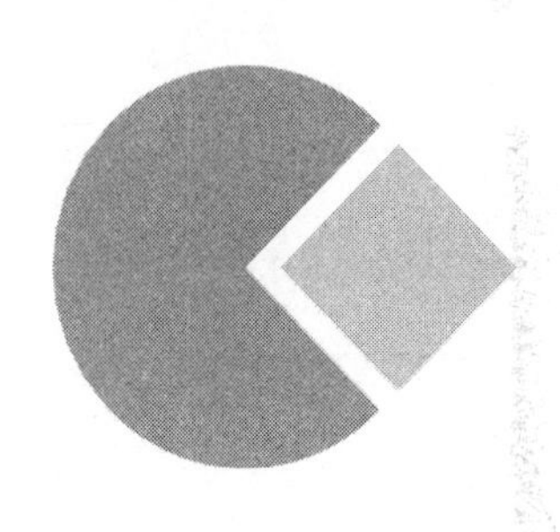

第三篇

XNA 游戏篇

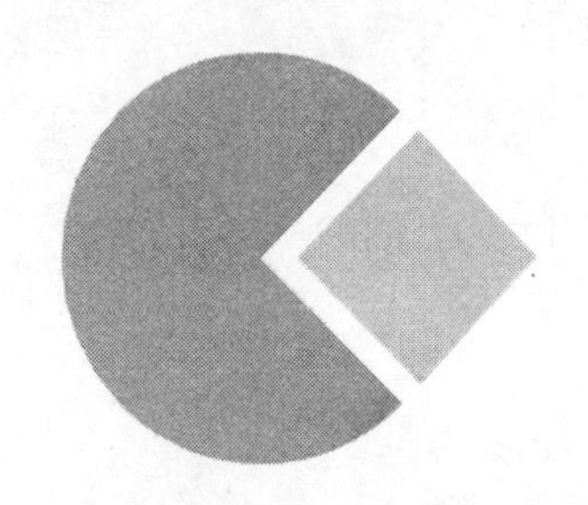

第 15 章　游戏开发新功能

曾经看到一部茶道的宣传短片印象深刻，其中将泡茶的整个过程做成了 3D 模拟的动画讲述茶道。如果我们在 Windows Phone 智能手机中制作一款茶道游戏，“以茶行道，以茶雅志”，那将是多美好的一件事。中国茶道追求“真”，通过直觉体悟达到对人生、对功利精神上的超越，自省其身。本例中我们组合 Silverlight 或 XNA 的框架开发一款 3D 茶具，作为 Windows Phone 茶道游戏的引子，为读者实现茶道游戏，起到抛砖引玉的作用。

15.1 Mango 新功能概述

本章参考和引用 Windows Phone 官方教程和开发培训包，以及 MSDN Windows Phone 开发文档。

XNA Game Studio 4.0 是一款游戏开发产品，它基于 Windows Phone 的 Microsoft Visual Studio 2010 Express，为游戏开发者提供强大而简单的 C#编程语言。XNA Game Studio 4.0 包括 XNA 框架和框架内容管道，从而提供了一种简单灵活的方式把 3D 模型、材质、声音和其他资源导入到游戏中，并且一个专注于游戏的应用编程接口简化了 Xbox 360®，Windows®和现在的 Windows Phone®上的游戏开发。

15.1.1　Silverlight 和 XNA 的集成

最大的新功能就是 Silverlight 和 XNA 框架在应用程序中的整合。这使 Windows Phone 应用程序的能力更强，比如在游戏中调用 WebBrowser 控件执行社会网络的身份认证和集成，应用程序使用 GPU 加速显示 2D 和 3D 画面。

15.1.2　执行模型和应用程序快速切换

Windows Phone 管理应用程序生命周期的变化结果，就是实现快速的应用切换。由于对执行模型的新变化，用户离开游戏去浏览网站，或者接听电话都能很快恢复游戏，可以无需重新加载游戏内容或游戏状态，要有足够的设备资源。

15.1.3　Windows Phone 事件探查器

Mango 包括在 Windows Phone 应用程序代码和内存的探查器中，使开发人员能够分析他们的游戏和应用程序的性能。这包括支持 CPU 和内存的可视化分析系统。

15.1.4　Combined Motion API

Mango 支持指南针和陀螺仪的 API，并有新的 API 来访问原有的传感器。Mango 将加速度传感器、指南针传感器以及陀螺仪的原始数据进行高层次的封装，更适合游戏应用程序使用传感器的数据。这组高度封装的 API 称之为 Motion API。

其次，在 Mango 中终于允许你直接来访问摄像头的原始的帧数据，除此之外还包括闪光灯、自动对焦、快门按钮等。

15.2 跨平台编译

为了达到 XNA Game Studio 4.0 开发不同平台的游戏程序的目标，程序设计师可以先使用 Visual Studio 2010 或 Visual Studio 2010 Express for Windows Phone 建立游戏项目，并设计游戏的功能；然后使用鼠标的右键点选[Solution Explorer]窗口中的项目名称，再从出现的菜单选择[Create Copy of Project for XXX]功能（其中的 XXX 代表：Windows、Xbox 360 或 Windows Phone），就可以依据目前项目的内容建立在指定平台上执行的游戏程序项目，Visual Studio 2010 或 Visual Studio 2010 Express for Windows Phone 就会为我们建立新的游戏项目，如图 15-1 所示。

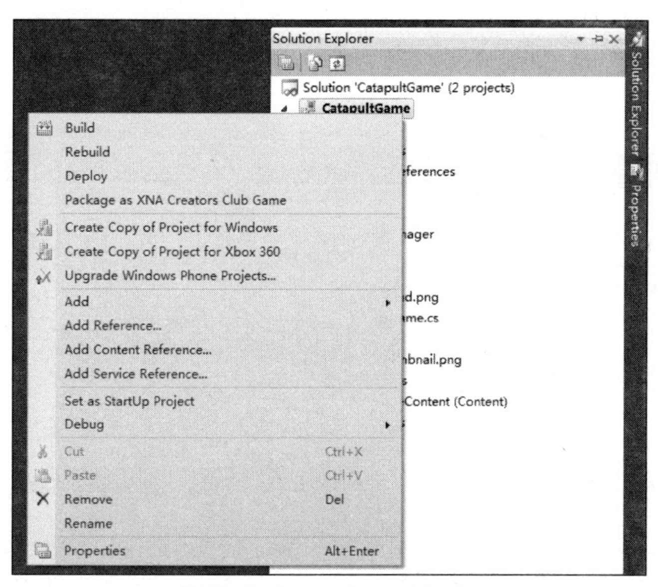

▲图 15-1　Create Copy of Project

执行[Create Copy of Project for XXX]功能（其中的 XXX 代表：Windows、Xbox 360 或 Windows Phone），虽然可以依据现有的项目内容建立新的项目，但是 Visual Studio 2010 或 Visual Studio 2010 Express 并未将现有的项目内容复制一份到新的项目中，而是让新的专案和现有的项目共享同一份源代码以及 Content Pipeline 项目，换句话说，当您修改现有项目的原始码时，相当于修改新建立的项目的原始码，免去维护多份源代码造成的负担。

XNA Game Studio 项目定义符号，如# if 条件编译指令指定游戏所兼容的平台。您可以使用相同的源代码编译生成运行于 Windows、Xbox 360 或者 Windows Phone 的应用程序。

源代码在不同的平台上执行时需要支持不同的硬件操作，因此，应使用 XNA Game Studio 条件编译符号# if、#elif、#else、#endif 指定。

例如，游戏需要执行 Windows、Xbox 360 和 Windows Phone，但针对每个平台调用不同的服务（如输入设备），可以使用指令类似于下面的样式。

```
#if WINDOWS

// Execute code that is specific to Windows

#elif XBOX

// Execute code that is specific to Xbox 360

#elif WINDOWS_PHONE

// Execute code that is specific to Windows Phone

#else

// Print a compile-time error message
#error The platform is not specified or is unsupported by this game.

#endif
```

15.3 性能优化

不同的硬件平台提供不同级别的性能。即使在同一平台上，PC 上的处理能力、图形功能和硬盘性能的不同也会造成应用程序性能的差异。

通过代码对游戏的调整，包括放慢运行速度和减少使用的硬件等方式，可以为所有平台上的游戏玩家提供更完美的游戏体验。

15.3.1 硬件性能

下面的代码示例演示如何确定计算机中可用的 CPU 数量，以及单处理器和多处理器计算机的执行各自特定的任务。

```
// Scale appropriately for the number of processors on this computer

if (Environment.ProcessorCount == 1)
{
    // Perform tasks specific to single processor systems.
}
else
{
    // Perform tasks specific to multi-processor systems.
}
```

15.3.2　运行效率

通过每秒调用 Update 方法的次数，可以降低游戏的性能级别。当低于默认的刷新频率（默认值为 60 帧/秒[fps]），需要将 GameTime.IsRunningSlowly 设置为 true。

如果游戏的 Update 不适合 60 帧/秒，可以通过修改 TargetElapsedTime 的值来更改刷新频率默认值。如果游戏刷新频率降低至不足 30 帧/秒时，需要在游戏的初始化代码将 IsRunningSlowly 设置为 Ture。

```
// Alert the program when the frame rate falls below 30 frames per second.

TargetElapsedTime = new TimeSpan(10000000L / 30L);
```

15.4 读写数据

XNA Game Studio 类库不提供访问 Windows Phone 的数据存储，如果要实现数据存储需要使用 System.IO.IsolatedStorage 命名空间。

（1）添加引用的声明：

```
using System.IO.IsolatedStorage;
```

（2）使用 IsolatedStorageFile.GetUserStoreForApplication 获得 IsolatedStorageFile 对象创建文件夹和文件夹，以及读写文件。

在 Windows 中调用 IsolatedStorageFile.GetUserStoreForApplication 会产生 InvalidOperationException 结果，因此需要 GetUserStoreForDomain 方法代替。

在跨平台编译时需要做如下的处理。

```
#if WINDOWS
   IsolatedStorageFile savegameStorage = IsolatedStorageFile.GetUserStoreForDomain();
#else
   IsolatedStorageFile savegameStorage = IsolatedStorageFile.GetUserStoreForApplication();
#endif
```

（3）使用 IsolatedStorageFile.OpenFile 打开文件，使用 IsolatedStorageFileStream 将数据写入文件。

```
protected override void OnExiting(object sender, System.EventArgs args)
{
     // Save the game state (in this case, the typed text).
     IsolatedStorageFile savegameStorage = IsolatedStorageFile.GetUserStoreForApplication();

    // open isolated storage, and write the savefile.
    IsolatedStorageFileStream fs = null;
    fs = savegameStorage.OpenFile(SAVEFILENAME, System.IO.FileMode.Create);
    if (fs != null)
    {
          // just overwrite the existing info for this example.
          fs.WriteByte(gameState); // a single byte
```

```
        if ((typedText != null) && (typedText.Length > 0))
        {
            fs.Write(System.Text.Encoding.UTF8.GetBytes(typedText), 0, typedText.Length);
        }
        fs.Close();
    }

    base.OnExiting(sender, args);
}
```

读取数据的方法类似。

```
protected override void Initialize()
{
    gameState = 0;

    IsolatedStorageFile savegameStorage = IsolatedStorageFile.GetUserStoreForApplication();

    // open isolated storage, and write the savefile.
    if(savegameStorage.FileExists(SAVEFILENAME))
    {
          IsolatedStorageFileStream fs = null;
          try
          {
                fs = savegameStorage.OpenFile(SAVEFILENAME, System.IO.FileMode.Open);
          }
          catch (IsolatedStorageException e)
          {
                // The file couldn't be opened, even though it's there.
                // You can use this knowledge to display an error message
                // for the user (beyond the scope of this example).
          }

          if (fs != null)
          {
                // Reload the last state of the game.  This consists of the UI mode
                // and any text that was typed on the keyboard input screen.
                byte[] saveBytes = new byte[256];
                int count = fs.Read(saveBytes, 0, 256);
                if (count > 0)
                {
                      // the first byte is the mode, the rest is the string.
                      gameState = saveBytes[0];
                      if (count > 1)
                      {
                         typedText = System.Text.Encoding.UTF8.GetString(saveBytes,
 1, count - 1);
                      }
                      fs.Close();
                }
          }
    }

    base.Initialize();
}
```

15.5 动手实践——组合 Silverlight 和 XNA 框架的 3D 应用

在 Windows Phone Mango 之前，不得不选择 Silverlight 或 XNA 的框架来构建 Windows Phone 应用程序，二者只能选其一。从 Windows Phone Mango 开始，游戏应用程序可以将 Silverlight 和 XNA 框架组合到 SharedGraphicsDeviceManager 和 UIElementRenderer 的新类中使用。

本例中我们组合 Silverlight 或 XNA 的框架开发一款 3D 茶具，作为 Windows Phone 茶道游戏的引子，为读者实现茶道游戏，感悟程序人生起到抛砖引玉的作用。

15.5.1　新建游戏应用程序

（1）确认已经安装 Windows Phone 操作系统开发平台，详细信息请见 Installing Windows Phone Developer Tools。

（2）启动 Visual Studio 2010 Express 或者 Visual Studio 2010。如果出现注册窗体，您可以注册或暂时关闭该窗体。

（3）通过菜单创建新应用程序，选择 File | New Project，如图 15-2 所示。

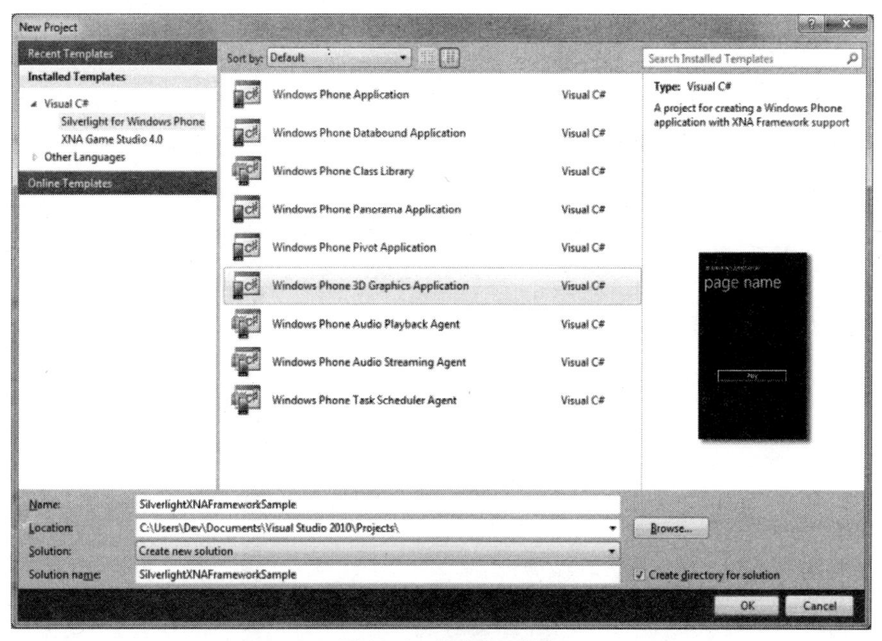

▲图 15-2　新建应用程序

在 New Project 的窗口展开 Visual C# 模板，然后选择 Silverlight for Windows Phone 模板。

（4）选择 Windows Phone 3D Graphics Application 模板，填写项目名称为 MyLittleTeapot。

点击 OK 按钮，Visual Studio 创建一个新的项目并打开 MainPage.xaml。

（5）选择 Windows Phone 运行目标环境为 Windows Phone Emulator。

15.5.2　加载 3D 类

增加名称为 3D Primitives 的文件夹，在[Solution Explorer]中右键点击项目名称 MyLittleTeapot，在弹出的菜单中选择[Add | New Folder]，将新建的文件夹命名为 3D Primitives，如图 15-3 所示。

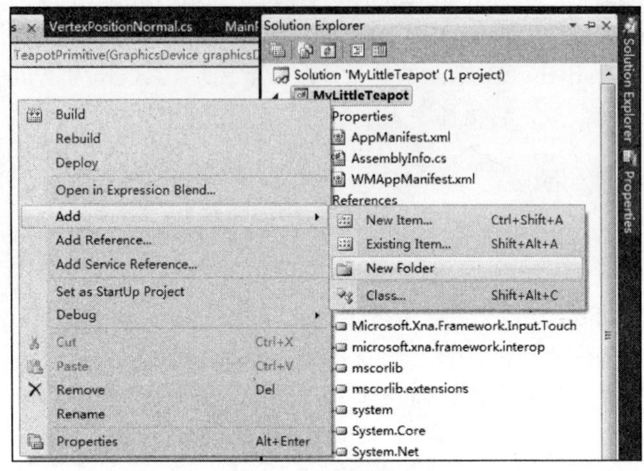

▲图 15-3　新建文件夹

将 MyLittleTeapot\Assets\3D Primitives 文件夹中的类 BezierPrimitive.cs、GeometricPrimitive.cs、TeapotPrimitive.cs 和 VertexPositionNormal.cs，添加到工程中的 3D Primitives 文件夹下。添加的结果如图 15-4 所示。

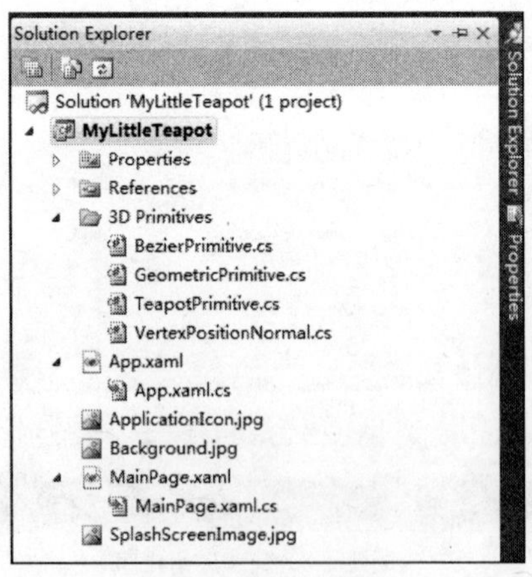

▲图 15-4　3D 类

15.5.3　加载 3D 图形

在[Solution Expplorer]中打开 MainPage.xaml.cs，在 MainPage 类的构造函数之前加入如下代码，声明 3D 模型、ContentManager、GameTimer、SpriteBatch 和 UI 元素渲染类。

在 MainPage 类的构造函数中，使用 ContentManager 实现了原先 XNA 程序的 Content，使用 GameTimer 控制游戏的 Update，并添加 UIElementRenderer 的 Update 事件。

Silverlight/XNA Project: SudukoArticle　File: MainPage.xaml.cs

```
GameTimer timer;
ContentManager content;
SpriteBatch spriteBatch;

// 3D teapot we display behind the Silverlight page
TeapotPrimitive teapot;
Color teapotColor = Color.Black;
float teapotYaw, teapotPitch;

// Indicates if the controls are visible
bool panelVisible = true;

// For rendering the XAML
UIElementRenderer elementRenderer;

// Constructor
public MainPage()
{
    InitializeComponent();

    // Get the application's ContentManager
    content = (Application.Current as App).Content;

    // Create a timer for this page
    timer = new GameTimer();
    timer.UpdateInterval = TimeSpan.Zero;
    timer.Update += OnUpdate;
    timer.Draw += OnDraw;

    // Use the LayoutUpdate event to know when the page layout has completed so we can
    // create the UIElementRenderer
    LayoutUpdated += new EventHandler(MainPage_LayoutUpdated);
}
```

重载 OnNavigatedTo 方法，调用 SharedGraphicsDeviceManager 的 SetSharingMode 方法传递参数 true，将 Silverlight 的图形驱动使用 XNA 类库渲染。在当前图形驱动中创建 3D 模型，启动游戏时间控制。

Silverlight/XNA Project: SudukoArticle　File: MainPage.xaml.cs

```
protected override void OnNavigatedTo(NavigationEventArgs e)
{
    // Set the sharing mode of the graphics device to turn on XNA rendering
    SharedGraphicsDeviceManager.Current.GraphicsDevice.SetSharingMode(true);

    // Create a SpriteBatch for rendering content
```

```
    spriteBatch = new SpriteBatch(SharedGraphicsDeviceManager.Current.GraphicsDevice);

    // Create the teapot
    teapot = new TeapotPrimitive(SharedGraphicsDeviceManager.Current.GraphicsDevice);

    // Start the GameTimer
    timer.Start();

    base.OnNavigatedTo(e);
}
```

重载 OnNavigatedFrom 方法，停止游戏时间控制，调用 SharedGraphicsDeviceManager 的 SetSharingMode 方法传递参数 false。

Silverlight/XNA Project: SudukoArticle　File: MainPage.xaml.cs

```
protected override void OnNavigatedFrom(NavigationEventArgs e)
{
    // Stop the GameTimer
    timer.Stop();

    // Set the sharing mode of the graphics device to turn off XNA rendering
    SharedGraphicsDeviceManager.Current.GraphicsDevice.SetSharingMode(false);

    base.OnNavigatedFrom(e);
}
```

15.5.4　加载 Sivlerlight 控件

在[Solution Expplorer]中打开 MainPage.xaml，将 XAML 的代码替换为如下的代码。添加 3 个颜色的进度条、4 个控制颜色按钮和一个控制颜色面板的按钮，如图 15-5 所示。

▲图 15-5　MainPage

实现程序如下。

Silverlight/XNA Project: SudukoArticle　File: MainPage.xaml

```
<Grid x:Name="LayoutRoot" Background="#000084FF">
        <Grid.RowDefinitions>
           <RowDefinition Height="Auto"/>
           <RowDefinition Height="*"/>
           <RowDefinition Height="Auto"/>
        </Grid.RowDefinitions>

        <Button Click="TogglePanelVisibility" Margin="1,0,-1,0">Toggle Color Panel</Button>

        <!-- Element to allow us to rotate the teapot with touch input -->
        <Canvas Grid.Row="1" ManipulationDelta="TeapotManipulationDelta" Background=
"Transparent" />

        <!-- The slider minimum is set to -20 and maximum to 275 because it is
             difficult to grab the slider control when at it's maximum or minimum
             values. So a buffer has been added to the desired range of 0-255 -->
        <StackPanel x:Name="stackPanel" Grid.Row="2" Margin="0" RenderTransformOrigin="0,0">
           <StackPanel.RenderTransform>
               <CompositeTransform/>
           </StackPanel.RenderTransform>

           <Slider Name="sliderRed"
                    Minimum="-20" Maximum="275" Value="50"
                   SmallChange="5" LargeChange="20"
                   Background="Red" Foreground="Red"
                   ValueChanged="slider_ValueChanged" />
           <Slider Name="sliderGreen"
                   Minimum="-20" Maximum="275" Value="50"
                   SmallChange="5" LargeChange="20"
                   Background="Green" Foreground="Lime"
                   ValueChanged="slider_ValueChanged" />
           <Slider Name="sliderBlue"
                   Minimum="-20" Maximum="275" Value="50"
                   SmallChange="5" LargeChange="20"
                   Background="Blue" Foreground="Blue"
                   ValueChanged="slider_ValueChanged" />

           <StackPanel Height="100" Orientation="Horizontal" HorizontalAlignment="Center">
              <!-- Buttons to set the teapot to specific colors -->
              <Button Content="" Click="redButton_Click" HorizontalAlignment="Center"
Height="75" VerticalAlignment="Center" BorderThickness="3" Background="Red" Width="75" />
              <Button Content="" Click="greenButton_Click" HorizontalAlignment="Center"
Height="75" VerticalAlignment="Center" BorderThickness="3" Background="Lime" Width="75" />
              <Button Content="" Click="blueButton_Click" HorizontalAlignment="Center"
Height="75" VerticalAlignment="Center" BorderThickness="3" Background="Blue" Width="75" />
              <Button Content="" Click="blackButton_Click" HorizontalAlignment="Center"
Height="75" VerticalAlignment="Center" BorderThickness="3" Background="Black" Width="75" />
           </StackPanel>
```

```
        </StackPanel>
    </Grid>
```

在 MainPage.xaml 中添加动画效果。

Silverlight/XNA Project: SudukoArticle　File: MainPage.xaml

```
<phone:PhoneApplicationPage.Resources>
        <Storyboard x:Name="AnimatePanelOut">
            <DoubleAnimation  Duration="0:0:0.7"  To="356"  Storyboard.TargetProperty=
"(UIElement.RenderTransform).(CompositeTransform.TranslateY)"
Storyboard.TargetName="stackPanel" d:IsOptimized="True">
                <DoubleAnimation.EasingFunction>
                    <BackEase EasingMode="EaseInOut"/>
                </DoubleAnimation.EasingFunction>
            </DoubleAnimation>
        </Storyboard>

        <Storyboard x:Name="AnimatePanelIn">
            <DoubleAnimationUsingKeyFrames  Storyboard.TargetProperty="(UIElement.
RenderTransform).(CompositeTransform.TranslateY)" Storyboard.TargetName="stackPanel">
                <EasingDoubleKeyFrame KeyTime="0" Value="356"/>
                <EasingDoubleKeyFrame KeyTime="0:0:.5" Value="0">
                    <EasingDoubleKeyFrame.EasingFunction>
                        <BackEase EasingMode="EaseInOut"/>
                    </EasingDoubleKeyFrame.EasingFunction>
                </EasingDoubleKeyFrame>
            </DoubleAnimationUsingKeyFrames>
        </Storyboard>
    </phone:PhoneApplicationPage.Resources>
```

15.5.5 事件处理

在 MainPage.xaml.cs 中重载 OnDraw 方法。

Silverlight/XNA Project: SudukoArticle　File: MainPage.xaml.cs

```
/// <summary>
/// Allows the page to draw itself.
/// </summary>
private void OnDraw(object sender, GameTimerEventArgs e)
{
     // Render the Silverlight controls using the UIElementRenderer
     elementRenderer.Render();

     // Clear the screen to a solid color
     SharedGraphicsDeviceManager.Current.GraphicsDevice.Clear(Color.CornflowerBlue);

     // Draw the teapot
     DrawTeapot(e);

     spriteBatch.Begin();
     // Using the texture from the UIElementRenderer,
```

```
        // draw the Silverlight controls to the screen
        spriteBatch.Draw(elementRenderer.Texture, Vector2.Zero, Color.White);
        spriteBatch.End();
}
```

实现 OnDraw 方法中调用的 3D 茶壶的方法 DrawTeapot。

Silverlight/XNA Project: SudukoArticle　File: MainPage.xaml.cs

```
private void DrawTeapot(GameTimerEventArgs e)
{
    float aspectRatio = SharedGraphicsDeviceManager.Current.GraphicsDevice.Viewport.
AspectRatio;

    // Construct the world, view, and projection matrices
    Matrix world = Matrix.CreateFromYawPitchRoll(teapotYaw, teapotPitch, 0f);
    Matrix view = Matrix.CreateLookAt(new Vector3(0, 0, 2.5f), Vector3.Zero, Vector3.Up);
    Matrix projection = Matrix.CreatePerspectiveFieldOfView(1, aspectRatio, 1, 10);

    // Draw the teapot
    teapot.Draw(world, view, projection, teapotColor);
}
```

添加 Silverlight 的 UI 控件事件响应函数。

Silverlight/XNA Project: SudukoArticle　File: MainPage.xaml.cs

```
private void SetTeapotColor(Color c)
{
     teapotColor = c;
     sliderBlue.Value = c.B;
     sliderGreen.Value = c.G;
     sliderRed.Value = c.R;
}

private void redButton_Click(object sender, RoutedEventArgs e)
{
     SetTeapotColor(Color.Red);
}

private void greenButton_Click(object sender, RoutedEventArgs e)
{
     SetTeapotColor(Color.Lime);
}

private void blueButton_Click(object sender, RoutedEventArgs e)
{
     SetTeapotColor(Color.Blue);
}

private void blackButton_Click(object sender, RoutedEventArgs e)
{
     SetTeapotColor(Color.Black);
```

```
}

private void slider_ValueChanged(object sender, RoutedPropertyChangedEventArgs<double> e)
{
    if (sliderRed == null || sliderGreen == null || sliderBlue == null)
        return;

    SetTeapotColor(new Color((int)sliderRed.Value, (int)sliderGreen.Value, (int)
sliderBlue.Value));
}

private void TogglePanelVisibility(object sender, RoutedEventArgs e)
{
    if (panelVisible)
    {
        AnimatePanelOut.Completed += new EventHandler(AnimatePanelOut_Completed);
        AnimatePanelOut.Begin();
        panelVisible = false;
    }
    else
    {
        AnimatePanelIn.Begin();
        stackPanel.Visibility = System.Windows.Visibility.Visible;
        panelVisible = true;
    }
}

void AnimatePanelOut_Completed(object sender, EventArgs e)
{
    stackPanel.Visibility = System.Windows.Visibility.Collapsed;
}
```

使用 Silverlight 的手势输入响应用户的手指触控。

Silverlight/XNA Project: SudukoArticle　File: MainPage.xaml

```
<!-- Element to allow us to rotate the teapot with touch input -->
<Canvas Grid.Row="1" ManipulationDelta="TeapotManipulationDelta" Background="Transparent" />
```

Silverlight/XNA Project: SudukoArticle　File: MainPage.xaml.cs

```
// This event handler is hooked up in the XAML
private void TeapotManipulationDelta(object sender, ManipulationDeltaEventArgs e)
{
    teapotYaw = MathHelper.WrapAngle(teapotYaw + (float)e.DeltaManipulation.Translation.X
* .01f);
    teapotPitch = MathHelper.WrapAngle(teapotPitch + (float)e.DeltaManipulation.Translation.Y
* .01f);
}
```

15.5.6 渲染 Silverlight 控件

前面讲到我们在 MainPage.xaml.cs 中声明 UIElementRenderer 类，并在 MainPage 的构造函数中添

加了 LayoutUpdated 事件处理关联函数 MainPage_LayoutUpdated。下面实现 MainPage_LayoutUpdated 方法。

UIElementRenderer 类实现渲染 Silverlight UI 元素为 Texture2D。

Silverlight/XNA Project: SudukoArticle　File: MainPage.xaml.cs

```
void MainPage_LayoutUpdated(object sender, EventArgs e)
{
    // Create the UIElementRenderer to draw the Silverlight page to a texture.

    // Verify the page has a valid size
    if (ActualWidth <= 0 && ActualHeight <= 0)
    {
        return;
    }

    int width = (int)ActualWidth;
    int height = (int)ActualHeight;

    // See if the UIElementRenderer is already the page's size
    if ((elementRenderer != null) &&
        (elementRenderer.Texture != null) &&
        (elementRenderer.Texture.Width == width) &&
        (elementRenderer.Texture.Height == height))
    {
        return;
    }

    // Dispose the UIElementRenderer before creating a new one
    if (elementRenderer != null)
    {
        elementRenderer.Dispose();
    }

    elementRenderer = new UIElementRenderer(this, width, height);
}
```

15.5.7　在模拟器中运行

按 F5 键运行应用程序，或者点击 Start Debugging 按钮运行，如图 15-6 所示的为 Start Debugging。

▲图 15-6　Start Debugging

模拟器中显示的 3D 茶壶，如图 15-7 所示。

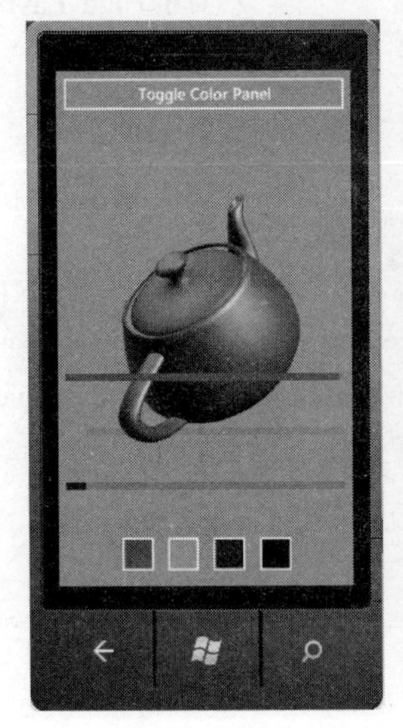

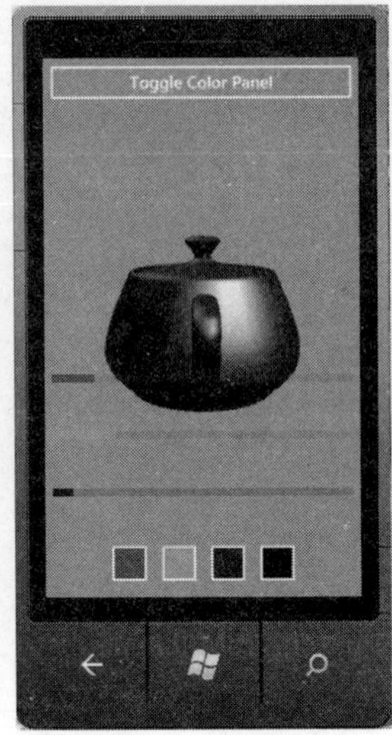

▲图 15-7　3D 茶具旋转

第 16 章　XNA 二维动作游戏开发

16.1 游戏设计之初的思考

本章参考和引用 APP HUB（http://create.msdn.com/en-US）的游戏开发之旅（Game Development Tutorial），以及 MSDN Windows Phone 开发文档。

在游戏应用程序开发之前，首先讨论几个关于游戏设计问题，想清楚确定好目标后再着手开始设计开发。

- 它是什么类型的游戏？
- 游戏的目标是什么？
- 游戏的玩法是设计？
- 游戏采用何种驱动？
- 游戏的艺术资源如何设计？

16.1.1　游戏设计流程图

创建游戏设计文档有助于减轻潜在的缺陷，帮助开发团队中的成员理解和处理游戏的设计逻辑。理解要设计的游戏逻辑，就从图 16-1 所示的流程图开始。

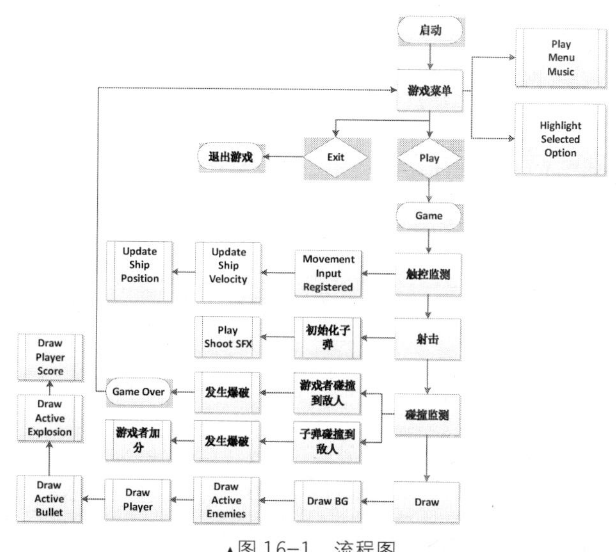

▲图 16-1　流程图

从图 16-1 可以看出，小小的射击游戏的流程图就如此繁杂，大型游戏的设计则更为复杂。详细的文档作为沟通工具可以帮助设计人员、开发人员和测试人员理解期望的目标，完成预期的工作。

16.2 创建游戏角色

16.2.1 新建游戏应用程序

确认已经安装 Windows Phone Mango 开发平台，详细信息请见 Installing Windows Phone Developer Tools。启动 Visual Studio 2010 Express 或者 Visual Studio 2010。如果出现注册窗体，可以注册或暂时关闭该窗体。

通过菜单创建新应用程序，选择 File | New Project 项。在弹出的窗体中选择[XNA Game Studio 4.0] | [Windows Phone Game(4.0)]，在项目名称栏中填入 Shooter，如图 16-2 所示。

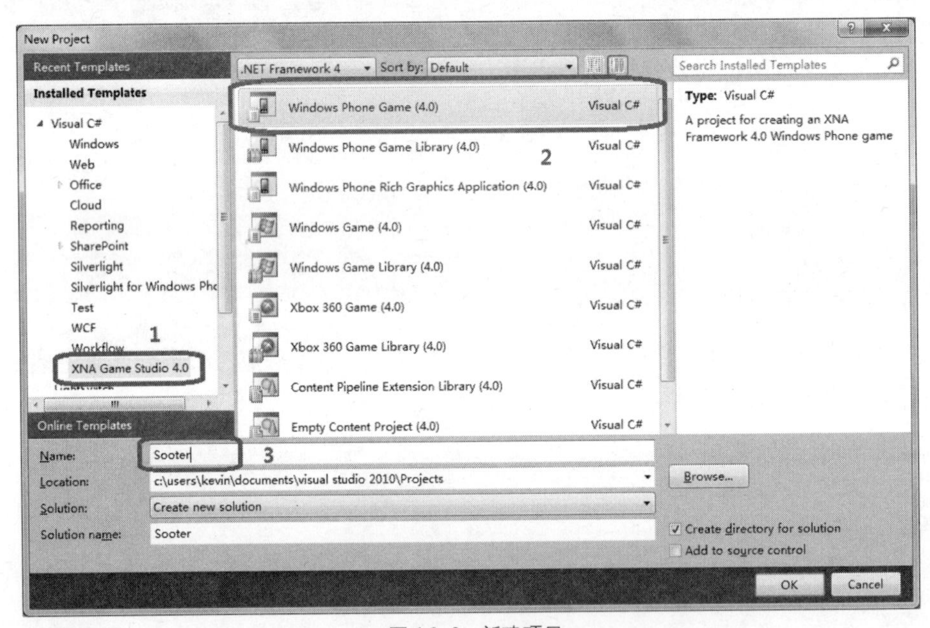

▲图 16-2　新建项目

16.2.2 游戏角色——飞艇

创建游戏角色飞艇，类名为 Player。同时按下 SHIFT + ALT + C 组合键，在弹出的窗体中选择[Code]|[Code file]。在新创建的 Player.cs 文件中添加引用。

XNA Project: Shooter　File: Player.cs

```
using System;
using Microsoft.Xna.Framework;
using Microsoft.Xna.Framework.Graphics;
```

在 Player 类中添加游戏用户的变量，存储用户数据。包括动画、位置二维坐标、状态、游戏用户生命值。这些数据组合在一起绘制游戏角色，用给定的二维向量 Vector2 来绘制二维图形 Texture2D，并使用 Health 变量记录游戏角色的生命值。

XNA Project: Shooter File: Player.cs

```
// Animation representing the player
public Animation PlayerAnimation;

// Position of the Player relative to the upper left side of the screen
public Vector2 Position;

// State of the player
public bool Active;

// Amount of hit points that player has
public int Health;

// Get the width of the player ship
public int Width
{
     get { return PlayerAnimation.FrameWidth; }
}

// Get the height of the player ship
public int Height
{
     get { return PlayerAnimation.FrameHeight; }
}
```

Initialize 方法初始化游戏角色，Update 方法更新游戏角色的位置，Draw 方法调用 SpriteBatch.Draw 方法渲染画面，实现程序如下。

XNA Project: Shooter File: Player.cs

```
// Initialize the player
public void Initialize(Animation animation, Vector2 position)
{
     PlayerAnimation = animation;

     // Set the starting position of the player around the middle of the screen and to the back
     Position = position;

     // Set the player to be active
     Active = true;

     // Set the player health
     Health = 100;
}

// Update the player animation
public void Update(GameTime gameTime)
{
```

```
        PlayerAnimation.Position = Position;
        PlayerAnimation.Update(gameTime);
    }

    // Draw the player
    public void Draw(SpriteBatch spriteBatch)
    {
        PlayerAnimation.Draw(spriteBatch);
    }
```

我们使用简单的动画实现游戏角色的创建，现在开始编写游戏角色动画 Animation 类的程序。同时按下 SHIFT + ALT + C 组合键，在弹出的窗体中选择[Code]|[Code file]。

在新创建的 Animation.cs 文件中添加引用如下。

XNA Project: Shooter　File: Animation.cs

```
// Animation.cs
//Using declarations
using System;
using Microsoft.Xna.Framework;
using Microsoft.Xna.Framework.Content;
using Microsoft.Xna.Framework.Graphics;
```

添加控制游戏角色的变量。

XNA Project: Shooter　File: Animation.cs

```
// The image representing the collection of images used for animation
Texture2D spriteStrip;

// The scale used to display the sprite strip
float scale;

// The time since we last updated the frame
int elapsedTime;

// The time we display a frame until the next one
int frameTime;

// The number of frames that the animation contains
int frameCount;

// The index of the current frame we are displaying
int currentFrame;

// The color of the frame we will be displaying
Color color;

// The area of the image strip we want to display
Rectangle sourceRect = new Rectangle();

// The area where we want to display the image strip in the game
Rectangle destinationRect = new Rectangle();
```

```
// Width of a given frame
public int FrameWidth;

// Height of a given frame
public int FrameHeight;

// The state of the Animation
public bool Active;

// Determines if the animation will keep playing or deactivate after one run
public bool Looping;

// Width of a given frame
public Vector2 Position;
```

Initialize 方法通过传递的参数初始化。

XNA Project: Shooter　File: Animation.cs

```
public void Initialize(Texture2D texture, Vector2 position,
                                int frameWidth, int frameHeight, int frameCount,
                                int frametime, Color color, float scale, bool looping)
{
    // Keep a local copy of the values passed in
    this.color = color;
    this.FrameWidth = frameWidth;
    this.FrameHeight = frameHeight;
    this.frameCount = frameCount;
    this.frameTime = frametime;
    this.scale = scale;

    Looping = looping;
    Position = position;
    spriteStrip = texture;

    // Set the time to zero
    elapsedTime = 0;
    currentFrame = 0;

    // Set the Animation to active by default
    Active = true;
}
```

Update 方法对 GameTime 进行操作，计算实际像素的帧数。

XNA Project: Shooter　File: Animation.cs

```
public void Update(GameTime gameTime)
{
    // Do not update the game if we are not active
    if (Active == false)
        return;

    // Update the elapsed time
    elapsedTime += (int)gameTime.ElapsedGameTime.TotalMilliseconds;
```

```
        // If the elapsed time is larger than the frame time
        // we need to switch frames
        if (elapsedTime > frameTime)
        {
              // Move to the next frame
              currentFrame++;

              // If the currentFrame is equal to frameCount reset currentFrame to zero
              if (currentFrame == frameCount)
              {
                    currentFrame = 0;
                    // If we are not looping deactivate the animation
                    if (Looping == false)
                         Active = false;
              }

              // Reset the elapsed time to zero
              elapsedTime = 0;
        }

        // Grab the correct frame in the image strip by multiplying the currentFrame index
by the frame width
        sourceRect = new Rectangle(currentFrame * FrameWidth, 0, FrameWidth, FrameHeight);

        // Grab the correct frame in the image strip by multiplying the currentFrame index
by the frame width
        destinationRect = new Rectangle((int)Position.X - (int)(FrameWidth * scale) / 2,
        (int)Position.Y - (int)(FrameHeight * scale) / 2,
        (int)(FrameWidth * scale),
        (int)(FrameHeight * scale));
}
```

Draw 方法中调用 spriteBatch.Draw 渲染画面。

XNA Project: Shooter File: Animation.cs

```
// Draw the Animation Strip
public void Draw(SpriteBatch spriteBatch)
{
     // Only draw the animation when we are active
     if (Active)
     {
          spriteBatch.Draw(spriteStrip, destinationRect, sourceRect, color);
     }
}
```

在 Game1.cs 的 LoadContent 方法中加载游戏角色。

XNA Project: Shooter File: Game1.cs

```
    // Create a new SpriteBatch, which can be used to draw textures.
    spriteBatch = new SpriteBatch(GraphicsDevice);
```

```
    // Load the player resources
    Animation playerAnimation = new Animation();
    Texture2D playerTexture = Content.Load<Texture2D>("shipAnimation");
    playerAnimation.Initialize(playerTexture, Vector2.Zero, 115, 69, 8, 30, Color.White,
1f, true);


    Vector2  playerPosition  =  new  Vector2(GraphicsDevice.Viewport.TitleSafeArea.X,
GraphicsDevice.Viewport.TitleSafeArea.Y
    + GraphicsDevice.Viewport.TitleSafeArea.Height / 2);
    player.Initialize(playerAnimation, playerPosition);
```

为传递游戏循环的更新时间，需要在 Game1.cs 的 Update 方法中调用 player.Update 方法，将游戏循环的更新时间通过 Player 类传递给 Animation 类，实现程序如下。

XNA Project: Shooter　File: Game1.cs

```
private void UpdatePlayer(GameTime gameTime)
{
player.Update(gameTime);
......
}
```

16.2.3　飞艇的控制

XNA 支持的游戏平台包括 Windows、XBOX 360 和 Windows Phone。Windows 平台的输入设备为键盘和鼠标，XBOX 360 的输入设备为游戏手柄或者其他控制器，Windows Phone 的输入采用触控感应和重力传感器。我们将采用相同的触控输入代码来支持 3 种平台。

在 Game1.cs 中添加 Windows Phone 手指触控的引用。

XNA Project: Shooter　File: Game1.cs

```
using Microsoft.Xna.Framework.Input.Touch;
```

在 Game1 的类中添加对于键盘和游戏手柄输入的支持，以及移动速度的变量。

XNA Project: Shooter　File: Game1.cs

```
// Keyboard states used to determine key presses
KeyboardState currentKeyboardState;
KeyboardState previousKeyboardState;

// Gamepad states used to determine button presses
GamePadState currentGamePadState;
GamePadState previousGamePadState;

// A movement speed for the player
float playerMoveSpeed;
```

在 Game1 类的 Initialize 方法中设置游戏角色移动的速度，设置触控面板的手势识别为 FreeDrag。TouchPanel.EnabledGestures 是枚举类型，在此设置触控系统只关注 FreeDrag 的手势。

XNA Project: Shooter　File: Game1.cs

```
// Set a constant player move speed
playerMoveSpeed = 8.0f;

//Enable the FreeDrag gesture.
TouchPanel.EnabledGestures = GestureType.FreeDrag;
```

创建 UpdatePlayer 方法，封装触控输入的识别，实现控制游戏的角色在 Windows、XBOX 360 和 Windows Phone 3 种平台运行时的移动控制。

用键盘时，它会检查是否向上、向下，向左或向右箭头键被按下，如果是，则更新游戏玩家角色的位置，且用固定的速度移动。

用游戏手柄时，以 thumbstick 与速度的乘积为更新后位置的计算值。使用 thumbsticks，玩家可以选择如何快速移动。

在 Windows Phone 平台中，检查手指触摸输入的位置差来计算更新后的游戏角色的位置，通过手指触控，游戏角色移动的速度取决于手指自由拖动的速度。

实现程序如下所示。

XNA Project: Shooter　File: Game1.cs

```
private void UpdatePlayer(GameTime gameTime)
{
    player.Update(gameTime);

     // Windows Phone Controls
     while (TouchPanel.IsGestureAvailable)
     {
          GestureSample gesture = TouchPanel.ReadGesture();
          if (gesture.GestureType == GestureType.FreeDrag)
          {
               player.Position += gesture.Delta;
          }
     }

     // Get Thumbstick Controls
     player.Position.X += currentGamePadState.ThumbSticks.Left.X * playerMoveSpeed;
     player.Position.Y -= currentGamePadState.ThumbSticks.Left.Y * playerMoveSpeed;

     // Use the Keyboard / Dpad
     if (currentKeyboardState.IsKeyDown(Keys.Left) ||
     currentGamePadState.DPad.Left == ButtonState.Pressed)
     {
          player.Position.X -= playerMoveSpeed;
     }
     if (currentKeyboardState.IsKeyDown(Keys.Right) ||
     currentGamePadState.DPad.Right == ButtonState.Pressed)
     {
          player.Position.X += playerMoveSpeed;
     }
     if (currentKeyboardState.IsKeyDown(Keys.Up) ||
```

```
        currentGamePadState.DPad.Up == ButtonState.Pressed)
        {
            player.Position.Y -= playerMoveSpeed;
        }
        if (currentKeyboardState.IsKeyDown(Keys.Down) ||
        currentGamePadState.DPad.Down == ButtonState.Pressed)
        {
            player.Position.Y += playerMoveSpeed;
        }

        // Make sure that the player does not go out of bounds
        player.Position.X = MathHelper.Clamp(player.Position.X, 0, GraphicsDevice.Viewport.
    Width - player.Width);
        player.Position.Y = MathHelper.Clamp(player.Position.Y, 0, GraphicsDevice.Viewport.
    Height - player.Height);

    }
```

每次游戏循环中以相同的方式更新每一帧，调用 Game1 的 Update()方法，在 Update 中调用 UpdatePlayer()方法，实现程序如下。

XNA Project: Shooter　File: Game1.cs

```
/// <summary>
/// Allows the game to run logic such as updating the world,
/// </summary>
/// <param name="gameTime">Provides a snapshot of timing values.</param>
protected override void Update(GameTime gameTime)
{
    // Allows the game to exit
    if (GamePad.GetState(PlayerIndex.One).Buttons.Back == ButtonState.Pressed)
        this.Exit();

    // Save the previous state of the keyboard and game pad so we can determinesingle
key/button presses
    previousGamePadState = currentGamePadState;
    previousKeyboardState = currentKeyboardState;

    // Read the current state of the keyboard and gamepad and store it
    currentKeyboardState = Keyboard.GetState();
    currentGamePadState = GamePad.GetState(PlayerIndex.One);

    //Update the player
    UpdatePlayer(gameTime);

    base.Update(gameTime);
}
```

16.2.4　游戏的视差背景

飞艇在移动时可以绘制云图案作为背景，并将其从右向左移动。本例中采用视差背景实现真实动感的背景效果。

天文学中采用视差法确定天体之间距离。视差就是从有一定距离的两个点上观察同一个目标所产生的方向差异。从目标看两个点之间的夹角，叫做这两个点的视差角，两点之间的距离称作基线。只要知道视差角度和基线长度，就可以计算出目标和观测者之间的距离。

游戏开发中利用视觉上的误差，即通常所说的视错觉。造成所谓视差的不仅是人们肉眼所存在的局限性，同时也是由于联想和思考所引发。本例中绘制视差背景的方法是：用于绘制多层图像并以不同的速度移动，来达到飞艇在云端飞行的视错觉。

按住 SHIFT + ALT + C 组合键创建视差背景类，键入类名 ParallaxingBackground.cs。

创建游戏角色类，类名为 ParallaxingBackground。同时按下 SHIFT + ALT + C 组合键，在弹出的窗体中选择[Code]|[Code file]。

在新创建的 ParallaxingBackground.cs 文件中添加引用，实现程序如下。

XNA Project: Shooter　File: ParallaxingBackground.cs

```
using System;
using Microsoft.Xna.Framework;
using Microsoft.Xna.Framework.Content;
using Microsoft.Xna.Framework.Graphics;
```

在 ParallaxingBackground 类中定义类型为 Texture2D 的背景图片变量、Vector2 数组和移动速度的变量，程序实现如下。

XNA Project: Shooter　File: ParallaxingBackground.cs

```
// The image representing the parallaxing background
Texture2D texture;

// An array of positions of the parallaxing background
Vector2[] positions;

// The speed which the background is moving
int speed;
```

在 Initialize()方法中，加载背景图片，设定图片移动速度。

首先使用 content.load 方法初始化图形，然后计算 Vector2 数组中对象的数量（screenWidth / texture.Width + 1），其中+1 的目的是为保证背景切换平滑。在 For 循环中，设定背景图片显示的初始位置。

XNA Project: Shooter　File: ParallaxingBackground.cs

```
public void Initialize(ContentManager content, String texturePath, int screenWidth, int speed)
{
     // Load the background texture we will be using
     texture = content.Load<Texture2D>(texturePath);

     // Set the speed of the background
     this.speed = speed;

     // If we divide the screen with the texture width then we can determine the number
of tiles need.
     // We add 1 to it so that we won't have a gap in the tiling
```

```
        positions = new Vector2[screenWidth / texture.Width + 1];

        // Set the initial positions of the parallaxing background
        for (int i = 0; i < positions.Length; i++)
        {
            // We need the tiles to be side by side to create a tiling effect
            positions[i] = new Vector2(i * texture.Width, 0);
        }
    }
```

在 Update 方法中改变背景图片的坐标位置。每个背景图片被认为是一个瓷片 Tile，更新瓷片的 *X* 轴坐标，以移动速度变量值作为 *X* 轴坐标移动的增量。如果移动速度变量小于零，则瓷片从右往左移动。如果移动速度变量大于零，则瓷片从左往右移动。移动时判断瓷片显示位置是否超出屏幕区域，如果是，则重置瓷片的 *X* 轴坐标，以便背景滚动平滑，实现程序如下。

XNA Project: Shooter　File: ParallaxingBackground.cs

```
public void Update()
{
    // Update the positions of the background
    for (int i = 0; i < positions.Length; i++)
    {
        // Update the position of the screen by adding the speed
        positions[i].X += speed;
        // If the speed has the background moving to the left
        if (speed <= 0)
        {
            // Check the texture is out of view then put that texture at the end of the screen
            if (positions[i].X <= -texture.Width)
            {
                positions[i].X = texture.Width * (positions.Length - 1);
            }
        }

        // If the speed has the background moving to the right
        else
        {
            // Check if the texture is out of view then position it to the start of the screen
            if (positions[i].X >= texture.Width * (positions.Length - 1))
            {
                positions[i].X = -texture.Width;
            }
        }
    }
}
```

位置坐标更新完毕后，使用 Draw 方法绘制视差背景。

XNA Project: Shooter　File: ParallaxingBackground.cs

```
public void Draw(SpriteBatch spriteBatch)
{
    for (int i = 0; i < positions.Length; i++)
    {
```

```
            spriteBatch.Draw(texture, positions[i], Color.White);
        }
    }
```

在 Game1.cs 中声明视差背景的层 bgLayer1 和 bgLayer2。

XNA Project: Shooter　File: Game1.cs

```
// Image used to display the static background
Texture2D mainBackground;

// Parallaxing Layers
ParallaxingBackground bgLayer1;
ParallaxingBackground bgLayer2;
```

在 Game1 的 Initialize 方法中实例化视差背景层。

XNA Project: Shooter　File: Game1.cs

```
bgLayer1 = new ParallaxingBackground();
bgLayer2 = new ParallaxingBackground();
```

在 Game1 的 LoadContent 方法中加载背景层。

XNA Project: Shooter　File: Game1.cs

```
// Load the parallaxing background
bgLayer1.Initialize(Content, "bgLayer1", GraphicsDevice.Viewport.Width, -1);
bgLayer2.Initialize(Content, "bgLayer2", GraphicsDevice.Viewport.Width, -2);

mainBackground = Content.Load<Texture2D>("mainbackground");
```

在 Game1 的 Update 方法实现中，更新游戏飞艇角色之后更新视差背景。

XNA Project: Shooter　File: Game1.cs

```
// Update the parallaxing background
bgLayer1.Update();
bgLayer2.Update();
```

在 Game1 的 Draw 方法中，绘制游戏背景。

XNA Project: Shooter　File: Game1.cs

```
GraphicsDevice.Clear(Color.CornflowerBlue);

// Start drawing
spriteBatch.Begin();

spriteBatch.Draw(mainBackground, Vector2.Zero, Color.White);

// Draw the moving background
bgLayer1.Draw(spriteBatch);
bgLayer2.Draw(spriteBatch);
```

16.2.5　创建万恶的敌人

为了让飞艇英雄有用武之地，我们设置飞艇英雄拯救地球的障碍——创建敌人。

创建游戏角色类飞艇，类名为 Enemy。同时按下 SHIFT + ALT + C 组合键，在弹出的窗体中选择[Code]|[Code file]。

在新创建的 Enemy.cs 文件中添加引用。

XNA Project: Shooter　File: Enemy.cs

```
using System;
using Microsoft.Xna.Framework;
using Microsoft.Xna.Framework.Graphics;
```

添加敌人的控制变量。

XNA Project: Shooter　File: Enemy.cs

```
// Animation representing the enemy
public Animation EnemyAnimation;

// The position of the enemy ship relative to the top left corner of thescreen
public Vector2 Position;

// The state of the Enemy Ship
public bool Active;

// The hit points of the enemy, if this goes to zero the enemy dies
public int Health;

// The amount of damage the enemy inflicts on the player ship
public int Damage;

// The amount of score the enemy will give to the player
public int Value;

// Get the width of the enemy ship
public int Width
{
    get { return EnemyAnimation.FrameWidth; }
}

// Get the height of the enemy ship
public int Height
{
    get { return EnemyAnimation.FrameHeight; }
}

// The speed at which the enemy moves
float enemyMoveSpeed;
```

在 Game1 类中 AddEnemy 方法将敌人加载到游戏中。

XNA Project: Shooter　File: Game1.cs

```
private void AddEnemy()
{
    // Create the animation object
    Animation enemyAnimation = new Animation();

    // Initialize the animation with the correct animation information
    enemyAnimation.Initialize(enemyTexture, Vector2.Zero, 47, 61, 8, 30, Color.White, 1f, true);

    // Randomly generate the position of the enemy
    Vector2 position = new Vector2(GraphicsDevice.Viewport.Width + enemyTexture.Width / 2,
random.Next(100, GraphicsDevice.Viewport.Height - 100));

    // Create an enemy
    Enemy enemy = new Enemy();

    // Initialize the enemy
    enemy.Initialize(enemyAnimation, position);

    // Add the enemy to the active enemies list
    enemies.Add(enemy);
}
```

在 Game1 类的 UpdateEnemies 方法中更新敌人。如果敌人的 Active 属性为 false，且生命值小于或等于零，则在敌人的位置坐标发生爆炸，播放爆炸的声音效果，增加游戏玩家——英雄飞艇的积分。

XNA Project: Shooter　File: Game1.cs

```
private void UpdateEnemies(GameTime gameTime)
{
    // Spawn a new enemy enemy every 1.5 seconds
    if (gameTime.TotalGameTime - previousSpawnTime > enemySpawnTime)
    {
        previousSpawnTime = gameTime.TotalGameTime;

        // Add an Enemy
        AddEnemy();
    }

    // Update the Enemies
    for (int i = enemies.Count - 1; i >= 0; i--)
    {
        enemies[i].Update(gameTime);

        if (enemies[i].Active == false)
        {
            // If not active and health <= 0
            if (enemies[i].Health <= 0)
            {
                // Add an explosion
                AddExplosion(enemies[i].Position);
```

```
                    // Play the explosion sound
                    explosionSound.Play();

                    //Add to the player's score
                    score += enemies[i].Value;
                }

                enemies.RemoveAt(i);
            }
        }
}
```

与创建英雄——飞艇类的方法相似，在 Enemy 类的 Initialize、Update 和 Draw 方法中设定敌人的属性，包括位置、生命值、移动速度、对英雄飞艇的破坏值，以及积分。在 Game1 类的 Update 方法中更新敌人的位置，在 Draw 中渲染和绘制敌人。

16.2.6 计算碰撞

计算英雄飞艇与敌人碰撞的算法在 UpdateCollision 方法中实现，飞艇和敌人都以矩形图片方式表示，碰撞的判断条件是飞艇和敌人的图形是否重叠。当然飞艇发射的导弹可以击溃敌人，导弹与敌人的碰撞判断条件是导弹与敌人的矩形图片是否重叠，实现程序如下：

XNA Project: Shooter　File: Game1.cs

```
private void UpdateCollision()
{
    // Use the Rectangle's built-in intersect functionto
    // determine if two objects are overlapping
    Rectangle rectangle1;
    Rectangle rectangle2;

    // Only create the rectangle once for the player
    rectangle1 = new Rectangle((int)player.Position.X,
    (int)player.Position.Y,
    player.Width,
    player.Height);

    // Do the collision between the player and the enemies
    for (int i = 0; i < enemies.Count; i++)
    {
        rectangle2 = new Rectangle((int)enemies[i].Position.X,
        (int)enemies[i].Position.Y,
        enemies[i].Width,
        enemies[i].Height);

        // Determine if the two objects collided with each
        // other
        if (rectangle1.Intersects(rectangle2))
        {
            // Subtract the health from the player based on
            // the enemy damage
            player.Health -= enemies[i].Damage;
```

```
                // Since the enemy collided with the player
                // destroy it
                enemies[i].Health = 0;

                // If the player health is less than zero we died
                if (player.Health <= 0)
                    player.Active = false;
            }

        }

        // Projectile vs Enemy Collision
        for (int i = 0; i < projectiles.Count; i++)
        {
            for (int j = 0; j < enemies.Count; j++)
            {
                // Create the rectangles we need to determine if we collided with each other
                rectangle1 = new Rectangle((int)projectiles[i].Position.X -
                projectiles[i].Width / 2, (int)projectiles[i].Position.Y -
                projectiles[i].Height / 2, projectiles[i].Width, projectiles[i].Height);

                rectangle2 = new Rectangle((int)enemies[j].Position.X - enemies[j].Width / 2,
                (int)enemies[j].Position.Y - enemies[j].Height / 2,
                enemies[j].Width, enemies[j].Height);

                // Determine if the two objects collided with each other
                if (rectangle1.Intersects(rectangle2))
                {
                    enemies[j].Health -= projectiles[i].Damage;
                    projectiles[i].Active = false;
                }
            }
        }
    }
```

在 Game1 的 Update 方法中，调用 UpdateCollision。

XNA Project: Shooter　File: Game1.cs

```
// Update the collision
UpdateCollision();
```

16.2.7　创建飞艇的武器——导弹

在上一节中提及了飞艇发射导弹击溃敌人，即导弹与敌人的碰撞计算。本节中将创建导弹类 Projectile。同时按下 SHIFT + ALT + C 组合键，在弹出的窗体中选择[Code]|[Code file]。

在新创建的 Projectile.cs 文件中添加引用。

XNA Project: Shooter　File: Projectile.cs

```
using System;
using Microsoft.Xna.Framework;
using Microsoft.Xna.Framework.Graphics;
```

添加控制导弹类的变量，实现程序如下：

XNA Project: Shooter　File: Projectile.cs

```
// Image representing the Projectile
public Texture2D Texture;

// Position of the Projectile relative to the upper left side of the screen
public Vector2 Position;

// State of the Projectile
public bool Active;

// The amount of damage the projectile can inflict to an enemy
public int Damage;

// Represents the viewable boundary of the game
Viewport viewport;

// Get the width of the projectile ship
public int Width
{
    get { return Texture.Width; }
}

// Get the height of the projectile ship
public int Height
{
    get { return Texture.Height; }
}

// Determines how fast the projectile moves
float projectileMoveSpeed;
```

与创建敌人的方法相似，在 Projectile 类的 Initialize、Update 和 Draw 方法中设定导弹的属性，包括位置、移动速度、对敌人的破坏值。在 Game1 的 UpdatePlayer 方法中调用 AddProjectile 方法加载导弹对象，在 Game1 的 Update 方法中调用 UpdateProjectiles 方法更新导弹，实现程序如下。

XNA Project: Shooter　File: Game1.cs

```
private void AddProjectile(Vector2 position)
{
     Projectile projectile = new Projectile();
     projectile.Initialize(GraphicsDevice.Viewport, projectileTexture, position);
     projectiles.Add(projectile);
}

private void UpdateProjectiles()
{
     // Update the Projectiles
     for (int i = projectiles.Count - 1; i >= 0; i--)
     {
          projectiles[i].Update();
```

```
            if (projectiles[i].Active == false)
            {
                projectiles.RemoveAt(i);
            }
        }
    }
```

16.2.8 实现爆炸效果

当飞艇和敌人，或者导弹和敌人碰撞时，设计爆炸的效果休验真实感。在 Game1 种声明爆炸的图形和动画。

XNA Project: Shooter File: Game1.cs

```
// Explosion graphics list
Texture2D explosionTexture;
List<Animation> explosions;
```

在 Game1 的 Initialize 方法中初始化。

XNA Project: Shooter File: Game1.cs

```
// Initialize the explosion list
explosions = new List<Animation>();
```

在 Game1 的 LoadContent 方法加载爆炸动画。

XNA Project: Shooter File: Game1.cs

```
explosionTexture = Content.Load<Texture2D>("explosion");
```

与 Projectile 类的 Add Projectile 方法类似，在 Game1 中添加 AddExplosion 方法。AddExplosion 方法在敌人的生命值小于或等于零时被调用。即在计算碰撞时，判断敌人的生命值小于或等于零时被调用，实现程序如下：

XNA Project: Shooter File: Game1.cs

```
private void AddExplosion(Vector2 position)
{
    Animation explosion = new Animation();
    explosion.Initialize(explosionTexture, position, 134, 134, 12, 45, Color.White, 1f, false);
    explosions.Add(explosion);
}
```

与 Projectile 类的 UpdateProjectiles 方法类似，在 Game1 的 Update 方法中调用 UpdateExplosions 方法更新爆炸。

16.2.9 游戏音乐

添加音乐和声音，使得游戏更加引人入胜。在 Game1 类中声明游戏音乐的控制变量，实现程序如下。

XNA Project: Shooter File: Game1.cs

```
// The sound that is played when a laser is fired
SoundEffect laserSound;

// The sound used when the player or an enemy dies
SoundEffect explosionSound;


// The music played during gameplay
Song gameplayMusic;
```

在 Game1 的 LoadContent 方法中加载音乐。

XNA Project: Shooter File: Game1.cs

```
// Load the music
gameplayMusic = Content.Load<Song>("sound/gameMusic");


// Load the laser and explosion sound effect
laserSound = Content.Load<SoundEffect>("sound/laserFire");
explosionSound = Content.Load<SoundEffect>("sound/explosion");
```

在 Game1 的 PlayMusic 方法中调用 MediaPlayer 的 Play 方法播放音乐，实现程序如下。

XNA Project: Shooter File: Game1.cs

```
private void PlayMusic(Song song)
{
    // Due to the way the MediaPlayer plays music,
    // we have to catch the exception. Music will play when the game is not tethered
    try
    {
        // Play the music
        MediaPlayer.Play(song);


        // Loop the currently playing song
        MediaPlayer.IsRepeating = true;
    }
    catch { }
}
```

在 Game1 的 UpdatePlayer 方法中调用 AddProjectile，即发射导弹后，播放出声音。

XNA Project: Shooter File: Game1.cs

```
// Add the projectile, but add it to the front and center of the player
AddProjectile(player.Position + new Vector2(player.Width / 2, 0));

// Play the laser sound
laserSound.Play();
```

在 Game1 类的 UpdateEnemies 方法中 AddExplosion 即爆炸发生时，播放爆炸的声音。

XNA Project: Shooter　File: Game1.cs

```
// Add an explosion
AddExplosion(enemies[i].Position);

// Play the explosion sound
explosionSound.Play();
```

16.2.10　在模拟器中运行

按 F5 键运行应用程序，或者点击 Start Debugging 按钮运行，如图 16-2 和图 16-3 所示。

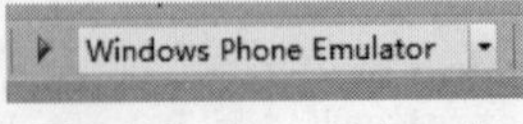

▲图 16-2　Start Debugging

▲图 16-3　飞艇游戏

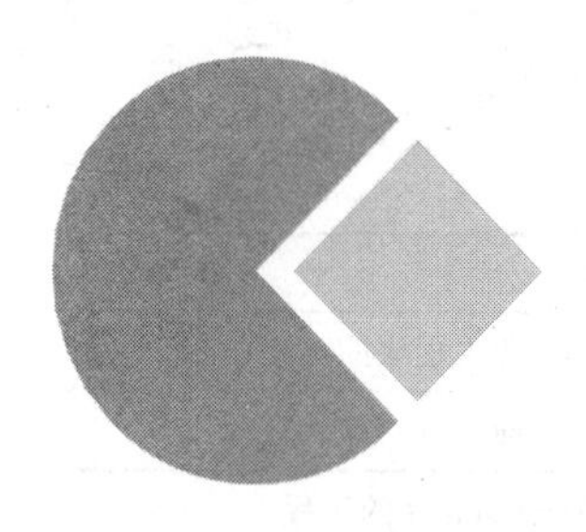

第 17 章 Visual Basic 开发 XNA

17.1 Visual Basic 支持 XNA 开发

本章参考和引用 APP HUB（http://create.msdn.com/en-US）的游戏开发之族（Game Development Tutorial），以及 MSDN Windows Phone 开发文档。

利用 Windows Phone 开发工具 7.1，即 Windows Phone OS Mango 的开发工具集，Visual Basic 程序可以使用 XNA Framework 的所有的服务，创造激动人心的 Windows Phone 游戏。Windows Phone SDK 下载地址 http://create.msdn.com/en-us/resources/downloads。

本章介绍使用 Visual Basic 创建一个简单的 Windows Phone 的 XNA 游戏。

17.1.1 创建 Visual Basic 的 Windows Phone 工程

XNA Game Studio 提供 Visual Basic 项目模板。在 Visual Studio 2010 中点击 File 菜单，选择 New Project。在 Installed Templates 面板中展开 Visual Basic，选择 XNA Game Studio 4.0，如图 17-1 所示的 Visual Basic 模板。

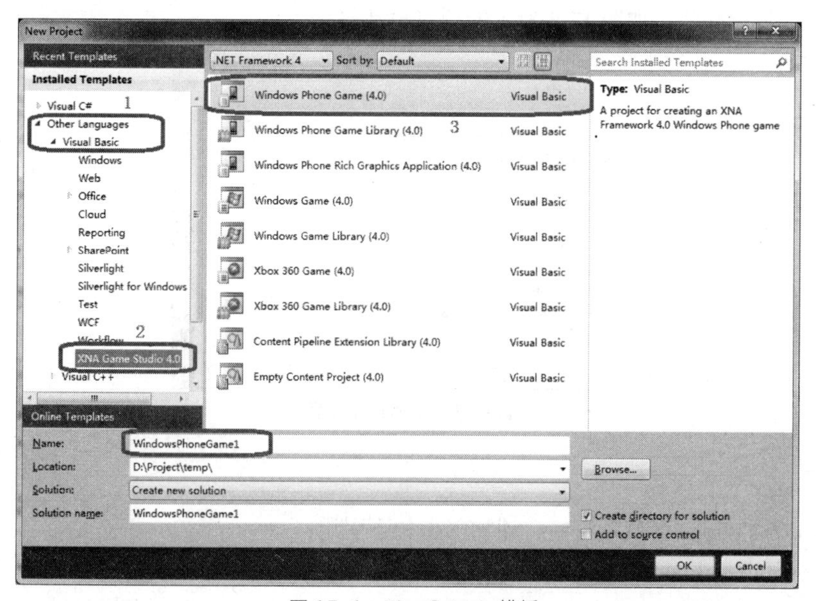

▲图 17-1 Visual Basic 模板

Visual Basic 模板提供开发 Windows Phone 游戏的 XNA 框架如表 17-1 所示。

表 17-1 XNA 框架

工程类型	描述
Windows Phone Game (4.0)	创建 Windows Phone 游戏的 XNA 框架 4.0 应用程序的工程
Windows Phone Game Library (4.0)	创建 Windows Phone 游戏的 XNA 框架 4.0 应用程序库的工程
Content Pipeline Extension Library (4.0)	创建 XNA 框架 4.0 的 Content Pipeline Extension 库的工程

创建的解决方案如图 17-2 所示的 VB 解决方案。

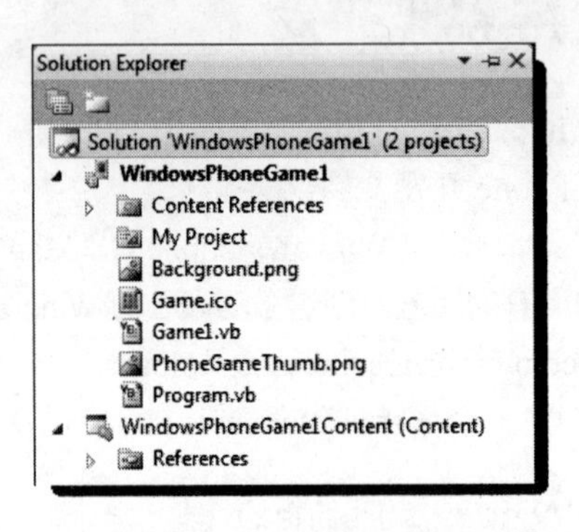

▲图 17-2 VB 解决方案

17.1.2 项目属性

项目属性定义应用程序的设置，包括调试设置和项目资源。双击[My Project]打开项目设计器，在此可以修改项目属性值，如图 17-3 所示的项目设计器。

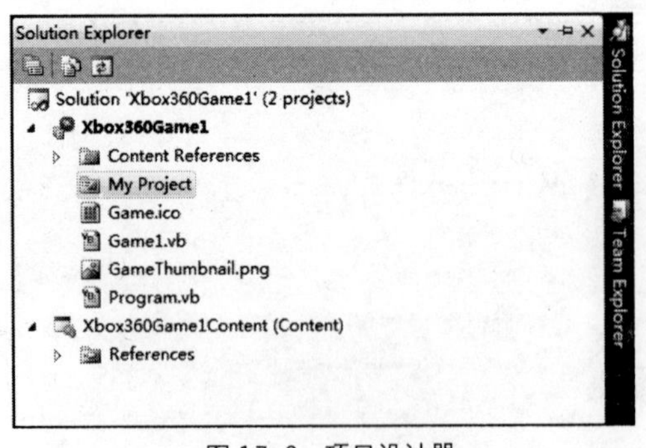

▲图 17-3 项目设计器

17.1.3 引用

在此 Windows Phone 游戏项目中自动加入了如下引用：

- Microsoft.Xna.Framework
- Microsoft.Xna.Framework.Game

- Microsoft.Xna.Framework.GamerServices
- Microsoft.Xna.Framework.Graphics
- Microsoft.Xna.Framework.Input.Touch
- mscorlib
- System
- System.Core
- System.Net
- System.Xml
- System.Xml.Linq

17.1.4　内容引用

内容引用（Content References）文件夹下可以添加游戏所需的资源文件。

17.1.5　Background.png 文件

62 × 62 像素的图片，在 Windows Phone 的开始屏幕中表示游戏的图标。

17.1.6　Game1.ico 文件

在 Xbox 360 或 Windows 游戏项目中的游戏图标，大小为 32 × 32 像素。

17.1.7　Game1.vb 文件

Game1.vb 文件重载了 Game 类主要的方法，例如，Initialize、Update、Draw、LoadContent，以及 UnloadContent 方法。

1. 初始化方法

在初始化方法 Initialize 中可以初始化任何资源，且不需要初始化 GraphicsDevice。

```
Protected Overrides Sub Initialize()
    ' TODO: Add your initialization logic here

    MyBase.Initialize()
End Sub
```

2. LoadContent 方法

LoadContent 方法加载模型和图片等游戏运行所需的资源。

```
Protected Overrides Sub LoadContent()
    ' Create a new SpriteBatch, which can be used to draw textures.
    spriteBatch = New SpriteBatch(GraphicsDevice)

    ' TODO: use Me.Content to load your game content here
End Sub
```

3. UnloadContent 方法

UnloadContent 方法是 LoadContent 的逆过程，通常不需要在此增加代码，因为系统自动会卸载不再使用的资源。

```
Protected Overrides Sub UnloadContent()
  ' TODO: Unload any non ContentManager content here
End Sub
```

4. Update 方法

Update 方法每帧更新游戏的控制逻辑：物体的移动，玩家的触控输入，物体之间碰撞的结果等。

```
Protected Overrides Sub Update(ByVal gameTime As GameTime)
  ' Allows the game to exit
  If GamePad.GetState(PlayerIndex.One).Buttons.Back = ButtonState.Pressed Then
     Me.Exit()
  End If

  ' TODO: Add your update logic here
  MyBase.Update(gameTime)
End Sub
```

5. Draw 方法

游戏的每帧调用 Draw 方法，在屏幕中渲染背景和其他物体。

```
Protected Overrides Sub Draw(ByVal gameTime As GameTime)
  GraphicsDevice.Clear(Color.CornflowerBlue)

  ' TODO: Add your drawing code here
  MyBase.Draw(gameTime)
End Sub
```

17.1.8 PhoneGameThumb.png 文件

173 × 173 像素的游戏图标，显示在 Windows Phone 的游戏 Hub 中。

17.1.9 Program.vb 文件

此文件实现的 Program 类是游戏运行主程序，通常只有高级别的控制代码才会加入其中。

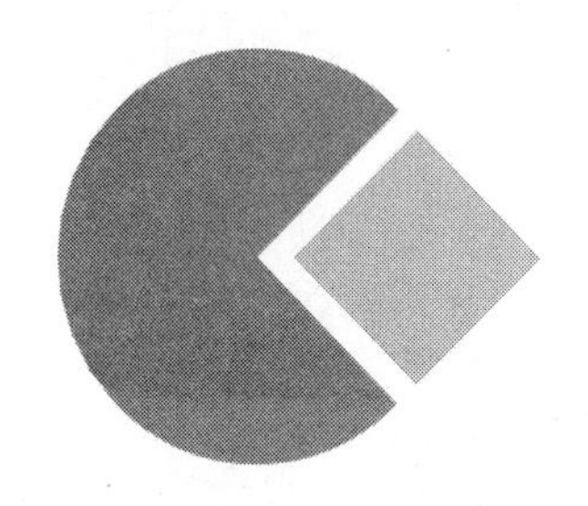

第18章 XNA 3D模型展示

Windows Phone 应用程序之道为 Silverlight 与 XNA。Silverlight 应用程序嵌入 XNA 模型，XNA 应用程序可以嵌入 Silverlight 元素，二者相得益彰，互为补充。本章以 Silverlight 应用程序嵌入 XNA 3D 模型为例说明。

18.1 概述

本章参考和引用 APP HUB（http://create.msdn.com/en-US）的游戏开发之旅（Game Development Tutorial），以及 MSDN Windows Phone 开发文档。

在本例中使用 XNA 的 UIElementRenderer 渲染 Silverlight 的 TextBlock 控件，并呈现 Silverlight 的高级排版和矢量图功能。即 Silverlight 应用程序嵌入到 XNA 的 3D 模型。

Windows Phone Mango 还支持后台传输服务，当应用程序处于非激活状态时传输服务仍可在后台独立运行。本例说明如何使用后台传输服务。

18.2 动手实践——XNA 3D 模型应用程序

18.2.1 应用后台传输服务

本节中实现在 Silverlight 框架中远程下载 XNA 模型。

首先在 Silverlight 的 MainPage.xaml 中显示下载列表，使用 Visual Studio 2010 打开解决方案 ModelViewer\ModelViewer.sln，MainPage.xaml 在设计视图中显示内容如图 18-1 所示的 MainPage。列表分为两个部分，本地模型列表和远程模型列表。本例中使用 Windows Phone Mango 提供的 BackgroundTransferService 类创建和管理下载功能。当用户在远程 XNA 模型列表中选择 XNA 模型，点击下载按钮后。应用程序将 XNA 模型下载至手机中，并将其从远程模型列表移动到本地模型列表。

后台传输服务的实现方法：创建后台传输请求 BackgroundTransferRequest，添加至后台传输服务 BackgroundTransferService 队列。

BackgroundTransferRequest 类需要添加引用 Microsoft.Phone.BackgroundTransfer。

Silverlight/XNA Project: ModelViewer File: Downloads \Download.cs

```
using Microsoft.Phone.BackgroundTransfer;
```

▲图 18-1 MainPage

在 Download 类的 Start 方法中创建后台传输服务请求。requestUri 声明下载地址，downloadUri 声明保存的地址。当应用程序将下载请求增加到后台下载服务 BackgroundTransferService 的队列中后，Windows Phone 操作系统在后台任务中执行下载。此时，即使应用程序不处于激活状态，下载过程仍在继续。

在本例中，应用程序监听 *TransferStatusChanged* 事件和 *TransferProgressChanged* 事件。*TransferStatusChanged* 事件传递 BackgroundTransferEventArgs 对象，通过判断下载请求的 *TransferStatus* 属性，在下载完成后将下载的文件移动至本例模型列表。此时因为应用程序不再需要监听后台传输请求，所以取消 *TransferStatusChanged* 事件的订阅，实现程序如下。

Silverlight/XNA Project: ModelViewer　File: Downloads \Download.cs

```
public void Start()
{
    //Create a new background transfer request
    BackgroundTransferRequest request = new BackgroundTransferRequest(requestUri,
downloadUri);
    request.TransferPreferences = TransferPreferences.AllowCellularAndBattery;
    requestId = request.RequestId;

    //Subscribe to the events
    request.TransferStatusChanged += request_TransferStatusChanged;
    request.TransferProgressChanged += request_TransferProgressChanged;

    //Add new request to the queue
```

```
        BackgroundTransferService.Add(request);
    }

    private void request_TransferStatusChanged(object sender, BackgroundTransferEventArgs e)
    {
        BackgroundTransferRequest request = e.Request;

        if(request.TransferStatus == TransferStatus.Completed)
        {
            request.TransferStatusChanged -= request_TransferStatusChanged;
            request.TransferProgressChanged -= request_TransferProgressChanged;

            if(isAborted)
                OnDownloadAborted();
            else
                OnDownloadFinished(request);
        }
    }
```

注意　后台传输请求可能不会立即执行，在后台传输服务使用一个特殊的调度程序来管理下载请求。例如，当电池电量有限的情况下，操作系统可能会暂停传输，以减少能源消耗。

当下载完成时，request_TransferStatusChanged 事件处理函数移动文件，通知应用程序从队列中删除 BackgroundTransferRequest。Windows Phone 不会从队列中自动删除下载请求，必须由应用程序开发人员编写代码执行。*OnDownloadAborted* 方法删除下载的临时文件，并且通知下载取消的事件，实现程序如下。

Silverlight/XNA Project: ModelViewer　File: Downloads \Download.cs

```
public event EventHandler DownloadFinished;
public event EventHandler DownloadAborted;
private void OnDownloadFinished(BackgroundTransferRequest request)
{
    //Move downloaded file to its final location
    Storage.MoveFile(downloadPath, targetPath);

    //Notify listeners (UI) about download complete
    if(DownloadFinished != null)
        DownloadFinished(this, EventArgs.Empty);

    //Remove the request from the queue
    BackgroundTransferService.Remove(request);
}

private void OnDownloadAborted()
{
    //Delete the temporary download file
    Storage.DeleteFile(downloadPath);

    //Notify about the aborted download
```

```
    if(DownloadAborted != null)
        DownloadAborted(this, EventArgs.Empty);
}
```

为实现在用户界面的蓝色进度条的显示，如图 18-2 所示，需响应传输请求 BackgroundTransferRequest 的传输进度 *TransferProgressChanged* 事件，实现程序如下。

Silverlight/XNA Project: ModelViewer File: Downloads \Download.cs

```
public event EventHandler<DownloadProgressEventArgs> DownloadProgress;
private void request_TransferProgressChanged(object sender, BackgroundTransferEventArgs e)
{
    BackgroundTransferRequest request = e.Request;
    //While the transfer is still active
    if(request.TransferStatus == TransferStatus.Transferring)
    {
        //Notify about progress change
        if(DownloadProgress != null)
            DownloadProgress(this, new DownloadProgressEventArgs(request.BytesReceived,
request.TotalBytesToReceive));
    }
}
```

▲图 18-2 后台传输进度条

注意 当应用程序处于休眠状态或者停止运行，后台传输服务都会持续执行。在此期间，后台传输服务将所有的过程和状态事件存放在队列中，当应用程序重新激活时将接收到所有的相关更新事件。

此应用程序允许用户终止正在进行的下载。当下载开始，远程模型列表中的下载按钮显示“X”，表示停止下载。用户点击该按钮，ModelMetadata 类将调用 Download 类的 *Abort* 方法停止下载。

在 MainPage.xaml 中远程模型列表 ListBox，绑定 SelectionChanged 事件处理函数和 Item 模板 ModelDT。

Silverlight/XNA Project: ModelViewer File: MainPage.xaml

```
<ListBox x:Name="lstLocalModels" ItemsSource="{Binding LocalModels}"
              SelectionChanged="lstLocalModels_SelectionChanged"
ItemTemplate="{StaticResource ModelDT}" Margin="0" Grid.Row="1" BorderBrush="Red" />
```

在 MainPage.xaml 中定义列表项的数据模板，数据模板中包含绑定 Name 和 Description 的 TextBlock，以及下载进度条 ProgressBar。

Silverlight/XNA Project: ModelViewer File: MainPage.xaml

```
<DataTemplate x:Key="ModelDT">
    <Grid>
        <Grid.ColumnDefinitions>
            <ColumnDefinition Width="280" />
            <ColumnDefinition Width="60" />
        </Grid.ColumnDefinitions>
        <Grid Grid.Column="0" Margin="0,0,0,2" VerticalAlignment="Top">
            <Grid.RowDefinitions>
                <RowDefinition Height="Auto" />
                <RowDefinition Height="Auto" />
                <RowDefinition Height="Auto" MinHeight="7" />
            </Grid.RowDefinitions>
            <TextBlock Text="{Binding Name}" Grid.Row="0" FontSize="{StaticResource
PhoneFontSizeLarge}" Margin="12,-2,12,0" HorizontalAlignment="Left" VerticalAlignment="Top" />
            <TextBlock Text="{Binding Description}" Margin="12,-5,12,0" HorizontalAlignment=
"Left" Grid.Row="1" VerticalAlignment="Top" />
            <ProgressBar Minimum="0" Maximum="100"
                Value="{Binding DownloadProgress}"
                Visibility="{Binding IsInProgress, Converter={StaticResource BoolTo
VisibilityConverter}}" Margin="0" Grid.Row="2" MinHeight="5" VerticalAlignment="Top"
Width="468"
                />
        </Grid>
        <Button
            Grid.Column="1"
            Margin="0"
            Padding="0"
            Click="abortButton_Click"
            BorderThickness="0"
            Foreground="{StaticResource PhoneAccentBrush}"
            Width="60"
            Height="60"
            Visibility="{Binding IsInProgress, Converter={StaticResource BoolToVisibility
Converter}}"
            >
            <Border
                Height="30"
                BorderBrush="{StaticResource PhoneAccentBrush}"
                BorderThickness="2"
                CornerRadius="15"
```

```
                Padding="10,2,10,4"
                >
                <TextBlock
                     Text="X"
                     FontSize="{StaticResource PhoneFontSizeSmall}"
                     HorizontalAlignment="Center"
                     VerticalAlignment="Center"
                     />
           </Border>
      </Button>
  </Grid>
</DataTemplate>
```

Download 类的 *Abort* 方法实现取消下载的功能，*Abort* 方法调用后台传输服务，检索定制 *requestId* 的后台传输服务请求，并从后台传输服务的队列中删除请求。

Silverlight/XNA Project: ModelViewer   File: Downloads \Download.cs

```
public bool Abort()
{
     BackgroundTransferRequest request = BackgroundTransferService.Find(requestId);

     if(request != null)
     {
          isAborted = true;
          BackgroundTransferService.Remove(request);
     }

     return request != null;
}
```

注意 后台传输服务 API 只提供应用程序访问自己的传输服务请求队列，不能访问其他的应用程序的传输请求队列。

当后台传输服务请求 BackgroundTransferRequest 从队列中删除时，后台传输服务 Background TransferRequest 触发 *TransferStatusChanged*，并将传输状态属性设置为 *TransferStatus.Completed*。由于下载完成的传输状态属性也为 *TransferStatus.Completed*，所以，在 Download 类的 *Abort* 方法中设置 isAborted 为 True。以此来区分下载取消和下载完成。

Silverlight/XNA Project: ModelViewer   File: Downloads \Download.cs

```
private void request_TransferStatusChanged(object sender, BackgroundTransferEventArgs e)
{
     BackgroundTransferRequest request = e.Request;

     if(request.TransferStatus == TransferStatus.Completed)
     {
          request.TransferStatusChanged -= request_TransferStatusChanged;
          request.TransferProgressChanged -= request_TransferProgressChanged;

          if(isAborted)
```

```
                OnDownloadAborted();
            else
                OnDownloadFinished(request);
        }
    }
```

Windows Phone Mango 限制后台传输请求队列大小为 5 项，向队列中添加更多的请求会导致应用程序异常。

DownloadManager 类管理下载队列，DownloadManager 的 *StartDownload* 和 *ProcessPendingDownloads* 方法演示如何使用队列。

Silverlight/XNA Project: ModelViewer　File: Downloads \DownloadManager.cs

```
private static readonly Collection<Download> downloads = new Collection<Download>();
private static readonly Queue<Download> pendingDownloads = new Queue<Download>();

public static void StartDownload(Download download)
{
    if(BackgroundTransferService.Requests.Count() < 5)
    {
        download.DownloadFinished += download_DownloadFinished;
        download.DownloadAborted += download_DownloadAborted;

        download.Start();
    }
    else
    {
        pendingDownloads.Enqueue(download);
    }
}
private static void ProcessPendingDownloads()
{
    if(pendingDownloads.Count > 0)
    {
        Download download = pendingDownloads.Dequeue();
        StartDownload(download);
    }
}
```

当应用程序请求的下载数量达到极限时，下载请求将保存在 *pendingDownloads* 队列而不是 BackgroundTransferService 队列。本例中 *pendingDownloads* 队列在应用程序逻辑删除或者关闭时将被删除。

18.2.2　加载 XNA 3D 模型

用户选择本地模型后，应用程序导航至 GamePage 显示 XNA 模型，本节讲解如何创建 Silverlight/XNA 混合应用程序。

SharedGraphicsDeviceManager 类是其核心，此类应用 XNA 的渲染代替 Silverlight 的呈现模式。安装 Windows Phone Mango 开发工具集后，两个 Silverlight 和 XNA 的混合应用程序模板增加到 Visual Studio：Silverlight for Windows Phone 的模板 Windows Phone 3D Graphics Application 和 XNA

Game Studio 4.0 的模板 Windows Phone Rich Graphics Application (4.0)。

> **注意** Windows Phone 3D Graphics Application 和 Windows Phone Rich Graphics Application (4.0)模板的改进：首先，SharedGraphicsDeviceManager 声明在 ApplicationLifetimeObjects 收集 App.xaml.cs。其次，应用程序类实现了 IServiceProvider 接口，以模拟 XNA 应用程序的行为，该方法返回的对象 IServiceProvider.GetSȩrvice 驻留在 ApplicationLifetimeObjects 集合。

SharedGraphicsDeviceManager 指示操作系统使用 XNA 渲染而不是 Silverlight 呈现，Windows Phone Mango 的 GameTimer 类运行 XNA 引擎并为应用程序提供控制 Microsoft.Xna.Framework.Game 生命周期的方法。SpriteBatch 类负责基本的视觉元素，能有效地绘制多个子画面，包括绘制背景图像和 Silverlight 内容。

声明 UIElementRenderer。在应用程序加载时初始化，UIElementRenderer 在 timer_Draw 方法中绘制 Silight UI。UIElementRenderer 将 Silverlight 组件渲染为 XNA 2D 纹理，并触发 Silverlight 事件处理函数。例如，当用户触控 UIElementRenderer 渲染的 Silverlight 按钮，UIElementRenderer 传递触控的信息给 Silverlight 按钮，实现程序如下。

Silverlight/XNA Project: ModelViewer   File: GamePage.xaml.cs

```
public partial class GamePage : PhoneApplicationPage
{
     //XNA Setup
     GameTimer timer;
     SpriteBatch spriteBatch;

     //Scene background
     Texture2D background;

     //Model & metadata
     XnaModelWrapper model;
     ModelMetadata modelMetadata;

     //Silverlight UI rendering
     UIElementRenderer uiRenderer;

     ......
}
```

在 GamePage 构造函数中创建游戏定时器，初始化手势触控的支持，且必须指定支持的手势类型，实现程序如下。

Silverlight/XNA Project: ModelViewer   File: GamePage.xaml.cs

```
public GamePage()
{
     InitializeComponent();

     // Create a timer for this page
```

```
        timer = new GameTimer();
        timer.UpdateInterval = TimeSpan.FromTicks(333333);
        timer.Update += timer_Update;
        timer.Draw += timer_Draw;

        //Initialize gestures support - Pinch for Zoom and horizontal drag for rotate
        TouchPanel.EnabledGestures = GestureType.FreeDrag | GestureType.Pinch | GestureType.
PinchComplete;

        this.LayoutUpdated += GamePage_LayoutUpdated;
        this.DataContext = this;
}
```

要在 Silverlight 中显示 XNA 3D 模型不可避免地要使用 XNA 渲染。在 GamePage.xaml.cs 的 *OnNavigatedTo* 方法中，调用 SharedGraphicsDeviceManager 类的 SetSharingMode 实现 XNA 渲染，初始化模型并启动游戏定时器。

应用程序需要 ContentManager 在运行时加载 XNA 资源，XNA 所需的 IServiceProvider 接口已具备，只需创建 ContentManager 加载纹理和图片。从 3D 模型的 *modelMetadata* 中重新载入默认的 xRotation 和 yRotation，实现程序如下。

Coding **Silverlight/XNA Project: ModelViewer　File: GamePage.xaml.cs**

```
protected override void OnNavigatedTo(NavigationEventArgs e)
{
        // Set the sharing mode of the graphics device to turn on XNA rendering
        SharedGraphicsDeviceManager.Current.GraphicsDevice.SetSharingMode(true);

        //Initialize SpriteBatch
        spriteBatch = new SpriteBatch(SharedGraphicsDeviceManager.Current.GraphicsDevice);

        App app = (App)Application.Current;
        ContentManager appContentManager = new ContentManager(app, "Content");

        background = appContentManager.Load<Texture2D>("background");

        //Get query string parameter and initialize local metadata variable
        IDictionary<string, string> data = NavigationContext.QueryString;
        modelMetadata = app.ModelsStore[data["ID"]];
        ModelName = modelMetadata.Name;
        ModelDesc = modelMetadata.Description;
        xRotation = modelMetadata.DefaultXRotation;
        yRotation = modelMetadata.DefaultYRotation;

        //Initialize the model
        model = new XnaModelWrapper();
        model.Lights = new bool[] { true, true, true };
        ContentManager contentManager = modelMetadata.IsContent ? appContentManager : new
CustomContentManager();
        model.Load(contentManager, modelMetadata.Assets[0]);

        // Start the game timer
        timer.Start();
```

```
    base.OnNavigatedTo(e);
}
```

在 OnNavigatedFrom 方法中关闭 XNA 渲染，关闭游戏定时器，实现程序如下。

Silverlight/XNA Project: ModelViewer File: GamePage.xaml.cs

```
protected override void OnNavigatedFrom(NavigationEventArgs e)
{
    // Stop the game timer
    timer.Stop();

    // Set the sharing mode of the graphics device to turn off XNA rendering
    SharedGraphicsDeviceManager.Current.GraphicsDevice.SetSharingMode(false);

    base.OnNavigatedFrom(e);
}
```

在 timer_Draw 方法中使用 SpriteBatch 绘制二维图形，调用 XnaModelWrapper 绘制三维模型，实现程序如下。

Silverlight/XNA Project: ModelViewer File: GamePage.xaml.cs

```
private void timer_Draw(object sender, GameTimerEventArgs e)
{
    SharedGraphicsDeviceManager.Current.GraphicsDevice.Clear(Color.CornflowerBlue);

    spriteBatch.Begin();
    spriteBatch.Draw(background, Vector2.Zero, Color.White);
    spriteBatch.End();

    // Set render states.
    SharedGraphicsDeviceManager.Current.GraphicsDevice.DepthStencilState = DepthStencilState.
Default;
    SharedGraphicsDeviceManager.Current.GraphicsDevice.BlendState = BlendState.Opaque;
    SharedGraphicsDeviceManager.Current.GraphicsDevice.RasterizerState = RasterizerState.
CullNone;
    SharedGraphicsDeviceManager.Current.GraphicsDevice.SamplerStates[0] = SamplerState.
LinearWrap;

    // Draw the model
    model.Draw();

    // Update the Silverlight UI
    uiRenderer.Render();

    // Draw the sprite
    spriteBatch.Begin();
    spriteBatch.Draw(uiRenderer.Texture, Vector2.Zero, Color.White);
    spriteBatch.End();
}
```

3D 模型的更新在 *timer_Update* 事件处理中实现。当 GameTimer 执行 Draw 事件后，应用程序调用 Update 事件执行 3D 模型的逻辑计算，实现程序如下。

Silverlight/XNA Project: ModelViewer　File: GamePage.xaml.cs

```
private void timer_Update(object sender, GameTimerEventArgs e)
{
    HandleInput();

    float yaw = MathHelper.Pi + MathHelper.PiOver2 + xRotation / 100; // rotation around
the y-axis
    float pitch = yRotation / 100; // rotation around the x-axis
    float fieldOfView = MathHelper.ToRadians(cameraFOV) / modelMetadata.FieldOfViewDivisor;
// zoom

    model.Rotation = modelMetadata.World * Matrix.CreateFromYawPitchRoll(yaw, pitch, 0);
    model.Projection = Matrix.CreatePerspectiveFieldOfView(fieldOfView, modelMetadata.
AspectRatio, modelMetadata.NearPlaneDistance, modelMetadata.FarPlaneDistance);
    model.View = modelMetadata.ViewMatrix;
    model.IsTextureEnabled = true;
    model.IsPerPixelLightingEnabled = true;
}
```

在 HandleInput 方法中读入手势触控的 xRotation，yRotation，cameraFOV 和 prevLength，实现程序如下。

Silverlight/XNA Project: ModelViewer　File: GamePage.xaml.cs

```
private void HandleInput()
{
    while (TouchPanel.IsGestureAvailable)
    {
        GestureSample gestureSample = TouchPanel.ReadGesture();
        switch (gestureSample.GestureType)
        {
            case GestureType.FreeDrag:
                xRotation += gestureSample.Delta.X;
                yRotation -= gestureSample.Delta.Y;
                break;

            case GestureType.Pinch:
                float gestureValue = 0;
                float minFOV = 80;
                float maxFOV = 20;
                float gestureLengthToZoomScale = 10;

                Vector2 gestureDiff = gestureSample.Position - gestureSample.Position2;
                gestureValue = gestureDiff.Length() / gestureLengthToZoomScale;

                if (null != prevLength) // Skip the first pinch event
                    cameraFOV -= gestureValue - prevLength.Value;

                cameraFOV = MathHelper.Clamp(cameraFOV, maxFOV, minFOV);

                prevLength = gestureValue;
                break;
```

```
                case GestureType.PinchComplete:
                    prevLength = null;
                    break;

                default:
                    break;
            }
        }
    }
```

18.2.3 在模拟器中运行

按 F5 键运行应用程序，或者点击 Start Debugging 按钮运行，如图 18-3 所示的为 Start Debugging 按钮。

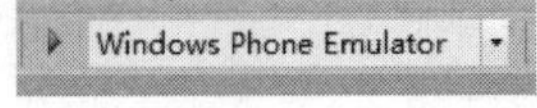

▲图 18-3 Start Debugging

程序运行效果如图 18-4 所示。

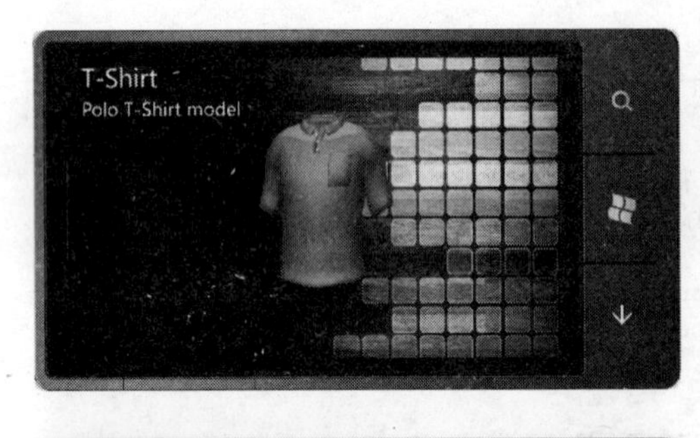

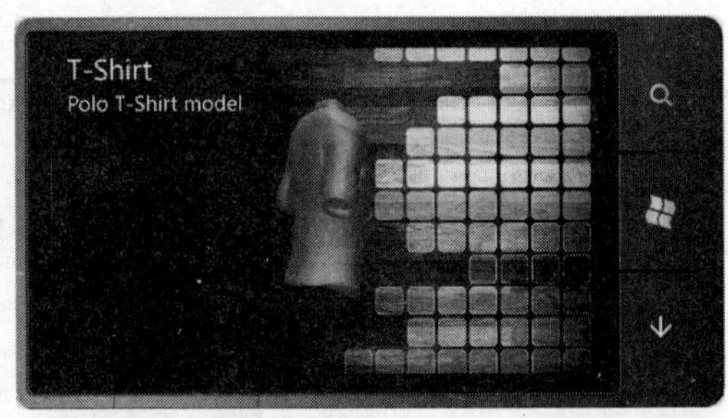

▲图 18-4 XNA 3D 模型展示